工程施工质量问题详解

建筑结构工程

侯 光 主编

中国铁道出版社

2013年·北京

内 容 提 要

本书共分三章,包括:混凝土结构工程、砌体结构工程、钢结构工程。

本书通俗易懂、重点突出、实用性强,力求做到图文并茂,具有较强的指导性和可操作性。本书可作为建筑工程技术人员的参考用书,也可作为土木工程专业的培训教材。

图书在版编目(CIP)数据

建筑结构工程/侯光主编 . —北京:中国铁道出版社,
2013.4

(工程施工质量问题详解)

ISBN 978-7-113-16020-3

Ⅰ.①建⋯ Ⅱ.①侯⋯ Ⅲ.①建筑结构—工程施工
—问题解答 Ⅳ.①TU74-44

中国版本图书馆 CIP 数据核字(2013)第 019278 号

书　　名:	工程施工质量问题详解 **建筑结构工程**	
作　者:	侯　光	
策划编辑:	江新锡　陈小刚	
责任编辑:	冯海燕　王　健　电话:010-51873193	
封面设计:	郑春鹏	
责任校对:	孙　玫	
责任印制:	郭向伟	

出版发行:中国铁道出版社(100054,北京市西城区右安门西街 8 号)

网　　址:http://www.tdpress.com

印　　刷:化学工业出版社印刷厂

版　　次:2013 年 4 月第 1 版　2013 年 4 月第 1 次印刷

开　　本:787 mm×1 092 mm　1/16　印张:17　字数:430 千

书　　号:ISBN 978-7-113-16020-3

定　　价:41.00 元

前　言

随着我国改革开放的不断深化,经济的快速发展,人民群众生活水平的日益提高,人们对建筑工程的质量、使用功能等提出了越来越高的要求。因此,工程质量问题引起了全社会的高度重视,工程质量管理成为人们关注的热点。

工程质量是指满足业主需要的,符合国家法律、法规、技术规范标准、设计文件及合同规定的特性综合。一个工程质量问题的发生,既可能因设计计算和施工图纸中存在错误,也可能因施工中出现质量问题,还可能因使用不当,或者由于设计、施工、使用等多种原因的综合作用。要究其原因,则必须依据实际情况,具体问题具体分析。同时,我们要重视工程质量事故的防范和处理,采取有效措施对质量问题加以预防,对出现的质量事故及时分析和处理,避免进一步恶化。

为了尽可能减少质量问题和质量事故的发生,我们必须努力提高施工管理水平,确保工程施工质量。为此,我们组织编写了《工程施工质量问题详解》丛书。本丛书共分 7 分册,分别为:《建筑地基与基础工程》、《建筑屋(地)面工程》、《建筑电气工程》、《建筑防水工程》、《建筑给水排水及采暖工程》、《建筑结构工程》、《建筑装饰装修工程》。

本丛书主要从现行的施工质量验收标准、标准的施工方法、施工常见质量问题及防治三方面进行阐述。重点介绍了工程标准的施工方法,列举了典型的工程质量问题实例,阐述了防治质量问题发生的方法。在编写过程中,本丛书做到图文并茂、内容精炼、语言通俗,力求突出实践性、科学性与政策性的特点。

本丛书的编写人员主要有侯光、张婧芳、李志刚、李杰、栾海明、王林海、孙占红、宋迎迎、武旭日、张正南、李芳芳、孙培祥、张学宏、孙欢欢、王双敏、王文慧、彭美丽、李仲杰、乔芳芳、张凌、魏文彪、蔡丹丹、许兴云、张亚、白二堂、贾玉梅、王凤宝、曹永刚、张蒙等。

由于我们水平有限,加之编写时间仓促,书中的错误和疏漏在所难免,敬请广大读者不吝赐教和指正!

编　者

2013 年 3 月

目　录

第一章　混凝土结构工程

第一节　模板工程

一、施工质量验收标准

(1)模板安装工程施工质量验收标准见表 1-1。

表 1-1　模板安装工程施工质量验收标准

项　目	验收标准
主控项目	(1)安装现浇结构的上层模板及其支架时,下层楼板应具有承受上层荷载的承载能力或加设支架;上、下层支架的立柱应对准,并铺设垫板。 检查数量:全数检查。 检验方法:对照模板设计文件和施工技术方案观察。 (2)在涂刷模板隔离剂时,不得沾污钢筋和混凝土接槎处。 检查数量:全数检查。 检验方法:观察
一般项目	(1)模板安装应满足下列要求: 1)模板的接缝不应漏浆;在浇筑混凝土前,木模板应浇水湿润,但模板内不应有积水; 2)模板与混凝土的接触面应清理干净并涂刷隔离剂,但不得采用影响结构性能或妨碍装饰工程施工的隔离剂; 3)浇筑混凝土前,模板内的杂物应清理干净; 4)对清水混凝土工程及装饰混凝土工程,应使用能达到设计效果的模板。 检查数量:全数检查。 检验方法:观察。 (2)用作模板的地坪、胎模等应平整光洁,不得产生影响构件质量的下沉、裂缝、起砂或起鼓。 检查数量:全数检查。 检验方法:观察。 (3)对跨度不小于 4 m 的现浇钢筋混凝土梁、板,其模板应按设计要求起拱;当设计无具体要求时,起拱高度宜为跨度的 1/1 000～3/1 000。 检查数量:在同一检验批内,对梁应抽查构件数量的 10%,且不少于 3 件;对板应按有代表性的自然间抽查 10%,且不少于 3 间;对大空间结构,板可按纵、横轴线划分检查面,抽查 10%,且不少于 3 面。 检验方法:水准仪或拉线、钢尺检查。 (4)固定在模板上的预埋件、预留孔和预留洞均不得遗漏,且应安装牢固,其偏差

项　目	验收标准
一般项目	应符合表1-2的规定。 　检查数量:在同一检验批内,对梁、柱和独立基础,应抽查构件数量的10%,且不少于3件;对墙和板,应按有代表性的自然间抽查10%,且不少于3间;对大空间结构,墙可按相邻轴线间高度5 m左右划分检查面,板可按纵横轴线划分检查面,抽查10%,且均不少于3面。 　检验方法:钢尺检查。 　(5)现浇结构模板安装的偏差应符合表1-3的规定。 　检查数量:在同一检验批内,对梁、柱和独立基础,应抽查构件数量的10%,且不少于3件;对墙和板,应按有代表性的自然间抽查10%,且不少于3间;对大空间结构,墙可按相邻轴线间高度5 m左右划分检查面,板可按纵、横轴线划分检查面,抽查10%且均不少于3面。 　(6)预制构件模板安装的偏差应符合表1-4的规定。 　检查数量:首次使用及大修后的模板应全数检查;使用中的模板应定期检查,并根据使用情况不定期检查

表1-2　预埋件和预留孔洞的允许偏差

项　目		允许偏差(mm)
预埋钢板中心线位置		3
预埋管、预留孔中心线位置		3
插筋	中心线位置	5
	外露长度	+10 0
预埋螺栓	中心线位置	2
	外露长度	+10 0
预留洞	中心线位置	10
	尺寸	+10 0

注:检查中心线位置时,应沿纵、横两个方向量测,并取其中的较大值。

表1-3　现浇结构模板安装的允许偏差及检验方法

项　目		允许偏差(mm)	检验方法
轴线位置		5	钢尺检查
底模上表面标高		±5	水准仪或拉线、钢尺检查
截面内部尺寸	基础	±10	钢尺检查
	柱、墙、梁	+4 -5	钢尺检查

续上表

项目		允许偏差(mm)	检验方法
层高 垂直度	不大于 5 m	6	经纬仪或吊线、钢尺检查
	大于 5 m	8	经纬仪或吊线、钢尺检查
相邻两板表面高低差		2	钢尺检查
表面平整度		5	2 m 靠尺和塞尺检查

注:检查轴线位置时,应沿纵、横两个方向量测,并取其中的较大值。

表 1-4 预制构件模板安装的允许偏差及检验方法

项目		允许偏差(mm)	检验方法
长度	板、梁	±5	钢尺量两角边,取其中较大值
	薄腹梁、桁架	±10	
	柱	0 −10	
	墙板	0 −5	
宽度	板、墙板	0 −5	钢尺量一端及中部,取其中较大值
	梁、薄腹梁、桁架、柱	+2 −5	
高(厚)度	板	+2 −3	钢尺量一端及中部,取其中较大值
	墙板	0 −5	
	梁、薄腹梁、桁架、柱	+2 −5	
侧向弯曲	梁、板、柱	$l/1\,000$ 且≤15	拉线、钢尺量最大弯曲处
	墙板、薄腹梁、桁架	$l/1\,500$ 且≤15	
板的表面平整度		3	2 m 靠尺和塞尺检查
相邻两板表面高低差		1	钢尺检查
对角线差	板	7	钢尺量两个对角线
	墙板	5	
翘曲	板、墙板	$l/1\,500$	调平尺在两端量测
设计起拱	薄腹梁、桁架、梁	±3	拉线、钢尺量跨中

注:l 为构件长度(mm)。

(2)模板拆除工程施工质量验收标准见表 1-5。

表 1-5 模板拆除工程施工质量验收标准

项目	验收标准
主控项目	(1)底模及其支架拆除时的混凝土强度应符合设计要求;当设计无具体要求时,混凝土强度应符合表 1-6 的规定。

续上表

项　目	验收标准
主控项目	检查数量:全数检查。 检验方法:检查同条件养护试件强度试验报告。 (2)对后张法预应力混凝土结构构件,侧模宜在预应力张拉前拆除;底模支架的拆除应按施工技术方案执行,当无具体要求时,不应在结构构件建立预应力前拆除。 检查数量:全数检查。 检验方法:观察。 (3)后浇带模板的拆除和支顶应按施工技术方案执行。 检查数量:全数检查。 检验方法:观察
一般项目	(1)侧模拆除时的混凝土强度应能保证其表面及棱角不受损伤。 检查数量:全数检查。 检验方法:观察。 (2)模板拆除时,不应对楼层形成冲击荷载。拆除的模板和支架宜分散堆放并及时清运。 检查数量:全数检查。 检验方法:观察

表 1-6　底模拆除时混凝土强度要求

构件类型	构件跨度(m)	达到设计要求混凝土立方体抗压强度标准值的百分率(%)
板	≤2	≥50
	>2,≤8	≥75
	>8	≥100
梁	≤8	≥75
	>8	≥100
悬臂构件	—	≥100

二、标准的施工方法

1. 砌筑工程构造柱、圈梁模板的安装与拆除

砌筑工程构造柱、圈梁模板的安装与拆除工程标准的施工方法见表 1-7。

表 1-7　砌筑工程构造柱、圈梁模板的安装与拆除工程标准的施工方法

项　目	内　容
工艺流程	准备工作 → 支构造柱模板/支梁模板 → 预检 →……→ 模板拆除

续上表

项　目		内　容
支模板	构造柱模板	(1)砖混结构构造柱的模板,可采用木模板、多层板或竹胶合板、定型组合钢模板。为防止浇筑混凝土时模板变形,影响外墙平整,用木模或钢模板贴在外墙面上,使用穿墙螺栓与墙体内侧模板拉结,穿墙螺栓直径不应小于φ16。穿墙螺栓竖向间距不应大于1 m,水平间距70 mm左右,下部第一道拉条距地面300 mm以内。穿墙螺栓孔的平面位置在构造柱马牙槎以外一砖处,使用多层板或竹胶板应注意竖龙骨的间距,控制模板的挠度变形,构造柱模板示意图如图1-1所示。 (2)外砖内模结构的组合柱,用角模与大模板连接,为防止浇筑混凝土挤动变形,在外墙处应进行加固处理,模板贴在外墙面上,然后用穿墙螺栓拉牢,穿墙螺栓的规格与间距参见相关工艺标准。 (3)外砖内模结构在山墙处组合柱模板,采用多层木模板、竹胶或组合钢模板,支撑方法可采用斜撑。使用多层板或竹胶合板应注意木龙骨的间距及模板配置方法。 (4)构造柱根部应留置清扫口
	圈梁模板	(1)圈梁模板可采用木模板、多层板或竹胶合板、定型组合钢模板,模板上口标高应根据墙身+50(或+100)cm水平线拉线找平。 (2)圈梁模板的支撑可采用落地支撑,下面应垫方木。当用方木支撑时,下面用木楔楔紧。用钢管支撑时,高度调整合适。 (3)钢筋绑扎完成以后,模板上口宽度进行校正,并用支撑进行校正定位。如采用组合钢模板,可用卡具卡牢,保证圈梁的尺寸。 (4)砖混结构圈梁模板的支撑也可采用悬空支撑法。砖墙上口下一皮砖留洞,横带扁担留洞位置从距墙两端240 mm开始留洞,间距500 mm左右
模板拆除		按照"模板拆除工程施工质量验收标准"中一般项目的第(1)条和第(2)条规定执行

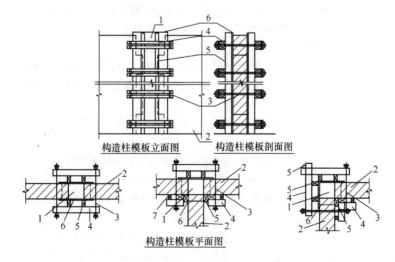

构造柱模板立面图　　构造柱模板剖面图

构造柱模板平面图

图1-1　构造柱模板示意图

1—构造柱;2—砖墙;3—穿墙螺栓;4—夹杠;5—竖龙骨;6—模板板面;7—垫木

2. 剪力墙结构墙体全钢大模板的安装与拆除

剪力墙结构墙体全钢大模板的安装与拆除工程标准的施工方法见表1-8。

表 1-8　剪力墙结构墙体全钢大模板的安装与拆除工程标准的施工方法

项　目	内　容
工艺流程	(1)外板内模结构大模板安装工艺流程。 楼板上放线 → 剔除墙线内接槎混凝土软弱层 → 在楼板上的墙线 外侧 5 mm 贴 20 mm 厚海绵条 → 安正号模板 → 安装外挂板 绑扎节点柱钢筋 → 安反号模板 → 调整固定 → 空腔防水处理 → 办预检 ……→ 模板拆除 (2)全现浇结构大模板安装工艺流程。 楼板上弹墙皮线、模板外控制线 → 剔除接槎混凝土软弱层 → 安门窗 洞口模板,并在与大模板接触的侧面加贴海绵条 → 在楼板上的墙线外侧 5 mm 处贴 20 mm 厚海绵条 → 安内横墙模板 → 安内纵墙模板 → 安堵头模板 → 安外墙内侧模板 → 安外墙外侧模板 → 办预检 → ……→ 模板拆除
外板内模结构安装大模板	(1)根据纵横模板之间的构造关系安排安装顺序,将一个流水段的正号模板用塔式起重机按位置吊至安装位置初步就位,用撬棍按墙位置先调整模板位置,对称调整模板的对角螺栓或斜杆螺栓。用 2 m 靠尺板测垂直校正标高,使模板的垂直度、水平度、标高符合设计要求,立即拧紧螺栓。 (2)安装外挂板,用花篮螺栓或卡具将其上下端与混凝土楼板锚固钢筋拉结固定。 (3)合模前检查钢筋、水电预埋管件、门窗洞口模板、穿墙套管是否遗漏,位置是否准确,安装是否牢固或削弱混凝土断面过多等,合反号模板前将墙内杂物清理干净。 (4)安装反号模板,经校正垂直后用穿墙螺栓将两块模板锁紧。 (5)正反模板安装完后,检查角模与墙模,模板与墙面间隙必须严密,防止漏浆、错台现象。检查每道墙上口是否平直,用扣件或螺栓将两块模板上口固定。办理完模板工程预检验收手续后,方准浇灌混凝土
全现浇结构大模板安装	(1)按照方案要求,安装模板支撑平台架。 (2)安装门洞口模板、预留洞模板及水电预埋件。门窗洞口模板与墙模板结合处应加垫海绵条以防止漏浆。如结构保温采用大模内置外墙外保温(EPS保温板),应安装保温板。 (3)安装内横墙、内纵墙模板,安装方法同"外板内模结构安装大模板"中第(1)、(3)、(4)、(5)条。 (4)在流水段分段处,墙体模板的端头安装卡槎子模板,它可以用木板或用胶合板根据墙厚制作,模板要严密,防止浇筑内墙混凝土时,混凝土从外端头部分流出。 (5)安装外墙内侧模板,按模板的位置线将大模板安装就位找正。 (6)安装外墙外侧模板,模板放在支撑平台架上(为保证上下接缝平整、严密,模板支撑尽量利用下层墙体的穿墙螺栓紧固模板),将模板就位找正,穿螺栓,与外墙内模连接紧固校正。注意施工缝模板的连接必须严密,牢固可靠,防止出现错台和漏浆的现象。 (7)穿墙螺栓与顶撑可在一侧模立好后先安,也可以两边立好从一侧穿入

续上表

项　　目	内　　容
拆除大模板	（1）模板拆除时，结构混凝土强度应符合设计和规范要求，混凝土强度应以保证表面及棱角不因拆除模板而受损，且混凝土强度达到 1 MPa。 　　冬期施工中，混凝土强度达到 1 MPa 可松动螺栓，当采用综合蓄热法施工时，待混凝土达到 4 MPa 方可拆模，且应保证拆模时混凝土温度与环境温度之差不大于 20 ℃，且混凝土冷却到 5 ℃ 及以下。拆模后的混凝土表面应及时覆盖，使其缓慢冷却。 　　（2）拆除模板：首先拆下穿墙螺栓，再松开地脚螺栓，使模板向后倾斜，与墙体脱开。如果模板与混凝土墙面吸附或粘接不能离开时，可用撬棍撬动模板下口，但不得在墙体上撬模板，或用大锤砸模板。且应保证拆模时不晃动混凝土墙体，尤其在拆门窗洞口模板时不能用大锤砸模板。 　　（3）拆除全现浇混凝土结构模板时，应先拆除外墙外侧模板，再拆除内侧模板。 　　（4）清除模板平台上的杂物，检查模板是否有钩挂兜绊的地方，调整塔臂至被拆除模板的上方，将模板吊出。 　　（5）大模板吊至存放地点时，必须一次放稳，其自稳角应根据模板支撑体系的形式确定，中间留 500 mm 工作面，及时进行模板清理、涂刷隔离剂，以保证不漏刷、不流淌。每块模板后面挂牌，标明清理、涂刷人名单。 　　（6）大模板应定期进行检查和维修，在大模板后开的孔洞应打磨平整，不用的应补堵后磨平，保证使用质量。冬季大模板背后做好保温，拆模后发现有脱落及时补修。 　　（7）为保证墙筋保护层准确，大模板上口顶部应配合钢筋工安装控制竖向钢筋位置、间距和钢筋保护层工具式的定距框。 　　（8）当风力大于 5 级时，停止对墙体模板的拆除

3. 玻璃钢模板的安装与拆除

玻璃钢模板的安装与拆除工程标准的施工方法见表 1-9。

表 1-9　玻璃钢模板的安装与拆除工程标准的施工方法

项　　目	内　　容
工艺流程（柱子模板）	放柱位置线 → 剔除接槎处混凝土软弱层 → 沿柱外侧抹水泥砂浆带 → 柱模就位安装 → 闭合（组拼）柱模并固定接口螺栓 → 安装柱箍 → 安设支撑或缆绳 → 校正垂直后固定柱模板 → 办预检 → …… → 模板拆除
安装柱模板	平板形模板安装时需由二人将模板抬至柱钢筋一侧，将模板竖立，然后顺着模板接口由下往上将模板逐渐扒开，套在柱子钢筋周围，下端与模板定位支杆贴紧，套好后将模板接口转向任一支撑的方向，再逐个拧紧模板接口螺栓。加劲肋型模板安装时，将模板运至柱边，将一侧模板竖起，用支撑撑住或用钢丝与主筋绑扎临时固定，再竖起另一侧模板，对准接口后拧紧模板接口螺栓

项　目	内　容
安装柱箍与支撑（或缆绳）	每个柱模应设上、中、下三道柱箍，柱箍用角钢 L 40 mm×4 mm 或扁钢 -56 mm×6 mm 做成，柱箍的内径与圆柱模板的外径一致，接口处用螺栓连接。中部柱箍应设在柱模高度 2/3 处。其上安缆绳，用花篮螺栓紧固，以此调整柱模的垂直度，缆绳固定在楼板预留的拉结埋件上，缆绳在水平方向按 90°或 120°夹角分开，与地面呈 45°～60°夹角。为防止柱箍下滑，可用 50 mm×100 mm 木方或其他支撑支顶。 　　需要注意的是：缆绳的延长线要通过圆柱模板的圆心，否则缆绳用力后易使模板扭转。 　　模板安装完毕后，检查一遍螺栓是否紧固，模板拼接的接缝是否严密，办完预检手续
模板拆除	(1)先拆除缆绳或支撑，卸掉柱箍，剔除地面水泥砂浆找平带，松拆螺栓，松动模板接口与混凝土分离，将模板卸下。 　　(2)由于水泥的碱性较大，拆模后一定要及时清理模板表面的水泥残渣，防止腐蚀模板，并刷好脱模剂。 　　(3)加肋型圆柱模板要竖向放置，水平放置时必须单层码放。 　　(4)对于接口处的加强肋要注意保护，不得摔碰

质量问题

模板受损

质量问题表现

模板运输、堆放及维修不符合要求，造成模板质量受损，严重影响工程质量。

质量问题原因

(1)模板运输过程中，混凝土未支捆牢固。

(2)模板装卸过程不符合要求。

(3)模板未进行分类堆放，且堆放形式及堆放场地不符合规定。

(4)对于受损的模板未按要求进行维修与处理。

质量问题预防

(1)模板运输应符合如下要求。

1)不同规格的钢模板不得混装混运。运输时，必须采取有效措施，防止模板滑动、倾倒。长途运输时，应采用简易集装箱，支撑件应捆扎牢固，连接件应分类装箱。

2)预组装模板运输时，应分隔垫实，支捆牢固，防止松动变形。

质量问题

(2)装卸模板和配件应轻装轻卸,严禁抛掷,并应防止碰撞损坏。严禁用钢模板作其他非模板用途。

(3)模板堆放与贮存应符合如下要求。

1)所有模板和支撑系统应按不同材质、品种、规格、型号、大小、形状分类堆放,应注意在堆放中留出空地或交通道路,以便取用。在多层和高层施工中还应考虑模板和支撑的竖向转运顺序合理化。

2)木质材料可按品种和规格堆放,钢质模板应按规格堆放,钢管应按不同长度堆放整齐。小型零配件应装袋或集中装箱转运。

3)模板的堆放一般以平卧为主,对桁架或大模板等部件,可采用立放形式,但必须采取抗倾覆措施,每堆材料不宜过多,以免影响部件本身的质量和转运方便。

4)堆放场地要求整平垫高,应注意通风排水,保持干燥;室内堆放应注意取用方便、堆放安全;露天堆放应加遮盖;钢质材料应防水防锈,木质材料应防腐、防火、防雨、防暴晒。

(4)对于受损的模板,应按如下要求进行维修及处理。

1)钢模板和配件拆除后,应及时清除黏结的灰浆,对变形和损坏的模板和配件,宜采用机械整形和清理。钢模板及配件修复后的质量标准见表1-10。

表 1-10 钢模板及配件修复后的质量标准

	项　目	允许偏差(mm)
钢模板	板面平整度 凸棱直线度 边肋不直度	≤2.0 ≤1.0 不得超过凸棱高度
配件	U形卡卡口残余变形 钢棱和支柱不直度	≤1.2 ≤L/1 000

注:L 为钢棱和支柱的长度。

2)维修质量不合格的模板及配件,不得使用。

3)对暂不使用的钢模板,板面应涂刷脱模剂或防锈油。背面油漆脱落处,应补刷防锈漆,焊缝开裂时应补焊,并按规格分类堆放。

4)钢模板宜存放在室内或棚内,板底支垫离地面100 mm以上。露天堆放,地面应平整坚实,有排水措施模板底支垫离地面200 mm以上,两点距模板两端长度不大于模板长度的1/6。

5)入库的配件,小件要装箱入袋,大件要按规格分类整数成垛堆放。

模板拆除时造成模板及混凝土损伤

质量问题表现

模板拆除未按施工工艺及规范要求施工,造成模板及混凝土损伤。

质量问题原因

(1)拆模程序不符合要求。

(2)对于拆除的模板及支架未及时清运。

(3)拆模施工时,操作者粗心大意,不注意细节。

质量问题预防

(1)模板拆除程序应符合下列要求。

1)模板拆除一般是先支的后拆,后支的先拆,先拆非承重部位,后拆承重部位,并做到不损伤构件或模板。

2)肋形楼盖应先拆柱模板,再拆楼板底模,梁侧模板,最后拆梁底模板。拆除跨度较大的梁下支柱时,应先从跨中开始分别拆向两端。侧立模的拆除应按自上而下的原则进行。

3)工具式支模的梁、板模板的拆除,应先拆卡具,顺口方木、侧板,再松动木楔,使支柱、桁架等平稳下降,逐段抽出底模板和横档木,最后取下桁架、支柱、托具。

4)多层楼板模板支柱的拆除:当上层模板正在浇筑混凝土时,下一层楼板的支柱不得拆除,再下一层楼板支柱,仅可拆除一部分。跨度 4 m 及 4 m 以上的梁,均应保留支柱,其间距不得大于 3 m;其余再下一层楼的模板支柱,当楼板混凝土达到设计强度时,可全部拆除。

(2)拆模施工时,应注意下列问题。

1)拆除时不要用力过猛、过急,拆下来的木料应整理好及时运走,做到活完地清。

2)在拆除模板过程中,如发现混凝土有影响结构安全的质量问题时,应暂停拆除。经处理后,方可继续拆除。

3)拆除跨度较大的梁下支柱时,应先从跨中开始,分别拆向两端。

4)多层楼板模板支柱的拆除,其上层楼板正在浇灌混凝土时,下一层楼板模板的支柱不得拆除,再下一层楼板的支柱,仅可拆除一部分。

5)拆模间歇时,应将已活动的模板、牵杆、支撑等运走或妥善堆放,防止因扶空、踏空而坠落。

6)模板上有预留孔洞者,应在安装后将洞口盖好。混凝土板上的预留孔洞,应在模板拆除后随即将洞口盖好。

7)模板上架设的电线和使用的电动工具,应用 36 V 的低压电源或采用其他有效的安全措施。

质量问题

8)拆除模板一般用长撬棍。人不许站在正在拆除的模板下。在拆除模板时,要防止整块模板掉下,拆模人员要站在门窗洞口外拉支撑,防止模板突然全部掉落伤人。

9)高空拆模时,应有专人指挥,并在下面标明工作区,暂停人员过往。

10)定型模板要加强保护,拆除后即清理干净,堆放整齐,以利再用。

11)已拆除模板及其支架的结构,应在混凝土强度达到设计强度等级后,才允许承受全部计算荷载。当承受施工荷载大于计算荷载时,必须经过核算,加设临时支撑。

第二节　钢筋工程施工

一、施工质量验收标准

(1)钢筋原材料的质量验收标准见表1-11。

表 1-11　钢筋原材料的质量验收标准

项 目	验收标准
主控项目	(1)钢筋进场时,应按国家现行相关标准的规定抽取试件作力学性能和重量偏差检验,检验结果必须符合有关标准的规定。检查数量:按进场的批次和产品的抽样检验方案确定。 检验方法:检查出厂合格证、出厂检验报告和进场复验报告。 (2)对有抗震设防要求的结构,其纵向受力钢筋的性能应满足设计要求;当设计无具体要求时,对按一、二、三级抗震等级设计的框架和斜撑构件(含梯段)中的纵向受力钢筋应采用 HRB335E、HRB400E、HRB500E、HRBF335E、HRBF400E 或 HRBF500E 钢筋,其强度和最大力下总伸长率的实测值应符合下列规定: 1)钢筋的抗拉强度实测值与屈服强度实测值的比值不应小于1.25; 2)钢筋的屈服强度实测值与屈服强度标准值的比值不应大于1.30; 3)钢筋的最大力下总伸长率不应小于9%。 检查数量:按进场的批次和产品的抽样检验方案确定。 检查方法:检查进场复验报告。 (3)当发现钢筋脆断、焊接性能不良或力学性能显著不正常等现象时,应对该批钢筋进行化学成分检验或其他专项检验。 检验方法:检查化学成分等专项检验报告
一般项目	钢筋应平直、无损伤,表面不得有裂纹、油污、颗粒状或片状老锈。 检查数量:进场时和使用前全数检查。 检验方法:观察

(2)钢筋加工的施工质量验收标准见表1-12。

表 1-12　钢筋加工的施工质量验收标准

项　目	验收标准
主控项目	(1)受力钢筋的弯钩和弯折应符合下列规定： 1)HPB235 级钢筋末端应作 180°弯钩，其弯弧内直径不应小于钢筋直径的 2.5 倍，弯钩的弯后平直部分长度不应小于钢筋直径的 3 倍； 2)当设计要求钢筋末端需作 135°弯钩时，HRB335 级、HRB400 级钢筋的弯弧内直径不应小于钢筋直径的 4 倍，弯钩的弯后平直部分长度应符合设计要求； 3)钢筋作不大于 90°的弯折时，弯折处的弯弧内直径不应小于钢筋直径的 5 倍。 检查数量：按每工作班同一类型钢筋、同一加工设备抽查不应少于 3 件。 检验方法：钢尺检查。 (2)除焊接封闭环式箍筋外，箍筋的末端应作弯钩，弯钩形式应符合设计要求；当设计无具体要求时，应符合下列规定。 1)钢筋调直后应进行力学性能和重量偏差的检验，其强度应符合有关标准的规定。盘卷钢筋和直条钢筋调直后的伸长率、重量偏差应符合表 1-13 的规定。 采用无延伸功能的机械设备调直的钢筋，可不进行本条规定的检验。 检查数量：同一厂家、同一牌号、同一规格调直钢筋，重量不大于 30 t 为一批；每批见证取样 3 个试件。 检验方法：3 个试件先进行重量偏差检验，再取其中 2 个试件经时效处理后进行力学性能检验。检验重量偏差时，试件切口应平滑且与长度方向垂直，且长度不应小于 500 mm；长度和重量的量测精度分别不应低于 1 mm 和 1 g。 2)箍筋弯钩的弯折角度：对一般结构，不应小于 90°；对有抗震等要求的结构，应为 135°。 3)箍筋弯后平直部分长度：对一般结构，不宜小于箍筋直径的 5 倍；对有抗震等要求的结构，不应小于箍筋直径的 10 倍。 检查数量：按每工作班同一类型钢筋、同一加工设备抽查不应少于 3 件。 检验方法：钢尺检查
一般项目	(1)钢筋宜采用无延伸装置的机械设备进行调直，也可采用冷拉方法调直。当采用冷拉方法调直时，HPB235、HPB300 光圆钢筋的冷拉率不宜大于 4%；HRB335、HRB400、HRB500、HRBF335、HRBF400、HRBF500 及 RRB400 带肋钢筋的冷拉率不宜大于 1%。 检查数量：每工作班按同一类型钢筋、同一加工设备抽查不应少于 3 件。 检验方法：观察，钢尺检查。 (2)钢筋加工的形状、尺寸应符合设计要求，其偏差应符合表 1-14 的规定。 检查数量：按每工作班同一类型钢筋、同一加工设备抽查不应少于 3 件。 检验方法：钢尺检查

表 1-13　盘卷钢筋和直条钢筋调直后的断后伸长率、重量负偏差要求

钢筋牌号	断伸长率 $A(\%)$	单位长度重量偏差（%）		
		直径 6～12 mm	直径 14～20 mm	直径 22～50 mm
HPB235、HPB300	≥21	≤10	—	—

续上表

钢筋牌号	断伸长率 A(%)	单位长度重量偏差(%)		
		直径 6~12 mm	直径 14~20 mm	直径 22~50 mm
HRB335、HRBF335	≥16	≤8	≤6	≤5
HRB400、HRBF400	≥15	≤8	≤6	≤5
RRB400	≥13	≤8	≤6	≤5
HRB500、HRBF500	≥14	≤8	≤6	≤5

注:1. 断后伸长率 A 的量测标距为 5 倍钢筋公称直径。

2. 重量负偏差(%)按公式$(W_0-W_d)/W_0×100$计算,其中 W_0 为钢筋理论重量(kg/m),W_d 为调直后钢筋的实际重量(kg/m)。

3. 对直径为 28~40 mm 的带肋钢筋,表中断后伸长率可降低 1%;对直径大于 40 mm 的带肋钢筋,表中断后伸长率可降低 2%。

表 1-14 钢筋加工的允许偏差

项 目	允许偏差(mm)
受力钢筋顺长度方向全长的净尺寸	±10
弯起钢筋的弯折位置	±20
箍筋内净尺寸	±5

(3)钢筋连接的施工质量验收标准见表 1-15。

表 1-15 钢筋连接的施工质量验收标准

项 目	验收标准
主控项目	(1)纵向受力钢筋的连接方式应符合设计要求。 检查数量:全数检查。 检验方法:观察。 (2)在施工现场,应按国家现行标准《钢筋机械连接技术规程》(JGJ 107—2010)、《钢筋焊接及验收规程》(JGJ 18—2012)的规定抽取钢筋机械连接接头、焊接接头试件作力学性能检验,其质量应符合有关规程的规定。 检查数量:按有关规程确定。 检验方法:检查产品合格证、接头力学性能试验报告
一般项目	(1)钢筋的接头宜设置在受力较小处。同一纵向受力钢筋不宜设置两个或两个以上接头。接头末端至钢筋弯起点的距离不应小于钢筋直径的 10 倍。 检查数量:全数检查。 检验方法:观察,钢尺检查。 (2)在施工现场,应按国家现行标准《钢筋机械连接技术规程》(JGJ 107—2010)、《钢筋焊接及验收规程》(JGJ 18—2012)的规定对钢筋机械连接接头、焊接接头的外

项　目	验收标准
一般项目	观进行检查,其质量应符合有关规程的规定。 　　检查数量:全数检查。 　　检验方法:观察。 　　(3)当受力钢筋采用机械连接接头或焊接接头时,设置在同一构件内的接头宜相互错开。 　　纵向受力钢筋机械连接接头及焊接接头连接区段的长度为 35d(d 为纵向受力钢筋的较大直径)且不小于 500 mm,凡接头中点位于该连接区段长度内的接头均属于同一连接区段。同一连接区段内,纵向受力钢筋机械连接及焊接的接头面　积百分率为该区段内有接头的纵向受力钢筋截面面积与全部纵向受力钢筋截面面积的比值。 　　同一连接区段内,纵向受力钢筋的接头面积百分率应符合设计要求;当设计无具体要求时,应符合下列规定: 　　1)在受拉区不宜大于 50%。 　　2)接头不宜设置在有抗震设防要求的框架梁端、柱端的箍筋加密区;当无法避开时,对等强度高质量机械连接接头,不应大于 50%。 　　3)直接承受动力荷载的结构构件中,不宜采用焊接接头;当采用机械连接接头时,不应大于 50%。 　　检查数量:在同一检验批内,对梁、柱和独立基础,应抽查构件数量的 10%,且不少于 3 件;对墙和板,应按有代表性的自然间抽查 10%,且不少于 3 间;对大空间结构,墙可按相邻轴线间高度 5 m 左右划分检查面,板可按纵横轴线划分检查面,抽查 10%,且均不少于 3 面。 　　检验方法:观察,钢尺检查。 　　(4)同一构件中相邻纵向受力钢筋的绑扎搭接接头宜相互错开。绑扎搭接接头中钢筋的横向净距不应小于钢筋直径,且不应小于 25 mm。 　　钢筋绑扎搭接接头连接区段的长度为 1.3l_l(l_l 为搭接长度),凡搭接接头中点位于该连接区段长度内的搭接接头均属于同一连接区段。同一连接区段内,纵向钢筋搭接接头面积百分率为该区段内有搭接接头的纵向受力钢筋截面面积与全部纵向受力钢筋截面面积的比值(图 1-2)。 　　同一连接区段内,纵向受拉钢筋搭接接头面积百分率应符合设计要求;当设计无具体要求时,应符合下列规定: 　　1)对梁类、板类及墙类构件,不宜大于 25%。 　　2)对柱类构件,不宜大于 50%。 　　3)当工程中确有必要增大接头面积百分率时,对梁类构件,不应大于 50%;对其他构件,可根据实际情况放宽。 　　纵向受力钢筋绑扎搭接接头的最小搭接长度应符合《混凝土结构工程施工质量验收规范》(GB 50204—2002)附录 B 的规定。 　　检查数量:在同一检验批内,对梁、柱和独立基础,应抽查构件数量的 10%,且不少于 3 件;对墙和板,应按有代表性的自然间抽查 10%,且不少于 3 间;对大空间结构,墙可按相邻轴线间高度 5 m 左右划分检查面,板可按纵、横轴线划分检查面,抽查 10%,且均不少于 3 面。

续上表

项　目	验收标准
一般项目	检验方法:观察,钢尺检查。 (5)在梁、柱类构件的纵向受力钢筋搭接长度范围内,应按设计要求配置箍筋。当设计无具体要求时,应符合下列规定: 1)箍筋直径不应小于搭接钢筋较大直径的 0.25 倍; 2)受拉搭接区段的箍筋间距不应大于搭接钢筋较小直径的 5 倍,且不应大于100 mm; 3)受压搭接区段的箍筋间距不应大于搭接钢筋较小直径的 10 倍,且不应大于200 mm; 4)当柱中纵向受力钢筋直径大于 25 mm 时,应在搭接接头两个端面外 100 mm范围内各设置两个箍筋,其间距宜为 50 mm。 检查数量:在同一检验批内,对梁、柱和独立基础,应抽查构件数量的10%,且不少于 3 件;对墙和板,应按有代表性的自然间抽查10%,且不少于 3 间;对大空间结构,墙可按相邻轴线间高度 5 m 左右划分检查面,板可按纵、横轴线划分检查面,抽查 10%,且均不少于 3 面。 检验方法:钢尺检查

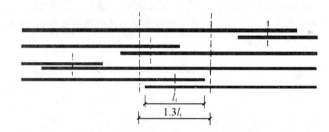

图 1-2　钢筋绑扎搭接接头连接区段及接头面积百分率

注:图中所示搭接接头同一连接区段内的搭接钢筋为两根,当各钢筋直径相同时,接头
面积百分率为50%。

(4)钢筋安装工程施工质量验收标准见表 1-16。

表 1-16　钢筋安装工程施工质量验收标准

项　目	验收标准
主控项目	钢筋安装时,受力钢筋的品种、级别、规格和数量必须符合设计要求。 检查数量:全数检查。 检验方法:观察,钢尺检查
一般项目	钢筋安装位置的偏差应符合表 1-17 的规定。 检查数量:在同一检验批内,对梁、柱和独立基础,应抽查构件数量的10%,且不少于 3 件;对墙和板,应按有代表性的自然间抽查10%,且不少于 3 间;对大空间结构,墙可按相邻轴线间高度 5 m 左右划分检查面,板可按纵、横轴线划分检查面,抽查 10%,且均不少于 3 面

表 1-17　钢筋安装位置的允许偏差和检验方法

项　目			允许偏差（mm）	检验方法
绑扎钢筋网	长、宽		±10	钢尺检查
	网眼尺寸		±20	钢尺量连续三档，取最大值
绑扎钢筋骨架	长		±10	钢尺检查
	宽、高		±5	钢尺检查
受力钢筋	间距		±10	钢尺量两端、中间各一点，取最大值
	排距		±5	钢尺检查
	保护层厚度	基础	±10	钢尺检查
		柱、梁	±5	钢尺检查
		板、墙、壳	±3	
绑扎箍筋、横向钢筋间距			±20	钢尺量连续三档，取最大值
钢筋弯起点位置			20	钢尺检查
预埋件	中心线位置		5	钢尺检查
	水平高差		+3 / 0	钢尺和塞尺检查

注：1. 检查预埋件中心线位置时，应沿纵、横两个方向量测，并取其中的较大值。
　　2. 表中梁类、板类构件上部纵向受力钢筋保护层厚度的合格点率应达到 90％ 及以上，且不得有超过表中数值 1.5 倍的尺寸偏差。

二、标准的施工方法

1. 钢筋加工

钢筋加工标准的施工方法见表 1-18。

表 1-18　钢筋加工标准的施工方法

项　目	内　容
工艺流程	钢筋除锈 → 钢筋调直 → 钢筋切断 → 钢筋弯曲成型 → 预检 → 分类堆放
钢筋除锈	（1）对钢筋表面的油渍、漆污和用铁锤敲击时能剥落的浮皮、铁锈等应在使用前清除干净。 （2）光圆盘条钢筋表面的浮锈、陈锈等采用在冷拉或钢筋调直过程中除锈，操作方法见"钢筋调直标准的施工方法"中卷扬机冷拉方法调直。 （3）对直条钢筋采用电动除锈机进行除锈，操作时应将钢筋放平握紧，操作人员必须侧身送料，钢筋与钢丝刷松紧程度要适当，保证除锈效果。 （4）对于局部少量的钢筋除锈采用人工除锈方法，直接用钢丝刷清刷干净。 （5）经除锈后的钢筋应尽早绑扎就位

续上表

项　目	内　容
钢筋调直	对冷拔钢丝和细钢筋可采用调直机调直。 采用调直机时,要根据钢筋的直径选用调直模和传送压辊,并要正确掌握调直模的偏移量和压辊的压紧程度。 调直模的偏移量根据其磨损程度及钢筋品种通过试验确定;调直筒两端的调直模一定要在调直前后导孔的轴心线上。 压辊的槽宽,在钢筋穿入压辊之后上下压辊间宜有 3 mm 之内的间隙。压辊的压紧程度要做到既保证钢筋能顺利地被牵引前进,看不出钢筋有明显的转动,而在被切断的瞬时钢筋和压辊间不允许打滑
钢筋切断	(1)将同规格钢筋根据不同长度,长短搭配,统筹配料,先断长料,后断短料,减少短头,减少损耗。 (2)钢筋切断时应核对配料单,并进行钢筋试弯,检查下料表尺寸与实际成型的尺寸是否相符,无误后方可大量切断成型。 (3)钢筋切断主要采用钢筋切断机机械切断。根据下料单的尺寸,用尺量出断料长度,用石笔做好标记,然后用切断机从标记处切断。 对同一尺寸量多的钢筋切断,应在工作台上设置控制下料长度的限位挡板,精确控制钢筋的下料长度。 断料时,必须将被切断钢筋握紧,应在活动刀片向后退时将钢筋垂直送入刀口,切断后,及时将钢筋取下。切断钢筋时,须用钳子夹住送料。 (4)用于机械连接、定位用钢筋应采用无齿锯锯断,保证端头平直,无变形,顶端切口无有碍于套丝质量的斜口、马蹄口或扁头。 用于绑扎接头、机械连接、电弧焊、电渣压力焊等接头部位及非接头部位的钢筋,均应将钢筋端头的热轧弯头或劈裂头切除。 (5)对零星小直径钢筋的切断,可采用手工切断,用断线钳直接切断钢筋即可。 (6)用于机械连接以外钢筋切断后的断口,应尽量减少马蹄形或起弯等现象
钢筋弯曲成型	钢筋弯曲成型标准的施工方法见表 1-19
预　检	同一部位、规格的一批钢筋加工成型完成后,应立即进行预检,对不合格的产品进行调整或重新加工成型
分类堆放	(1)打捆。 同一部位、规格的一批钢筋加工成型完成并通过预检验收后,应及时打捆。用火烧丝绑扎成捆,至少应绑扎两道,绑扎时应将标志牌穿在火烧丝上。 (2)分类堆放。 绑扎好的成捆钢筋运至成型钢筋堆放场地按顺序堆放整齐,并做好总标志。箍筋加工合格后,按照部位、规格分类码放,并做好标志

表 1-19　钢筋弯曲成型标准的施工方法

项　目	内　容
画线	钢筋弯曲前，根据钢筋标志牌上标明的尺寸，用石笔在钢筋上标示出各弯曲点的位置。 　　画线工作宜从钢筋中线开始向两边进行，两边不对称的钢筋，也可以从钢筋的一端开始画线，若划到另一端有出入时，则应重新调整
机械弯曲成型	首先安装芯轴、成型轴和挡轴。选择芯轴时，芯轴直径的选择跟钢筋的直径和弯曲角度有关，用于普通混凝土结构的钢筋成型按不小于表 1-20 中要求直径选用芯轴(钢筋弯曲最小内直径)。 　　成型轴的位置应根据成型钢筋的形状确定，成型轴宜加偏心轴套，以调节芯轴、钢筋和成型轴三者之间的间隙，使钢筋在芯轴与成型轴之间的空隙应大于 2 mm。弯曲钢筋时，为了使弯弧一侧的钢筋保持平直，挡铁轴宜做成可变挡架。 　　操作时先将钢筋放在芯轴与成型轴之间，将弯曲点线约与芯轴内边缘齐，然后开动弯曲机使工作盘转动，当转动达到要求时，停止转动，用倒顺开关使工作盘反转，成型轴回到初始位置，再重新弯曲另一根钢筋。在放置钢筋时，若弯曲 180° 时，弯曲点线距芯轴内边缘为 1.0～1.5 倍钢筋直径，如图 1-3 所示
手工弯曲成型	对小直径的光圆钢筋、箍筋等的成型通常采用手工弯曲。 　　对 $\phi6 \sim \phi10$ 的钢筋采用带有底座的手摇扳手进行弯曲成型，先将底座固定在操作平台上，将扳手直接套在底座上即可使用。 　　进行弯曲时，先在底座上划好常用的弯曲角度，然后将钢筋放在转轴和扳手挡板之间，将钢筋上的画线与转轴外缘对齐，转动扳手弯折钢筋到要求位置
螺旋形钢筋成型	螺旋形钢筋，可用手摇滚筒成型，也可用机械传动的滚筒。由于钢筋有弹性，滚筒直径应比螺旋筋内径略小，滚筒直径与螺旋筋直径关系见表 1-21
受力钢筋的弯钩或弯折要求	(1)HPB235 级钢筋末端需要作 180° 弯钩，其圆弧弯曲直径 D 不应小于钢筋直径 d 的 2.5 倍，平直部分长度不宜小于钢筋直径 d 的 3 倍(图 1-4)；用于轻集料混凝土结构时，其弯曲直径 D 不应小于钢筋直径 d 的 3.5 倍。 　　(2)HRB335、HRB400 级钢筋末端需作 90° 或 135° 弯折时，HRB335 级钢筋的弯曲直径 D 不宜小于钢筋直径 d 的 4 倍；HRB400 级钢筋不宜小于钢筋直径 d 的 5 倍(图 1-5)，平直部分长度应按设计要求确定。 　　(3)弯起钢筋中间部位弯折处的弯曲直径 D，不应小于钢筋直径 d 的 5 倍。 　　(4)钢筋做不大于 90° 的弯折时，弯折处的弯弧内直径不应小于钢筋直径的 5 倍
箍筋弯钩要求	除焊接封闭环形箍筋外，箍筋的末端应作弯钩，弯钩形式应符合设计要求。当设计无具体要求时，应符合下列规定： 　　(1)箍筋弯钩的弯弧内直径除应满足"(5)受力钢筋的弯钩或弯折要求"规定，尚应不小于受力钢筋直径； 　　(2)箍筋弯钩的弯折角度：对有抗震要求的结构，应为 135° 角； 　　(3)箍筋弯后平直部分长度：对有抗震要求的结构，不应小于箍筋直径的 10 倍。

项　目	内　容
箍筋弯钩要求	对有抗震要求和受扭的结构,可按图1-6(a)加工。对于柱、梁钢筋绑扎接头范围内的箍筋可按图1-6(b)加工

表1-20　钢筋弯曲最小内直径　　　　　（单位:mm）

弯曲角度	规格	6	8	10	12	14	16	18	20	22	25	28	32	40
180°	HPB235	15	20	25	30	—								
135°	HRB335 HRB400	—	—	—	48	56	64	72	80	88	100	112	128	160
≤90°	—	30	40	50	60	70	80	90	100	110	125	140	160	200

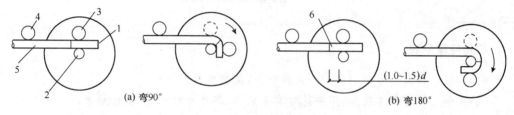

(a) 弯90°　　　　　　　　　　　　　　(b) 弯180°

图 1-3　弯曲点线与芯轴关系

1—工作盘;2—芯轴;3—成型轴;4—固定挡铁;5—钢筋;6—弯曲点线

表 1-21　滚筒直径与螺旋筋直径关系

螺旋筋内径(mm)	$\phi6$	288	360	418	485	575	630	700	760	845	—	—	—
	$\phi8$	270	325	390	440	500	565	640	690	765	820	885	965
滚筒外径(mm)		260	310	365	410	460	510	555	600	660	710	760	810

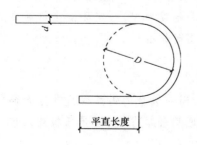

图 1-4　钢筋末端180°弯钩

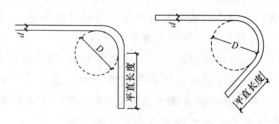

图 1-5　钢筋末端90°或135°弯折

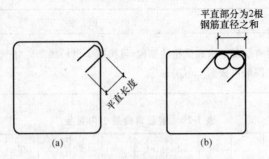

图 1-6　箍筋示意图

质量问题

钢筋表面锈蚀

质量问题表现

(1)浮锈。钢筋表面附有较均匀的细粉末,呈黄色或淡红色。

(2)陈锈。锈迹粉末较粗,用手捻略有微粒感,颜色转红,有的呈红褐色。

(3)老锈。锈斑明显,有麻坑,出现起层的片状分离现象,锈斑几乎遍及整根钢筋表面;颜色变暗,深褐色,严重的接近黑色。

质量问题原因

(1)保管不良,受到雨、雪侵蚀。

(2)存放期过长。

(3)仓库环境潮湿,通风不良。

质量问题预防

钢筋运到使用地点后,必须妥善保存和加强管理,否则会造成极大的浪费和损失。

钢筋入库时,材料管理人员要详细检查和验收;在分捆发料时,一定要防止钢筋窜捆。分捆后应随时复制标牌并及时捆扎牢固,以避免使用时错用。

(1)钢筋的保管应遵守如下要点。

1)弯曲成型的钢筋必须轻抬轻放,避免产生变形。

2)弯曲成型的钢筋必须通过加工操作人员的自检;同一编号的钢筋成品清点无误后,应将其全部运离加工地点,送到指定的堆放场地(最好是仓库);由专职质量检查人员复检合格后的成品才能进入成品仓库。

　　3）堆放时，要按工程名称和构件名称依照编号顺序分别存放；同一项工程或同一种构件的钢筋放在一起，按号码给钢筋挂上料牌（要注明构件名称、部位、钢筋尺寸、钢号、直径、根数等），缩尺钢筋的料牌不能遗漏（必要时加制分号料牌）；不能把多项工程的钢筋混放；同时要考虑施工顺序，防止先用的钢筋被压在下面，再进行翻垛时把其他钢筋压变形。

　　（2）钢筋的长期存放应遵守下列要点。

　　1）钢筋入库要点数验收，要认真检查钢筋的规格等级和牌号。库内划分不同品种、规格的钢筋堆放区域。每垛钢筋应立标标签，每捆钢筋上应挂标牌；标牌和标签应标明钢筋的品种、等级、直径、技术证明书编号及数量等。

　　2）钢筋不得和酸、盐、油等类物品存放在一起。存放地点应远离产生有害气体的车间，以防止钢筋被腐蚀。

　　3）钢筋存储量应和当地钢材供应情况、钢筋加工能力以及使用量相适应，周转期应尽量缩短，避免存储期过长，否则，既占压资金，又易使钢筋发生锈蚀。

　　4）材料管理人员在分捆发料时，一定要防止钢筋窜捆，分捆后应及时复制标牌并捆扎牢固，以避免错用。

　　（3）钢筋存放场地应符合下列要求：

　　1）钢筋原料应存放在仓库或料棚内，保持地面干燥；

　　2）钢筋不得堆放在地面上，必须用混凝土墩、砖或垫木垫起，使离地面 200 mm以上；

　　3）工地临时保管钢筋原料时，应选择地势较高、地面干燥的露天场地；

　　4）在仓库、料棚或场地周围，应有一定的排水设施，以利排水。

钢筋点焊后，焊点不符合要求

质量问题表现

　　钢筋点焊后，焊点发生脱落、漏焊、气孔、裂纹、空洞及明显烧伤，焊点压入深度不符合要求。

质量问题原因

　　（1）未选择适宜的点焊方法。

　　（2）焊接操作不当。

质量问题预防

(1)进行钢筋点焊时,应根据不同材料选择合适的焊接方法,对于钢筋骨架或钢筋网中交叉钢筋的焊接宜采用电阻点焊,其所适用的钢筋直径和种类为直径6~15 mm的热轧 HPB235级、HRB335级钢筋,直径3~5 mm的冷拔低碳钢丝和直径4~12 mm的冷轧带肋钢筋。

(2)点焊操作应符合规范要求。

1)点焊时,将已除锈污的钢筋交叉点放入点焊机的两电极间,使钢筋通电发热至一定温度后,加压使焊点金属焊牢。焊点应有一定的压入深度,对于热轧钢筋,压入深度为较小钢筋直径的30%~45%;点焊冷拔低碳钢丝时,压入深度为较小钢丝直径的30%~35%。

2)点焊时,部分电流会通过已焊好的各点而形成闭合电路,这样将使通过焊点的电流减小,这种现象叫电流的分流现象。分流会使焊点强度降低。分流大小随通路的增加而增加,随焊点距离的增加而减少。个别情况下分流可达焊点电流的40%以上。为消除这种有害影响,施焊时应合理考虑施焊顺序或适当延长通电时间或增大电流。在焊接钢筋交叉角小于30°的钢筋网或骨架时,也需增大电流或延长时间。

3)采用点焊的焊接骨架和焊接网片的焊点应符合设计要求。设计未作规定时,可按下列要求进行焊接。

①当焊接骨架的受力钢筋为HRB335级时,所有相交点均须焊接。

②当焊接网片的受力钢筋为HPB235级或冷拉HPB235级并只有1个方向受力时,两端边缘的2根锚固横向钢筋的相交点必须焊接;若网片为两向受力,则四周边缘的两根钢筋相交点均应焊接;其余相交点可间隔焊接。

③当焊接网片的受力筋为冷拔低碳钢丝,另一方向的钢丝间距小于100 mm时,除两端边缘的2根锚固横向钢丝相交点必须全部焊接外,中间部分焊点距离可增大至250 mm。

④当焊接不同直径的钢筋,其较小钢筋的直径小于10 mm时,大小钢筋直径之比不宜大于3;若较小钢筋的直径为12 mm或14 mm时,大小钢筋直径之比不宜大于2。

⑤焊接网的长度、宽度和骨架长度的允许偏差为±10 mm。焊接骨架高度允许偏差为±5 mm。网眼尺寸及箍筋间距允许偏差为±10 mm。

2. 砌筑工程构造柱、圈梁钢筋绑扎

砌筑工程构造柱、圈梁钢筋绑扎标准的施工方法见表1-22。

表1-22　砌筑工程构造柱、圈梁钢筋绑扎标准的施工方法

项　　目	内　　容
工艺流程	(1)构造柱钢筋绑扎工艺流程。

项　目		内　容
工艺流程		绑扎构造柱钢筋骨架(如预制) → 修整下层伸出的构造柱搭接筋 → 安装 构造柱钢筋骨架 → 绑扎搭接部位钢筋 → 绑扎保护层垫块 (2)圈梁钢筋的绑扎工艺流程。 划分钢筋位置线 → 放箍筋 → 穿圈梁主筋 → 绑扎箍筋 → 设置保护层 垫块
构造柱钢筋绑扎	绑扎构造柱钢筋骨架	(1)先将两根竖向受力钢筋平放在绑扎架上,并在钢筋上画出箍筋间距,自柱脚起始箍筋位置距竖筋端头为 40 mm。放置竖筋时,柱脚始终朝一个方向,若构造柱竖筋超过 4 根,竖筋应错开布置。 (2)在钢筋上画箍筋间距时,在柱顶、柱脚与圈梁钢筋交接的部位,应按设计和规范要求加密柱的箍筋,加密范围一般在圈梁上、下均不应小于 1/6 层高或 450 mm,箍筋间距不宜大于 100 mm(柱脚加密区箍筋待柱骨架立起搭接后再绑扎)。 有抗震要求的工程,柱顶、柱脚箍筋加密,加密范围 1/6 柱净高,同时不小于 450 mm,箍筋间距应按 6d 或 100 mm 加密进行控制,取较小值。钢筋绑扎接头应避开箍筋加密区,同时接头范围的箍筋加密 5d,且≤100 mm。 (3)根据画线位置,将箍筋套在主筋上逐个绑扎,要预留出搭接部位的长度。为防止骨架变形,宜采用反十字扣或套扣绑扎。箍筋应与受力钢筋保持垂直;箍筋弯钩叠合处,应沿受力钢筋方向错开放置。 (4)穿另外二根或更多受力钢筋,并与箍筋绑扎牢固,箍筋端头平直长度不小于 10d(d 为箍筋直径),弯钩角度不小于 135°
	修整底层伸出的构造柱搭接筋	根据已放好的构造柱位置线,检查搭接筋位置及搭接长度是否符合设计和规范的要求。若预留搭接筋位置偏差过大,应按 1∶6 坡度进行矫正。 底层构造柱竖筋应与基础圈梁锚固;无基础圈梁时,埋设在柱根部混凝土座内,如图 1-7 所示。当墙体附有管沟时,构造柱埋设深度应大于沟深。构造柱应伸入室外地面标高以下 500 mm
	装构造柱钢筋骨架	先在搭接处主筋上套上箍筋,然后再将预制构造柱钢筋骨架立起来,对正伸出的搭接筋,搭接倍数按设计图纸和规范要求,且不低于 35d,对好标高线(柱脚钢筋端头距搭接筋上的水平线距离为 490 mm),在竖筋搭接部位各绑至少 3 个扣,两边绑扣距钢筋端头距离为 50 mm
	绑扎搭接部位钢筋	骨架调整方正后,可以绑扎根部加密区箍筋。按骨架上的箍筋位置线从上往下依次进行绑扎,并保证箍筋绑扎水平、稳固
	绑扎保护层垫块	构造柱绑扎完成后,在与模板接触的侧面及时进行保护层垫块绑扎,采用带绑丝的砂浆垫块,间距不大于 800 mm
圈梁钢筋的绑扎	划分箍筋位置线	支完圈梁模板并做完预检,即可绑扎圈梁钢筋,采用在模内直接绑扎的方法,按设计图纸要求间距,在模板侧帮上画出箍筋位置线。按每两根构造柱之间为一段,分段画线,箍筋起始位置距构造柱 50 mm

续上表

项 目		内 容
圈梁钢筋的绑扎	放箍筋	箍筋位置线画好后,数出每段箍筋数量,放置箍筋。箍筋弯钩叠合处,应沿圈梁主筋方向互相错开设置
	穿圈梁主筋	穿圈梁主筋时,应从角部开始,分段进行。圈梁与构造柱钢筋交叉处,圈梁钢筋宜放在构造柱受力钢筋内侧。圈梁钢筋在构造柱部位搭接时,其搭接倍数或锚入柱内长度要符合设计和规范要求。主筋搭接部位应绑扎 3 个扣。 圈梁钢筋应互相交圈,在内外墙交接处、墙大角转角处的锚固长度,均要符合设计和规范要求
	绑扎箍筋	圈梁受力筋穿好后,进行箍筋绑扎,应分段进行。在每段两端及中间部位先临时绑扎,将主筋架起来,以利于绑扎。绑扎时,要让箍筋与圈梁主筋保证垂直,将箍筋对正模板侧帮上的位置线,先将下部主筋与箍筋绑扎,再绑上部筋,上部角筋处宜采用套扣绑扎
	设置保护层垫块	圈梁钢筋绑完后,应在圈梁底部和与模板接触的侧面加水泥砂浆垫块,以控制受力钢筋的保护层厚度。底部的垫块应加在箍筋下面,侧面应绑在箍筋外侧

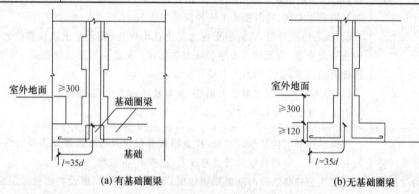

图 1-7 构造柱搭接筋(单位:mm)

3. 底板钢筋绑扎

底板钢筋绑扎标准的施工方法见表 1-23。

表 1-23 底板钢筋绑扎标准的施工方法

项 目	内 容
工艺流程	(1)基础底板为单层钢筋的绑扎工艺流程。 弹钢筋位置线 → 运钢筋到使用部位 → 绑底板下层及地梁钢筋 水电工序插入 → 设置垫块 → 旋转插筋定距框 → 插墙、柱预埋钢筋并加固 稳定 → 验收 (2)基础底板为双层钢筋的绑扎工艺流程。 弹钢筋位置线 → 运钢筋到使用部位 → 绑底板下层及地梁钢筋 设置垫块 → 水电工序插入 → 设置马凳 → 绑底板上层钢筋 → 设置 定位框 → 插墙、柱预埋钢筋 → 验收

项 目	内 容
弹钢筋位置线	按图纸标明的钢筋间距,算出底板实际需用的钢筋根数,靠近底板模板边的钢筋离模板边为 50 mm,满足迎水面钢筋保护层厚度不应小于 50 mm 的要求。在垫层上弹出钢筋位置线(包括基础梁钢筋位置线)和插筋位置线。插筋位置线包含剪力墙、框架柱和暗柱等竖向筋插筋位置,谨防遗漏。剪力墙竖向起步筋距柱或暗柱为 50 mm,中间插筋按设计图纸标明的竖向筋间距分档,如分到边不到一个整间距时,可按根数均分,以达到的间距偏差不大于 10 mm
运钢筋到使用部位	按照钢筋绑扎使用的先后顺序,分段进行钢筋吊运。吊运前,应根据弹线情况算出实际需要的钢筋根数
绑底板下层及地梁钢筋	(1)先铺底板下层钢筋,根据设计、规范和下料单要求,决定下层钢筋哪个方向钢筋在下面,一般先铺短向钢筋,再铺长向钢筋(如果底板有集水坑、设备基坑,在铺底板下层钢筋前,先铺集水坑、设备基坑的下层钢筋)。 (2)根据已弹好的位置线将横向、纵向的钢筋依次摆放到位,钢筋弯钩应垂直向上。平行地梁方向在地梁下一般不设底板钢筋。钢筋端部距导墙的距离应两端一致并符合相关规定,特别是两端设有地梁时,应保证弯钩和地梁纵筋相互错开。 (3)底板钢筋如有接头时,搭接位置应错开,满足设计要求或在征得设计同意时可不考虑接头位置,按照 25% 错开接头。当采用焊接或机械连接接头时,应按焊接或机械连接规程规定确定抽取试样的位置。 钢筋采用直螺纹机械连接时,钢筋应顶紧,连接钢筋处于接头的中间位置,偏差不大于 $1P(P$ 为螺距),外露螺纹不超过一个完整螺纹,检查合格的接头,用红油漆作上标记,以防遗漏。 若钢筋采用搭接的连接方式,钢筋的搭接段绑扣不少于 3 个,与其他钢筋交叉绑扎时,不能省去三点绑扎。 (4)进行钢筋绑扎时,如单向板靠近外围两行的相交点应逐点绑扎,中间部分相交点可相隔交错绑扎,双向受力的钢筋必须将钢筋交叉点全部绑扎,如采用一面顺扣应交错变换方向,也可采用八字扣,但必须保证钢筋不产生位移。 (5)地梁绑扎:对于短基础梁、门洞口下地梁,可采用事先预制,施工时吊装就位即可,对于较长、较大基础梁采用现场绑扎。 1)绑扎地梁时,应先搭设绑扎基础梁的钢管临时支撑架,临时支架的高度达到能够将主跨基础梁支起离基础底板下层钢筋 50 mm 即可,如果两个方向的基础梁同时绑扎,后绑的次跨基础梁的临时支架高度要比先绑基础梁的临时支架高 50～100 mm 左右(保证后绑的次跨基础梁在绑扎钢筋穿筋方便为宜)。 2)基础梁的绑扎先排放主跨基础梁的上层钢筋,根据设计的基础梁箍筋的间距,在基础梁的上层钢筋上用粉笔画出箍筋的间距,按照画出的箍筋间距安装箍筋并绑扎(基础底板门洞口地梁箍筋应满布,洞口处箍筋距离暗柱边50 mm)。如果基础梁上层钢筋有两排钢筋,穿上层钢筋的下排钢筋(先不绑扎,等次跨基础梁上层钢筋绑扎完毕再绑扎),下排钢筋的临时支架使得下排钢筋距上层钢筋 50～100 mm 为宜,以便后绑的次跨基础梁穿上层钢筋的下排钢筋。 3)穿主跨基础梁的下层钢筋的下排钢筋并绑扎,穿主跨基础梁的下层钢筋的上排钢筋(先不绑扎,等次跨基础梁下层钢筋下排钢筋绑扎完毕再绑扎),下层钢筋的上排钢筋的临时支架使得上排钢筋下排钢筋 50～100 mm 为宜,以便后绑的次跨基础梁穿下层钢筋的下排钢筋

续上表

项　目	内　容
绑底板下层及地梁钢筋	4）排放次跨基础梁的上层钢筋的上排筋,根据设计的次跨基础梁箍筋的间距,在次跨基础梁的上层钢筋上用粉笔画出箍筋的间距,按照画出的箍筋间距安装箍筋并绑扎。如果基础梁上层钢筋有两排钢筋,穿上层钢筋的下排钢筋并绑扎。 5）穿次跨基础梁的下层钢筋的下排钢筋并绑扎,穿次跨基础梁的下层钢筋的上排钢筋（先不绑扎,等主跨基础梁的下层钢筋的上排钢筋绑扎完毕后再绑扎）。 6）将主跨基础梁的临时支架拆除,使得主跨基础梁平稳放置在基础底板的下层钢筋上,并进行适当的固定以保证主跨基础梁不变形,再将次跨基础梁的临时支架拆除,使得次跨基础梁平稳放置在主跨基础梁上,并进行适当的固定以保证次跨基础梁不变形,接着按次序分别绑扎次跨基础梁的上层钢筋的下排筋、主跨基础梁的上层钢筋的下排筋、主跨基础梁的下层钢筋的上排筋、次跨基础梁的下层钢筋的上排筋。 7）绑扎基础梁钢筋时,梁纵向钢筋超过两排的,纵向钢筋中间要加短钢筋梁垫,保证纵向钢筋间距大于 25 mm（且大于纵向钢筋直径）,基础梁上下纵筋之间要加可靠支撑,保证梁钢筋的截面尺寸;基础梁的箍筋接头位置应按照规范要求相互错开
设置垫块	检查底板下层钢筋施工合格后,放置底板混凝土保护层用垫块,垫块的厚度等于钢筋保护层厚度,按照 1 m 左右距离梅花形摆放。如基础底板或基础梁用钢量较大,摆放距离可缩小
水电工序插入	在底板和地梁钢筋绑扎完成后,方可进行水电施工
设置马凳	基础底板采用双层钢筋时,绑完下层钢筋后,摆放钢筋马凳。马凳的摆放按施工方案的规定确定间距。马凳宜支撑在下层钢筋上,并应垂直于底板上层筋的下筋摆放,摆放要稳固
绑底板上层钢筋	在马凳上摆放纵横两个方向的上层钢筋,上层钢筋的弯钩朝下,进行连接后绑扎。绑扎时,上层钢筋和下层钢筋的位置应对正,钢筋的上下次序及绑扣方法同底板下层钢筋。梁板钢筋全部完成后,按设计图纸位置进行地梁排水套管预埋
设置定位框	钢筋绑扎完成后,根据在防水保护层（或垫层）上弹好的墙、柱插筋位置线,在底板上网上固定插筋定位框,可以采用线坠垂吊的方法使其同位置线对正
插墙、柱预埋钢筋	将墙、柱预埋筋伸入底板内下层钢筋上,拐尺的方向要正确,将插筋的拐尺与下层筋绑扎牢固,便将其上部与底板上层筋或地梁绑扎牢固,必要时可附加钢筋电焊焊牢,并在主筋上绑一道定位筋。插筋上部与定位框固定牢靠。 墙插筋两边距暗柱 50 mm,插入基础深度应符合设计和规范锚固长度要求,甩出的长度和甩头错开百分比及错开长度应符合本工程设计和规范的要求。其上端应采取措施以保证甩筋垂直,不歪斜、倾倒、变位。同时,要考虑搭接长度、相邻钢筋错开距离 为便于及时修正和减少返工量,验收宜分为两个阶段,即:地梁及下网铁完成和上网铁及插筋完成两个阶段。分阶段绑扎完成后,对绑扎不到位的地方进行局部调整,然后对现场进行清理,分别报工长进行交接检和质检员专项验收。全部完成后,填写钢筋工程隐蔽验收单

4. 剪力墙结构墙体钢筋绑扎

剪力墙结构墙体钢筋绑扎标准的施工方法见表1-24。

表1-24　剪力墙结构墙体钢筋绑扎标准的施工方法

项　目	内　容
工艺流程	(1)剪力墙钢筋现场绑扎工艺流程(无暗柱)。 在顶板上弹墙体外皮线和模板控制线 → 调整竖向钢筋位置 → 接长 竖向钢筋 → 绑竖向梯子筋 → 绑墙体水平钢筋 → 设置拉钩和垫块 → 设置墙体钢筋上口水平梯子筋 → 墙体钢筋验收 (2)剪力墙钢筋现场绑扎工艺流程(有暗柱)。 在顶板上弹墙体外皮线和模板控制线 → 调整竖向钢筋位置 → 接长 竖向钢筋 → 绑竖向梯子筋 → 绑扎暗柱及门窗过梁钢筋 → 绑墙体水平 钢筋 → 设置拉钩和垫块 → 设置墙体钢筋上口水平梯子筋 → 墙体钢筋验收
在顶板上弹墙体外皮线和模板控制线	将墙根浮浆清理干净到露出石子,用墨斗在钢筋两侧弹出墙体外皮线和模板控制线
调整竖向钢筋位置	根据墙体外皮线和墙体保护层厚度检查预埋筋的位置是否正确,竖筋间距是否符合要求,如有位移时,应按1:6的比例将其调整到位。如有位移偏大时,应按技术洽商要求认真处理
接长竖向钢筋	预埋筋调整合适后,开始接长竖向钢筋。按照既定的连接方法连接竖向筋,当采用绑扎搭接时,搭接段绑扣不小于3个。采用焊接或机械连接时,连接方法详见相关施工工艺标准。 接长竖向钢筋时,应保证竖筋上端弯钩朝向正确。竖筋连接接头的位置应相互错开
绑竖向梯子筋	根据预留钢筋上的水平控制线安装预制的竖梯子筋,应保证方正、水平。一道墙设置2~3个竖向梯子筋为宜。 梯子筋如代替墙体竖向钢筋,应大于墙体竖向钢筋一个规格,梯子筋中控制墙厚度的横档钢筋的长度比墙厚小2 mm,端头用无齿锯锯平后刷防锈漆,根据不同墙厚,画出梯子筋一览表。梯子筋做法如图1-8所示
绑扎暗柱及门窗过梁钢筋	(1)暗柱钢筋绑扎绑扎暗柱钢筋时,先在暗柱竖筋上根据箍筋间距划出箍筋位置线,起步筋距地30 mm(在每一根墙体水平筋下面)。将箍筋从上面套入暗柱,并按位置线顺序进行绑扎,箍筋的弯钩叠合处应相互错开。暗柱钢筋绑扎应方正,箍筋应水平,弯钩平直段应相互平行。 (2)门窗过梁钢筋绑扎。为保证门窗洞口标高位置正确,在洞口竖筋上划出标高

项　目	内　容
绑扎暗柱及门窗过梁钢筋	线。门窗洞口要按设计和规范要求绑扎过梁钢筋,锚入墙内长度要符合设计和规范要求,过梁箍筋两端各进入暗柱一个,第一个过梁箍筋距暗柱边 50 mm,顶层过梁入支座全部锚固长度范围内均要加设箍筋,间距为 150 mm
绑墙体水平钢筋	(1)暗柱和过梁钢筋绑扎完成后,可以进行墙体水平筋绑扎。水平筋应绑在墙体竖向筋外侧,按竖向梯子筋的间距从下到上顺序进行绑扎,水平筋第一根起步筋距地应为 50 mm。 (2)绑扎时将水平筋调整水平后,先与竖向梯子筋绑扎牢固,再与竖向立筋绑扎,注意将竖筋调整竖直。墙筋为双向受力钢筋,所有钢筋交叉点应逐点绑扎,绑扣采用顺扣时应交错进行,确保钢筋网绑扎稳固,不发生位移。 (3)绑扎时水平筋的搭接长度及错开距离要符合设计图纸及施工规范的要求。 (4)墙筋在端部、角部的锚固长度、锚固方向应符合要求。 1)剪力墙的水平钢筋在端部锚固应按设计和规范要求施工。做成暗柱或加 U 形钢筋如图 1-9 所示。 2)剪力墙的水平钢筋在"丁"字节点及转角节点的绑扎锚固如图 1-10 所示。 3)剪力墙的连梁上下水平钢筋伸入墙内长度 e' 不能小于设计和规范要求,如图 1-11 所示。 4)剪力墙的连梁、沿梁全长的箍筋构造要符合设计和规范要求,在建筑物的顶层连梁伸入墙体的钢筋长度范围内,应设置间距不大于 150 mm 的构造箍筋,如图 1-12 所示。 5)剪力墙洞围应绑扎补强钢筋,其锚固长度应符合设计和规范要求。 6)剪力墙钢筋与外砖墙连接:先绑外墙,绑内墙钢筋时,先将外墙预留的 ϕ6 拉结筋理顺,然后再与内墙钢筋搭接绑牢,内墙水平筋间距及锚固按专项工程图纸施工,如图 1-13 所示
设置拉钩和垫块	(1)拉钩设置。双排钢筋在水平筋绑扎完成后,应按设计要求间距设置拉钩,以固定双排钢筋的骨架间距。拉钩应呈梅花形设置,应卡在钢筋的十字交叉点上。注意用扳手将拉钩弯钩角度调整到 135°,并应注意拉钩设置后不应改变钢筋排距。 (2)设置垫块。在墙体水平筋外侧应绑上带有钢丝的砂浆垫块或塑料卡,以保证保护层的厚度,垫块间距 1 m 左右,呈梅花形布置。注意钢筋保护层垫块不要绑在钢筋十字交叉点上。 (3)双 F 卡。可采用双 F 卡代替拉钩和保护层垫块,还能起到支撑的作用。支撑可用 ϕ10~ϕ14 钢筋制作,支撑如顶模板,要按墙厚度减 2 mm,用无齿锯锯平并刷防锈漆,间距 1 m 左右,梅花形布置如图 1-14 所示
设置墙体钢筋上口水平梯子筋	对绑扎完成的钢筋板墙进行调整,并在上口距混凝土面 150 mm 处设置水平梯子筋,以控制竖向筋的位置和固定伸出筋的间距,水平梯子筋应与竖筋固定牢靠。同时在模板上口加扁铁与水平梯子筋一起控制墙体竖向钢筋的位置
墙体钢筋验收	对墙体钢筋进行自检。对不到位处进行修整,并将墙脚内杂物清理干净,报请工长和质检员验收

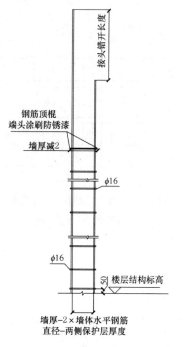

图 1-8 竖向梯子筋做法(单位:mm)

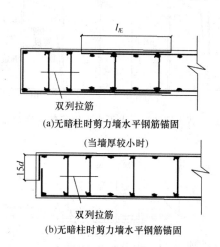

图 1-9 剪力墙的水平钢筋在端部锚固

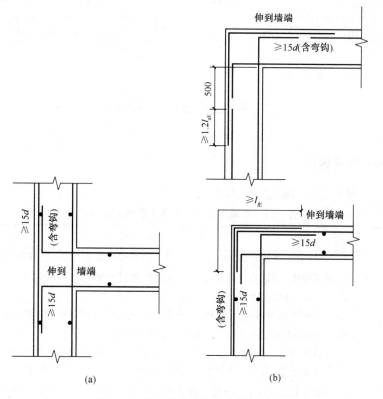

图 1-10 剪力墙在转角处绑扎锚固法

l_{lE}—纵向受拉钢筋搭接长度;l_{aE}—纵向受拉钢筋抗要锚固长度

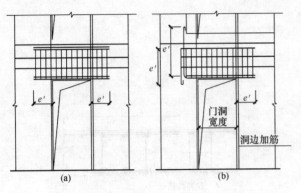
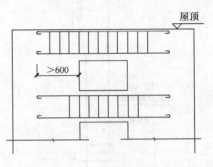

图 1-11　剪力墙的连梁上下水平钢筋伸入墙内长度 e'

图 1-12　剪力墙的连梁、沿梁全长的
箍筋构造(单位:mm)

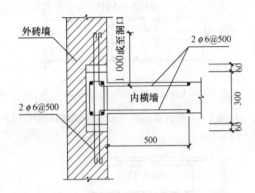
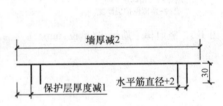

图 1-13　剪力墙钢筋与外砖墙连接(单位:mm)　　图 1-14　保护层用双 F 卡(单位:mm)

第三节　混凝土工程施工

一、施工质量验收标准

(1)混凝土原材料的施工质量验收标准见表 1-25。

表 1-25　混凝土原材料的施工质量验收标准

项　目	验收标准
主控项目	(1)水泥进场时应对其品种、级别、包装或散装仓号、出厂日期等进行检查,并应对其强度、安定性及其他必要的性能指标进行复验。其质量必须符合现行国家标准《通用硅酸盐水泥》(GB/T 175—2007)等的规定。 当在使用中对水泥质量有怀疑或水泥出厂超过 3 个月(快硬硅酸盐水泥超过 1 个月)时,应进行复验,并按复验结果使用。 钢筋混凝土结构、预应力混凝土结构中,严禁使用含氯化物的水泥。 检查数量:按同一生产厂家、同一等级、同一品种、同一批号且连续进场的水泥,袋装不超过 200 t 为一批。散装不超过 500 t 为一批,每批抽样不少于一次。 检验方法:检查产品合格证、出厂检验报告和进场复验报告。 (2)混凝土中掺用外加剂的质量及应用技术应符合现行国家标准《混凝土外加剂》(GB 8076—2008)、《混凝土外加剂应用技术规范》(GB 50119—2003)等和有关环境保护的规定。

项　目	验收标准
主控项目	预应力混凝土结构中,严禁使用含氯化物的外加剂。钢筋混凝土结构中,当使用含氯化物的外加剂时,混凝土中氯化物的总含量应符合现行国家标准《混凝土质量控制标准》(GB 50164—2011)的规定。 　　检查数量:按进场的批次和产品的抽样检验方案确定。 　　检验方法:检查产品合格证、出厂检验报告和进场复验报告。 　　(3)混凝土中氯化物和碱的总含量应符合现行国家标准《混凝土结构设计规范》(GB 50010—2010)和设计的要求。 　　检验方法:检查原材料试验报告和氯化物、碱的总含量计算书
一般项目	(1)混凝土中掺用矿物掺和料的质量应符合现行国家标准《用于水泥和混凝土中的粉煤灰》(GB 1596—2005)等的规定。矿物掺和料的掺量应通过试验确定。 　　检查数量:按进场的批次和产品的抽样检验方案确定。 　　检验方法:检查出厂合格证和进场复验报告。 　　(2)普通混凝土所用的粗、细集料的质量应符合国家现行标准、《普通混凝土用砂、石质量标准及检验方法》(JGJ 52—2006)的规定。 　　检查数量:按进场的批次和产品的抽样检验方案确定。 　　检验方法:检查进场复验报告。 　　注:①混凝土用的粗集料,其最大颗粒粒径不得超过构件截面最小尺寸的1/4,且不得超过钢筋最小净间距的3/4。 　　　　②对混凝土实心板,集料的最大粒径不宜超过板厚的1/3,且不得超过40 mm。 　　(3)拌制混凝土宜采用饮用水;当采用其他水源时,水质应符合国家现行标准《混凝土用水标准》(JGJ 63—2006)的规定。 　　检查数量:同一水源检查不应少于一次。 　　检验方法:检查水质试验报告

(2)配合比设计的施工质量验收标准见表1-26。

表1-26　配合比设计的施工质量验收标准

项　目	验收标准
主控项目	混凝土应按国家现行标准《普通混凝土配合比设计规程》(JGJ 55—2011)的有关规定,根据混凝土强度等级、耐久性和工作性等要求进行配合比设计。 　　对有特殊要求的混凝土,其配合比设计尚应符合国家现行有关标准的专门规定。 　　检验方法:检查配合比设计资料
一般项目	(1)首次使用的混凝土配合比应进行开盘鉴定,其工作性应满足设计配合比的要求。开始生产时应至少留置一组标准养护试件,作为验证配合比的依据。 　　检验方法:检查开盘鉴定资料和试件强度试验报告。 　　(2)混凝土拌制前,应测定砂、石含水率并根据测试结果调整材料用量,提出施工配合比。 　　检查数量:每工作班检查一次。 　　检验方法:检查含水率测试结果和施工配合比通知单

(3)混凝土施工的质量验收标准见表 1-27。

表 1-27　混凝土施工的质量验收标准

项　目	验收标准
主控项目	(1)结构混凝土的强度等级必须符合设计要求。用于检查结构构件混凝土强度的试件,应在混凝土的浇筑地点随机抽取。取样与试件留置应符合下列规定: 1)每拌制 100 盘且不超过 100 m³ 的同配合比的混凝土,取样不得少于一次; 2)每工作班拌制的同一配合比的混凝土不足 100 盘时,取样不得少于一次; 3)当一次连续浇筑超过 1 000 m³ 时。同一配合比的混凝土每 200 m³ 取样不得少于一次; 4)每一楼层、同一配合比的混凝土,取样不得少于一次; 5)每次取样应至少留置一组标准养护试件。同条件养护试件的留置组数应根据实际需要确定。 检验方法:检查施工记录及试件强度试验报告。 (2)对有抗渗要求的混凝土结构,其混凝土试件应在浇筑地点随机取样。同一工程、同一配合比的混凝土,取样不应少于一次,留置组数可根据实际需要确定。 检验方法:检查试件抗渗试验报告。 (3)混凝土原材料每盘称量的偏差应符合表 1-28 的规定。检查数量:每工作班抽查不应少于一次。 检验方法:复称。 (4)混凝土运输、浇筑及间歇的全部时间不应超过混凝土的初凝时间。同一施工段的混凝土应连续浇筑,并应在底层混凝土初凝之前将上一层混凝土浇筑完毕。 当底层混凝土初凝后浇筑上一层混凝土时,应按施工技术方案中对施工缝的要求进行处理。 检查数量:全数检查。 检验方法:观察,检查施工记录
一般项目	(1)施工缝的位置应在混凝土浇筑前按设计要求和施工技术方案确定。施工缝的处理应按施工技术方案执行。 检查数量:全数检查。 检验方法:观察,检查施工记录。 (2)后浇带的留置位置应按设计要求和施工技术方案确定。后浇带混凝土浇筑应按施工技术方案进行。 检查数量:全数检查。 检验方法:观察,检查施工记录。 (3)混凝土浇筑完毕后,应按施工技术方案及时采取有效的养护措施,并应符合下列规定: 1)应在浇筑完毕后的 12 h 以内对混凝土加以覆盖并保湿养护; 2)混凝土浇水养护的时间:对采用硅酸盐水泥、普通硅酸盐水泥或矿渣硅酸盐水泥拌制的混凝土,不得少于 7 d;对掺用缓凝型外加剂或有抗渗要求的混凝土,不得少于 14 d; 3)浇水次数应能保持混凝土处于湿润状态;混凝土养护用水应与拌制用水相同;

续上表

项　目	验收标准
一般项目	4）采用塑料布覆盖养护的混凝土,其敞露的全部表面应覆盖严密,并应保持塑料布内有凝结水; 5）混凝土强度达到 1.2 MPa 前,不得在其上踩踏或安装模板及支架。 注:①当日平均气温低于 5 ℃时,不得浇水; 　　②当采用其他品种水泥时,混凝土的养护时间应根据所采用水泥的技术性能确定; 　　③混凝土表面不便浇水或使用塑料布时,宜涂刷养护剂; 　　④对大体积混凝土的养护,应根据气候条件按施工技术方案采取控温措施。 检查数量:全数检查。 检验方法:观察,检查施工记录

表 1-28　原材料每盘称置的允许偏差

材料名称	允许偏差
水泥、掺和料	±2%
粗、细集料	±3%
水、外加剂	±2%

注:1. 各种衡器应定期校验,每次使用前应进行零点校核,保持计量准确。

　　2. 当遇雨天或含水率有显著变化时,应增加含水率检测次数,并及时调整水和集料的用量。

二、标准的施工方法

1. 普通混凝土现场拌制

普通混凝土现场拌制标准的施工方法见表 1-29。

表 1-29　普通混凝土现场拌制标准的施工方法

项　目	内　容
工艺流程	石子、砂、水泥、混合料、外加剂、水计量 → 上料 → 混凝土搅拌 → 出料 → 混凝土质量检查
计量	（1）准备工作。每台班开始前,对搅拌机及上料设备进行检查并试运转;对所用的计量器具进行检查并定磅;校对施工配合比;对所用原材料的规格、品种、产地、牌号及质量进行检查,并与施工配合比进行核对;对砂、石的含水率进行检查,如有变化,及时通知试验人员调整用水量。一切检查符合要求后,方可开盘拌制混凝土。 （2）砂、石计量。用手推车上料时,必须车车计量,卸多补少,有贮料斗及配料的计量设备,采用自动或半自动上料时,需调整好斗门及配料关闭的提前量,以保证计量准确。砂、石计量的允许偏差应≤3%。 （3）水泥计量。搅拌时采用袋装水泥时,对每批进场的水泥应抽查 10 袋的重量,并计量每袋的平均实际重量。小于标定重量的要开袋补足,或以每袋的实际水泥重量为准,调整砂、石、水及其他材料用量,按配合比的比例重新确定每盘混凝土的施工配合比。搅拌时采用散装水泥的,每盘应精确计量。水泥计量的允许偏差应≤±2%。 （4）水计量。水必须盘盘计量,其允许偏差应≤±2%

续上表

项　目	内　容
上料	现场拌制混凝土,一般是计量好的原材料先汇集在上料斗中,经上料斗进入搅拌筒。原材料汇集入上料斗的顺序如下。 　　(1)当无外加剂、混合料时,依次进入上料斗的顺序为石子、水泥、砂。 　　(2)当掺混合料时,其顺序为石子、水泥、混合料、砂。 　　(3)当掺干粉状外加剂时,其顺序为石子、外加剂、水泥、砂或顺序为石子、水泥、砂子、外加剂。 　　(4)当掺液态外加剂时,将外加剂溶液预加入搅拌用水中。经常检查外加剂溶液的浓度,并经常搅拌外加剂溶液,使溶液浓度均匀一致,防止沉淀。溶液中的水量,包括在拌和用水量内
混凝土搅拌	(1)第一盘混凝土拌制的操作。 　　(2)每班拌制第一盘混凝土时,先加水使搅拌筒空转数分钟,搅拌筒被充分湿润后,将剩余积水倒净。 　　(3)搅拌第一盘时,由于砂浆粘筒壁而损失,因此,石子的用量应按配合比减量。 　　(4)从第二盘开始,按给定的配合比投料。 　　(5)搅拌时间控制 　　混凝土搅拌的最短时间应按表1-30控制
出料	出料时,先少许出料,目测拌和物的外观质量,如目测合格方可出料。每盘混凝土拌和物必须出净
混凝土拌制的质量检查	(1)检查拌制混凝土所用原材料的品种、规格和用量,每一个工作班至少两次。 　　(2)检查混凝土的坍落度及和易性,每一工作班至少两次。混凝土拌和物搅拌均匀、颜色一致,具有良好的流动性、黏聚性和保水性,不泌水、不离析。不符合要求时,应查找原因,及时调整。 　　(3)在每一工作班内,当混凝土配合比由于外界影响有变动时(如下雨或原材料有变化),应及时检查。 　　(4)混凝土的搅拌时间应随时检查。 　　(5)按"混凝土施工的质量验收标准"主控项目中第(1)条规定留置试块

表 1-30　混凝土搅拌的最短时间　　　　　　　(单位:s)

混凝土坍落度 (mm)	搅拌机机型	搅拌机出料量(L)		
		＜250	250~500	＞500
≤40	强制式	60	90	120
＞40,＜100	强制式	60	60	90
≥100	强制式	60	60	60

　　注:1. 混凝土搅拌的最短时间指自全部材料装入搅拌筒中起,到开始卸料止的时间段。

　　　　2. 当掺有外加剂时,搅拌时间应适当延长。

　　　　3. 采用自落式搅拌机时,搅拌时间宜延长 30 s。

混凝土质量控制不严格

质量问题表现

混凝土原材料质量控制与检查不规范,影响工程质量。

质量问题原因

造成混凝土原材料质量缺陷的原因主要是检验人员工作态度不够端正,敷衍了事。

质量问题预防

检验人员应对混凝土原材料的质量进行严格的控制与检查,主要包括以下几个方面.

(1)冬期浇筑的混凝土,其受冻临界强度应符合下列规定。

1)普通混凝土采用硅酸盐水泥或普通硅酸盐水泥配制时,应为设计的混凝土强度标准值的30%。采用矿渣硅酸盐水泥配制的混凝土,应为设计的混凝土强度标准值的40%,但混凝土强度等级为C10及以下时,不得小于5.0 N/mm²。

注:当施工需要提高混凝土强度等级时,应按提高后的强度等级确定。

2)掺用防冻剂的混凝土,当室外最低气温不低于−15 ℃时不得小于4.0 N/mm²,当室外最低气温不低于−30 ℃时不得小于5.0 N/mm²。

(2)冬期施工混凝土质量检查除应符合国家现行标准《混凝土结构工程施工质量验收规范》(GB 50204—2002)及其他国家有关标准规定外,尚应符合下列要求。

1)检查外加剂质量及掺量。商品外加剂进入施工现场后应进行抽样检验,合格后方准使用。

2)检查水、骨料、外加剂溶液和混凝土出罐及浇筑时温度。

3)检查混凝土从入模到拆除保温层或保温模板期间的温度。

(3)冬期施工测温的项目与次数应符合表 1-31 规定。

表 1-31　混凝土冬期施工测温项目和次数

测温项目	测温次数
室外气温及环境温度	每昼夜不少于 4 次,此外还需测最高、最低气温
搅拌机棚温度	每一工作班不少于 4 次
水、水泥、砂、石及外加剂溶液温度	每一工作班不少于 4 次
混凝土出罐、浇筑、入模温度	每一工作班不少于 4 次

注:室外最高最低气温测量起、止日期为本地区冬期施工起始至终了时止。

质量问题

(4)混凝土养护期间温度测量应符合下列规定。

1)蓄热法或综合蓄热法养护从混凝土入模开始至混凝土达到受冻临界强度,或混凝土温度降到 0 ℃或设计温度以前,应至少每隔 6 h 测量 1 次。

2)掺防冻剂的混凝土在强度未达到上述"1)"条规定之前应每隔 2 h 测量 1 次,达到受冻临界强度以后每隔6 h 测量 1 次。

3)采用加热法养护混凝土时,升温和降温阶段应每隔 1 h 测量 1 次,恒温阶段每隔 2 h 测量 1 次。

4)全部测温孔均应编号,并绘制布置图。测温孔应设在有代表性的结构部位和温度变化大易冷却的部位,孔深宜为 10～15 cm,也可为板厚的 1/2 或墙厚的 1/2。测温时,测温仪表应采取与外界气温隔离措施,并留置在测温孔内不少于 3 min。

(5)检查混凝土质量除应按国家现行标准《混凝土结构工程施工质量验收规范》(GB 50204—2002)规定留置试块外,尚须做下列检查。

1)检查混凝土表面是否受冻、粘连、收缩裂缝,边角是否脱落,施工缝处有无受冻痕迹。

2)检查同条件养护试块的养护条件是否与施工现场结构养护条件相一致。

3)采用成熟度法检验混凝土强度时,应检查测温记录与计算公式要求是否相符,有无差错。

4)采用电加热养护时,应检查供电变压器二次电压和二次电流强度,每一工作班不应少于 2 次。

(6)模板和保温层在混凝土达到要求强度并冷却到 5 ℃后方可拆除。拆模时混凝土温度与环境温度差大于 20 ℃时,拆模后的混凝土表面应及时覆盖,使其缓慢冷却。

2. 预拌混凝土生产

预拌混凝土生产标准的施工方法见表 1-32。

表 1-32 预拌混凝土生产标准的施工方法

项 目	内 容
工艺流程	原材料准备 → 预拌混凝土搅拌 → 预拌混凝土运输
原材料准备	(1)水泥及掺和料按品种、等级送入指定筒仓储存,经螺旋输送机向搅拌楼储料斗、计量料斗供料。 (2)搅拌机粗细集料用装载机由料场装入砂、石储料仓,经皮带输送机运送至搅拌楼储料斗、计量料斗。 (3)外加剂(液体)按品种在储料罐内储存,经管道泵送至外加剂计量罐。

续上表

项　目	内　容
原材料准备	(4)拌和水经管道泵送至水计量罐。 (5)各种材料计量应符合以下要求： 1)各原材料的计量均应按重量计,水和液体外加剂的计量可按体积计。 2)原材料计量允许偏差不应超过表1-33规定的范围
混凝土搅拌	(1)预拌混凝土应采用符合规定的搅拌楼进行搅拌,并应严格按照设备说明书的规定使用。 (2)混凝土搅拌楼操作人员开盘前,应根据当日生产配合比和任务单,检查原材料的品种、规格、数量及设备的运转情况,并做好记录。 (3)搅拌楼应实行配合比挂牌制,按工程名称、部位分别注明每盘材料配料重量。 (4)试验人员每天班前应测定砂、石含水率,雨后立即补测,根据砂、石含水率随时调整每盘砂、石及加水量,并做好调整记录。 (5)搅拌楼操作人员严格按配合比计量,投料顺序先倒砂石,再装水泥,搅拌均匀,最后加水搅拌。粉煤灰宜与水泥同步,外加剂宜滞后于水泥。外加剂的配制应用小台秤提前一天称好,装入塑料袋,并做抽查(若人工加掺和料,也同样)和投料工作,应指定专人负责配制与投放。 (6)混凝土的搅拌时间可参照搅拌机使用说明,经试验调整确定。搅拌时间与搅拌机类型、坍落度大小、斗容量大小有关。掺入外加剂或掺和料时,搅拌时间还应延长20～30 s,混凝土搅拌的最短时间应符合下列规定： 当采用搅拌运输车运输混凝土时,其搅拌的最短时间应符合设备说明书的规定,并且每盘搅拌时间(从全部材料投完算起)不得小于30 s,在制备C50以上混凝土或采用引气剂、膨胀剂、防水剂时应相应增加搅拌时间。 (7)搅拌楼操作人员应随时观察搅拌设备的工作状况和坍落度的变化情况,坍落度应满足浇筑地点的要求,如发现异常应及时向主管负责人或主管部门反映,严禁随意更改配合比。 (8)检验人员应每台班抽查每一配合比的执行情况,做好记录,并跟踪抽查原材料、搅拌、运输质量,核查施工现场有关技术文件。 (9)预拌混凝土在生产过程中应按标准严格控制对周围环境的污染,搅拌站机房应为封闭性建筑物,所有粉料的运输及称量工序均应在封闭状态下进行,并有收尘装置。砂料厂宜采取防尘措施。 (10)搅拌站应严格控制生产用水的排放,污水应经沉淀池沉淀后宜综合利用,减少排放。 (11)搅拌站应设置专门运输车冲洗设施,运输车出厂前应将车外壁及料斗壁上的混凝土残浆清理干净
预拌混凝土运输	(1)预拌混凝土运送应采用规定的运输车运送。 (2)运输车在装料前应将筒内积水排尽。 (3)如需要在卸料前掺入外加剂时,外加剂掺入后,搅拌运输车应快速进行搅拌,搅拌时间应由试验确定,司机严格执行。 (4)严禁向搅拌运输车内的混凝土加水。

项　目	内　容
预拌混凝土运输	（5）混凝土运送时间是指混凝土由搅拌机卸入运输车开始至运输车开始卸料为止。运送时间应满足合同规定，当合同未做规定时，采用搅拌运输车运送混凝土，宜在 1.5 h 内卸料；当最高气温低于 25 ℃时，运送时间可适当延长。如需延长运送时间，应采取相应的技术措施，并通过试验验证。 （6）混凝土运送频率，应能保证浇筑施工的连续性。 （7）运输车在运送过程中应采取措施避免遗洒。 （8）预拌混凝土体积的计算，应由混凝土拌和物表观密度除运输车实际装载量求得。 （9）预拌混凝土供货量应以运输车的发货总量计算。如需要以工程实际量（不扣除混凝土结构中钢筋所占体积）进行复核时，其误差应不超过±2％

表 1-33　混凝土原材料计量允许偏差

原材料品种	水泥	粗、细集料	水	外加剂	矿物掺和料
每盘计量允许偏差（％）	±2	±3	±1	±1	±2
累计计量允许偏差（％）	±1	±2	±1	±1	±1

注：累计计量允许偏差是指每一运输车中各盘混凝土的每种材料计量和的偏差。该项指标仅适用采用微机控制的搅拌站。

3. 混凝土泵送施工

混凝土泵送施工标准的施工方法见表 1-34。

表 1-34　混凝土泵送施工标准的施工方法

项　目	内　容
工艺流程	混凝土泵送设备选型 → 泵送设备平、立面布置 → 泵送设备的安装、固定 → 泵送 → 混凝土浇筑
混凝土泵送设备选型	（1）混凝土泵的选型，根据混凝土工程特点、要求的最大输送距离、最大输出量及混凝土浇筑计划确定。混凝土泵的最大输送距离按照下列方法确定。 1）由试验确定。 2）根据混凝土泵的最大出口压力、配管情况、混凝土性能指标和输出量，按式（1—2）计算确定。 $$L_{max}=P_{max}/\Delta P_H \qquad (1-2)$$ $$\Delta P_H=2/r_0[K_1+K_2(1+t_2/t_1)V_2]a_2$$ $$K_1=(3.00—0.1s_1)\times10^2$$ $$K_2=(4.00—0.1s_1)\times10^2$$ 式中　L_{max}——混凝土泵的最大水平输送距离（m）；

项　目	内　容
混凝土泵送设备选型	P_{max}——混凝土泵的最大出口压力(Pa)； ΔP_H——混凝土在水平输送管内流动每米产生的压力损失(Pa/m)； r_0——混凝土输送管半径； K_1——黏着系数(Pa)； K_2——速度系数[Pa/(m/s)]； s_1——混凝土坍落度(mm)； t_2/t_1——混凝土泵分配阀切换时间与活塞推压混凝土时间之比，一般取 0.3； V_2——混凝土拌和物在输送管内的平均流速(m/s)； a_2——径向压力与轴向压力之比，对普通混凝土取 0.90。 注：ΔP_H 值亦可用其他方法确定，且宜通过实验验证。 3)参照产品的性能表(曲线)确定。 (2)混凝土泵的台数根据混凝土浇筑数量、单机的实际平均输出量和施工作业时间，按式(1—3)计算确定： $$N_2 = Q/Q_1 \cdot T_0 \qquad (1-3)$$ 式中　N_2——混凝土泵数量(台)； 　　　Q——混凝土浇筑数量(m³)； 　　　Q_1——每台混凝土泵的实际平均输出量(m³/h)； 　　　T_0——混凝土泵送施工作业时间(h)。 重要工程的混凝土泵送施工，混凝土泵的所需台数，除根据计算确定外，宜有一定的备用台数。 (3)混凝土输送管的选择应满足粗集料最大粒径、混凝土泵型号、混凝土输出量和输送距离、输送难易程度等要求。输送管需具有与泵送条件相适应的强度且管段无龟裂、无凹凸损伤和无弯折。 (4)当水平输送距离超过 200 m、垂直输送距离超过 40 m，输送管垂直向下或斜管前面布置水平管、混凝土拌和物单位水泥用量低于 300 kg/m³ 时，宜用直径大的混凝土输送管和长的锥形管，少用弯管和软管。 (5)布料设备选择需符合工程结构特点、施工工艺、布料要求和配管情况
泵送设备平、立面布置	(1)泵设置位置应场地平整，道路通畅，供料方便，距离浇筑地点近，便于配管，供电、供水、排水便利。 (2)作业范围内不得有高压线等障碍物。 (3)泵送管布置宜缩短管路长度，尽量少用弯管和软管。输送管的铺设应保证施工安全，便于清洗管道、排除故障和维修。 (4)在同一管路中应选择管径相同的混凝土输送管，输送管的新、旧程度应尽量相同；新管与旧管连接使用时，新管应布置在泵送压力较大处，管路要布置得横平竖直。 (5)管路布置应先安排浇筑最远处，由远向近依次后退进行浇筑，避免泵送过程中接管。

续上表

项 目	内 容
泵送设备平、立面布置	(6)布料设备应覆盖整个施工面,并能均匀、迅速地进行布料
泵送设备的安装、固定	(1)泵管安装、固定前应进行泵送设备设计,画出平面布置图和竖向布置图。 (2)高层建筑采用接力泵泵送时,接力泵的设置位置使上、下泵送能力匹配,对设力泵的楼面应进行结构受力验算,当强度和刚度不能满足要求时应采取加固措施。 (3)输送管路必须保证连接牢固、稳定、弯管处加设牢固的嵌固点,以避免泵送时管路摇晃。 (4)各管卡要紧到位,保证接头密封严密,不漏浆、不漏气。各管、卡与地面或支撑物不应有硬接触,要保留一定间隙,便于拆装。 (5)与泵机出口锥管直接相连的输送管必须加以固定,便于清理管路时拆装方便。 (6)输送泵管方向改变处应设置嵌固点。输送管接头应严密,卡箍处有足够强度,不漏浆,并能快速拆装。 (7)垂直向上配管时,凡穿过楼板处宜用木楔子嵌固在每层楼板预留孔处。垂直管固定在墙、柱上时每节管不得少于 1 个固定点。垂直管下端的弯管不能作为上部管道的支撑点,应设置刚性支撑承受垂直重量。 (8)垂直向上配管时,地面水平管长度不宜小于 15 m,且不宜小于垂直管长度的 1/4,在混凝土泵机 Y 形出料口 3～6 m 处的输送管根部应设置截止阀,防止混凝土拌和物反流。固定水平管的支架应靠近管的接头处,以便拆除、清洗管道。 (9)倾斜向下配管时,应在斜管上端设置排气阀,当高差大于 20 m 时,在斜管下端设置 5 倍高差长度的水平管,或采取增加弯管与环形管,以满足 5 倍高差长度要求。 (10)泵送地下结构的混凝土时,地上水平管轴线应与 Y 形出料口轴线垂直。 (11)泵送管不得直接支撑固定在钢筋、模板、预埋件上。 (12)布料设备应安设牢固和稳定,并不得碰撞或直接搁置在模板或钢筋骨架上,手动布料杆下的模板和支架应加固
泵送	(1)泵送混凝土前,先把储料斗内清水从管道泵出,达到湿润和清洁管道的目的,然后向料斗内加入与混凝土内除粗集料外的其他成分相同配合比的水泥砂浆(或1:2水泥砂浆或水泥浆),润滑用的水泥浆或水泥砂浆应分散布料,不得集中浇筑在同一处。润滑管道后即可开始泵送混凝土。 (2)开始泵送时,泵送速度宜放慢,油压变化应在允许范围内,待泵送顺利后,才用正常速度进行泵送。采用多泵同时进行大体积混凝土浇筑施工时,应每台泵依顺序逐一启动,待泵送顺利后,启动下一台泵,以防意外。 (3)泵送期间,料斗内的混凝土量应保持不低于缸筒口上 10 mm 到料斗口下 150 mm之间为宜。太少吸入效率低,容易吸入空气而造成塞管,太多则反抽时会溢出并加大搅拌轴负荷。 (4)混凝土泵送应连续作业。混凝土泵送、浇筑及间歇的全部时间不应超过混凝土的初凝时间。如必须中断时,其中断时间不得超过混凝土从搅拌至浇筑完毕所允许的延续时间。在混凝土泵送过程中,有计划中断时,应在预先确定的中断部位停止泵送,且中断时间不宜超过 1 h。

续上表

项　目	内　容
泵送	（5）泵送中途若停歇时间超过 20 min、管道又较长时，应每隔 5 min 开泵一次，泵送少量混凝土，管道较短时，可采用每隔 5 min 正反转 2～3 行程，使管内混凝土蠕动，防止泌水离析，长时间停泵（超过 45 min）、气温高、混凝土坍落度小的情况下可能造成塞管，宜将混凝土从泵和输送管中清除。 （6）泵送先远后近，在浇筑中逐渐拆管。 （7）泵送将结束时，应估算混凝土管道内和料斗内储存的混凝土量及浇筑现场所需混凝土量（$\phi150$ 径管每 100 m 长有 1.75 m³），以便决定供应混凝土量。 （8）泵送完毕清理管道时，采用空气压缩机推动清洗球。先安好专用清洗水，再启动空压机，渐进加压。清洗过程中，应随时敲击输送管，了解混凝土是否接近排空。当输送管内尚有 10 m 左右混凝土时，应将压缩机缓慢减压，防止出现大喷爆和伤人。 （9）泵送完毕，应立即清洗混凝土泵和输送管，管道拆卸后按不同规格分类堆放。 （10）冬期混凝土输送管应用保温材料包裹，保证混凝土的入模温度。在高温季节泵送，宜用湿草袋覆盖管道进行降温，以降低入模温度
混凝土浇筑	（1）混凝土浇筑前，应根据工程结构特点、平面形状和几何尺寸、混凝土供应和泵送设备能力、劳动力和管理能力，以及周围场地大小等条件，预先划分好混凝土浇筑区域。 （2）混凝土的浇筑顺序应符合下列规定：当采用输送管输送混凝土时，应由远而近浇筑；同一区域的混凝土，应按先竖向结构后水平结构的顺序，分层连续浇筑；当不允许留施工缝时，区域之间、上下层之间的混凝土浇筑间歇时间，不得超过混凝土初凝时间；当下层混凝土初凝后，浇筑上层混凝土时，应先按留预留施工缝的有关规定处理后再开始浇筑。 （3）混凝土的布料方法，应符合下列规定：在浇筑竖向结构混凝土时，布料设备的出口离模板内侧面不应小于 50 mm，且不得向模板内侧面直冲布料，也不得直冲钢筋骨架；浇筑水平结构混凝土时，不得在同一处连续布料，应 2～3 m 范围内水平移动布料，且宜垂直于模板布料。 （4）混凝土的分层厚度，宜为 300～500 mm。水平结构的混凝土浇筑厚度超过 500 mm 时，按 1：6～1：10 坡度分层浇筑，且上层混凝土，应超前覆盖下层混凝土 500 mm 以上。 （5）振捣泵送混凝土时，振动棒移动间距宜为 400 mm 左右，振捣时间宜为 15～30 s，隔 20～30 min 后，进行第二次复振。 （6）对于有预留洞、预埋件和钢筋太密的部位，应预先制定技术措施，确保顺利布料和振捣密实。在浇筑混凝土时，应经常观察，当发现混凝土有不密实等现象，应立即采取措施予以纠正。 （7）水平结构的混凝土表面，适时用木抹子抹平搓毛两遍以上。必要时，先用铁滚筒压两遍以上，防止产生收缩裂缝

4. 剪力墙结构普通混凝土浇筑施工

剪力墙结构普通混凝土浇筑标准的施工方法见表 1-35。

表 1-35　剪力墙结构普通混凝土浇筑施工标准的施工方法

项　目		内　容
工艺流程		混凝土运输 ──→ 混凝土浇筑 ──→ 拆模、养护
混凝土运输		混凝土从搅拌地点运送至浇筑地点,延续时间尽量缩短,根据气温宜控制在 0.5～1 h 之内。当采用预拌混凝土时,应充分搅拌后再卸车,不允许加水。已初凝的混凝土不应使用
混凝土浇筑	墙体浇筑泥凝土	(1)墙体浇筑混凝土前,在底部接槎处宜先浇筑 30～50 mm 厚与墙体混凝土配合比相同的减石子砂浆。砂浆用铁锹均匀入模,不可用吊斗或泵管直接灌入模内,且与后续入模混凝土间隔不大于 2.5 h,如图 1-15 所示。 (2)混凝土应采用赶浆法分层浇筑、振捣,分层浇筑高度应为振捣棒有效作用部分长度的 1.25 倍。每层浇筑厚度在 400～500 mm,浇筑墙体应连续进行,间隔时间不得超过混凝土初凝时间。墙、柱根部由于振捣棒影响作用不能充分发挥,可适当提高下灰高度并加密振捣和振动模板,如图 1-16 所示。 (3)浇筑洞口混凝土时,应使洞口两侧混凝土高度大体一致,对称均匀,振捣棒应距洞边 300 mm 以上为宜,为防止洞口变形或位移,振捣应从两侧同时进行。暗柱或钢筋密集部位应用 φ30 振捣棒振捣,振捣棒移动间距应小于 500 mm,每一振点延续时间以表面呈现浮浆、不产生气泡和不再沉落为度,振捣棒振捣上层混凝土时应插入下层混凝土内 50 mm,振捣时应尽量避开预埋件。振捣棒不能直接接触模板进行振捣,以免模板变形、位移以及拼缝扩大造成漏浆。遇洞口宽度 >1.2 m 时,洞口模板下口应预留振捣口。 (4)外砖内模、外板内模大角及山墙构造柱应分层浇筑,每层不超过 500 mm,内外墙交界处加强振捣,保证密实。外砖内模应采取措施,防止外墙鼓胀。 (5)振捣棒应避免碰撞钢筋、模板、预埋件、预埋管、外墙板空腔防水构造等,发现有变形、移位等情况,各有关工种相互配合进行处理。 (6)墙体、柱浇筑高度及上口找平,混凝土浇筑振捣完毕,将上口甩出的钢筋加以整理,用木抹子按预定标高线,将表面找平。墙体混凝土浇筑高度控制在高出楼板下皮上 5 mm+软弱层高度 5～10 mm,结构混凝土施工完后,及时剔凿软弱层,如图 1-17 所示。 (7)布料杆软管出口离模板内侧面不应小于 50 mm,且不得向模板内侧面直冲布料和直冲钢筋骨架;为防止混凝土散落、浪费,应在模板上口侧面设置斜向挡灰板。混凝土下料点宜分散布置,间距控制在 2 m 左右
	顶板混凝土浇筑	(1)顶板混凝土浇筑宜从一个角开始退进,楼板厚度 ≥120 mm 可用插入式振捣棒振捣,楼板厚度 <120 mm 可用平板振捣器振捣。振捣棒平放、插点要均匀排列,可采用"行列式"或"交错式"的移动,不应混乱,如图 1-18 所示。 (2)混凝土振捣随浇筑方向进行,随浇筑随振捣,要保证不漏振。 (3)用铁插尺检查混凝土厚度,振捣完毕后,用 3 m 长刮杠根据标高线刮平,然后拉通线用木抹子抹。靠墙两侧 100 mm 范围内严格找平、压光,以保证上部墙体模板下口严密。 (4)为防止混凝土产生收缩裂缝,应进行二次压面,二次压面的时间控制在混凝土终凝前进行。 (5)施工缝设置应浇筑前确定,并应符合图纸或有关规范要求

续上表

项 目		内 容
混凝土浇筑	楼梯混凝土浇筑	(1)楼梯施工缝留在休息平台自踏步往外 1/3 的地方,楼梯梁施工缝留在≥1/2 墙厚的范围内(图 1-19)。 (2)楼梯段混凝土随顶板混凝土一起自下而上浇筑,先振实休息平台板接缝处混凝土,达到踏步位置再与踏步一起浇捣,不断连续向上推进,并随时用木抹子将踏步上表面抹平
	后浇带混凝土浇筑	浇筑时间应符合图纸设计要求。图纸设计无要求时,在后浇带两侧混凝土龄期达到 42 d 后,高层建筑的后浇带应在结构顶板浇筑混凝土 14 d 后,用强度等级不低于两侧混凝土的补偿收缩混凝土浇筑。后浇带的养护时间不得少于 28 d
	施工缝的留置和处理	(1)墙体水平施工缝留在顶板下皮向上约 5 mm 左右,竖向施工缝留在门窗洞口过梁中间 1/3 范围内。 (2)顶板施工缝应留在顶板跨中 1/3 范围内。 (3)施工缝处理:水平施工缝应剔除软弱层,露出石子,竖向施工缝剔除松散石子和杂物,露出密实混凝土。施工缝应冲洗干净,浇筑混凝土前应浇水润湿,并浇同混凝土配合比相同石子砂浆
混凝土的养护		(1)水平构件采用覆盖塑料布浇水养护的方法,竖向墙体采用浇水养护的方法。浇水次数应能保持混凝土处于湿润状态,覆盖塑料布时,要保证塑料布内有凝结水。 (2)混凝土表面不便浇水时,应采用涂刷养护剂的方法养护。 (3)混凝土浇筑完毕后,应在 12 h 内加以覆盖并保湿养护。普通硅酸盐水泥或矿渣硅酸盐水泥拌制的混凝土养护时间不得少于 7 d,掺加外加剂或有抗渗要求的混凝土养护时间不得少于 14 d

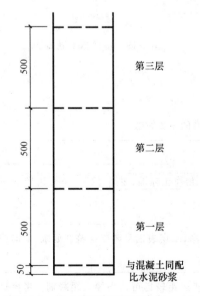

图 1-15 剪力墙底部处理(单位:mm)

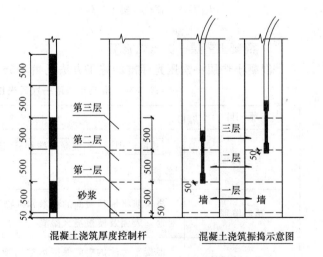

图 1-16 剪力墙分层浇筑(单位:mm)

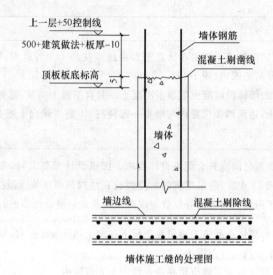

墙体施工缝的处理图

图 1-17 剪力墙上口处理(单位:mm)

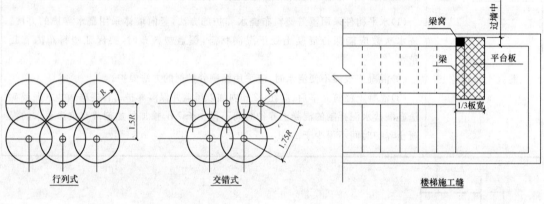

图 1-18 顶板混凝土浇筑　　　　　图 1-19 楼梯施工缝做法

5. 混凝土垫层一次压光施工

混凝土垫层一次压光标准的施工方法见表 1-36。

表 1-36　混凝土垫层一次压光施工标准的施工方法

项　目	内　容
工艺流程	基层清理 ⟶ 混凝土搅拌、运输 ⟶ 混凝土摊铺、振捣、找平 ⟶ 压光 ⟶ 养护
基层清理	浇筑前将地基表面的积水和杂物清除干净,基层表面平整度应符合要求,同时应对地基表面及模板浇水湿润
混凝土的运输	混凝土运输供应应保持运输均衡,夏季或运距较远可适当掺入缓凝剂。考虑运输时间和浇筑时间,确定混凝土初凝时间

续上表

项　目	内　容
混凝土浇筑、振捣、找平	（1）打垫层前在地基土表面间隔不超过 8 m 钉钢筋头，用油漆在钢筋上标注垫层上皮控制高度。 （2）先打集水坑或电梯井的坑底，坡壁宜分次找形、浇筑，边坡用木抹子拍实，尺寸、位置应准确。 （3）混凝土浇筑时，不留或少留施工缝，浇筑时应从一端开始，混凝土浇筑应连续，间歇时间不得超过 2 h。每次开盘浇筑不宜超过大，应根据抹灰工配备情况确定浇筑工作量。 （4）浇筑混凝土随浇随用长杠刮平，混凝土虚铺厚度应略高于标高，紧接着用长带型板式振捣器振捣密实，或用 30 kg 重的铁滚筒纵横交错来回滚压 3～5 遍，表面塌陷处应用混凝土补平，再用长杠刮平一次，然后用木抹子搓平，直到表面出浆为止。 当厚度超过 200 mm 时，应采用插入式振捣器，振捣持续时间应使混凝土表面全部泛浆、无气泡、不下沉为止。 （5）混凝土浇筑时严格按施工方案规定的顺序浇筑。混凝土由高处自由倾落不应大于 2 m，如高度超过 2 m，要采用串桶、溜槽下落
压光	（1）采用机械抹灰用电动抹子压光。垫层混凝土浇筑后初凝前会有水泌出，对泌出的水用海绵吸走，但仍要保持面层湿润。当工人在浇筑的混凝土上行走，混凝土塌陷深度为 20～30 mm 时，使用电抹子进行操作，但须将抹片换成"提浆盘"。使用"提浆盘"在湿润的混凝土上移动，可提出水泥原浆，约 20～25 mm 厚。混凝土接近初凝时将"提浆盘"换成抹片，进行反复抹压，直至混凝土表面光泽明亮。本次打磨后混凝土表面已接近平整，但仍可能有未达到预定平整度的区域、有明显的抹片痕迹，此时，可用水平光束检查。在混凝土终凝前（即人站在地面上稍有脚印但混凝土不再塌陷时），再次进行打抹，消除抹片留下的痕迹。对柱、墙边角等电抹子打磨不到的部位，用大号铁抹子人工反复抹平压光。 （2）采用人工用铁抹子压光。撒水泥砂子干拌砂浆，砂子先过 3 mm 筛子后，用铁锹搅拌水泥、砂干拌料（水泥：砂子＝1：1）或用 DPE10 干拌砂浆均匀地撒在搓平后的垫层混凝土面层上，待灰面吸水后用长木杠刮平，随即用木抹子搓平。然后用铁抹子第一遍抹压，用铁抹子轻轻抹压面层，把脚印压平。当面层开始凝结，垫层混凝土面层上有脚印但不下陷时，用铁抹子进行第二遍抹压，尽量不留波纹，此时注意不应漏压，并将表面上的凹坑、砂眼和脚印压平。当垫层面层上人后稍有脚印，而抹压不出现抹子纹时，用铁抹子进行第三遍抹压。此时，抹压要用力稍大，将抹子纹抹平压光，压光的时间应控制在终凝前完成
混凝土养护	混凝土浇筑完成后 12 h 以内应立即进行养护，要保持混凝土表面湿润，要防止过早上人踩坏混凝土表面，湿养护时间不得小于 2 d
施工缝的处理	施工缝在浇筑混凝土前，应用云石机切割表面、取直，将混凝土软弱层全部清除，冲洗干净露出的石子，在施工缝处宜涂刷一道水灰比为 0.4～0.5 的素水泥浆，或涂刷混凝土界面剂并及时浇筑混凝土

6. 后浇带混凝土施工

后浇带混凝土施工标准的施工方法见表 1-37。

表 1-37　后浇带混凝土施工标准的施工方法

项　目	内　容
工艺流程	后浇带两侧混凝土处理 ⟶ 防水节点处理 ⟶ 清理 ⟶ 混凝土浇筑 ⟶ 养护
后浇带两侧混凝土处理	楼板板底及立墙后浇带两侧混凝土与新鲜混凝土接触的表面,用匀石机按弹线切出剔凿范围及深度,剔除松散石子和浮浆,露出密实混凝土,并用水冲洗干净
后浇带防水节点处理	(1)后浇带应设在受力和变形较小的部位,间距宜为 30~60 m,宽度宜为 700~1 000 mm。 (2)后浇带两侧可做成平直缝或阶梯缝,结构主筋不宜在缝中断开,如必须断开,则主筋搭接长度应大于 45 倍主筋直径,并应按设计要求加设附加钢筋。后浇带的防水构造,如图 1-20~图 1-22 所示。 (3)后浇带需超前止水时,后浇带部位混凝土应局部加厚,并增设外贴式或中埋式止水带,如图 1-23 所示
后浇带清理	清除钢筋上的污垢及锈蚀,然后将后浇带内积水及杂物清理干净,支设模板
后浇带混凝土浇筑	(1)后浇带混凝土施工时间应按设计要求确定,当设计无要求时,应在其两侧混凝土龄期达到 42 d 后再施工,但高层建筑的沉降后浇带应在结构顶板浇筑混凝土 14 d 后进行。 (2)后浇带浇灌混凝土前,在混凝土表面涂刷水泥净浆或铺与混凝土同强度等级的水泥砂浆,并及时浇灌混凝土。 (3)混凝土浇灌时,避免直接靠近缝边下料。机械振捣宜自中央向后浇带接缝处逐渐推进,并在距缝边 80~100 mm 处停止振捣。然后辅助人工捣实,使其紧密结合
混凝土养护	(1)后浇带混凝土浇筑后 8~12 h 以内,根据具体情况采用浇水或覆盖塑料薄膜法养护。 (2)后浇带混凝土的保湿养护时间应不少于 28 d

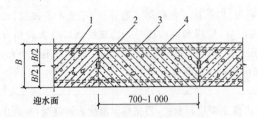

图 1-20　后浇带防水构造(一)(单位:mm)
1—先浇混凝土;2—遇水膨胀止水条;3—结构主筋;
4—后浇补偿收缩混凝土

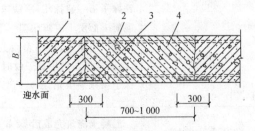

图 1-21　后浇带防水构造(二)(单位:mm)
1—先浇混凝土;2—结构主筋;3—外贴式止水带;
4—后浇补偿收缩混凝土

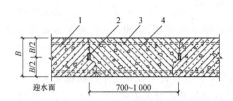

图 1-22 后浇带防水构造(三)(单位:mm)

1—先浇混凝土;2—遇水膨胀止水条;3—结构
主筋;4—后浇补偿收缩混凝土

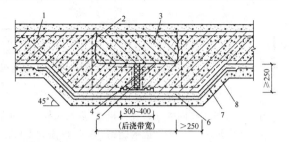

图 1-23 后浇带超前止水构造(单位:mm)

1—混凝土结构;2—钢丝网片;3—后浇带;
4—填缝材料 5—外贴式止水带;
6—细石混凝土保护层;
7—卷材防水层;8—垫层混凝土

7. 混凝土结构雨期施工

混凝土结构雨期标准的施工方法见表 1-38。

表 1-38　混凝土结构雨期标准的施工方法

项 目	内 容
保湿养护	夏季是新浇混凝土表面水分蒸发最快的季节。混凝土表面缺水将严重影响混凝土的强度和耐久性。因此,拆模后的所有混凝土构件表面要及时进行保湿养护,防止水分蒸发过快产生裂缝和降低混凝土强度,养护周期根据不同结构部位或构件按有关技术规定执行
满堂模板支撑系统搭设	满堂模板支撑系统必须搭在牢固坚实的基础上,未做硬化的地面宜做硬化,并加通长垫木,避免支撑下沉。柱及板墙模板要留清扫口,以利排除杂物及积水
防风措施	对各类模板加强防风紧固措施,尤其在临时停放时应考虑防止大风失稳。大风后要及时检查模板拉索是否紧固
水溶性模剂模板的涂刷	涂刷水溶性脱模剂的模板,应采取有效措施防止脱模剂被雨水冲刷并在雨后及时补刷,保证顺利脱模和混凝土表面质量
钢筋焊接	钢筋焊接不得在雨天进行,防止焊缝或接头脆裂。电渣压力焊药剂应按规定烘焙
雨后钢筋除锈	雨后注意对钢筋进行除锈,以保证钢筋混凝土握裹力质量
直螺纹钢筋接头的处理	直螺纹钢筋接头应对丝头进行覆盖防锈;丝头在运输过程中应妥善保护,避免雨淋、沾污、遭到机械损伤。连接套筒和锁母在运输、储存过程中均应妥善保护,避免雨淋、沾污、遭受机械损伤或散失。冷轧变形钢筋需入库存放或采取防止雨淋措施
混凝土现场搅拌	在与搅拌站签订的技术合同中注明雨期施工质量保证措施。现场搅拌混凝土时要随时测定雨后砂石的含水率,做好记录,及时调整配合比,保证结构施工中混凝土配比的准确性
混凝土连续浇灌及原浆压面一次成活工艺施工	大面积、大体积混凝土连续浇灌及采用原浆压面一次成活工艺施工时,应预先了解天气情况,并应避开雨天施工。浇筑前应做好防雨应急措施准备,遇雨时合理留置施工缝,混凝土浇筑完毕后,要及时进行覆盖,避免被雨水冲刷

项　目	内　容
混凝土浇筑	强度等级 C50 以上或大体积混凝土浇筑,应在拌制、运输、浇筑、养护等各环节制定和采取降温措施
有机电设备工作间的防护	搅拌机棚(现场搅拌)、钢筋加工硼、木工棚等有机电设备的工作间都要有安全牢固的防雨、防风、防砸的支撑顶棚,并做好电源的防触电工作
大暴雨和连雨天的注意事项	大暴雨和连雨天,应检查脚手架、塔式起重机、施工用升降机的拉结锚固是否有松动变形、沉降移位等,以便及时进行必要的加固。在回填土上支搭的满堂红架子(特别是承重架子)必须事先制定技术方案,做好地基处理和排水工作
边坡堆料、堆物的规定	边坡堆料、堆物的安全距离应在 1 m 以外,且堆料高度不应超过 2 m。严禁堆放钢筋等重物,距边坡 1 m 以内禁止堆放堆料及堆放机具

8. 混凝土结构冬期施工

混凝土结构冬期标准的施工方法见表1-39。

表 1-39　混凝土结构冬期施工标准的施工方法

项　目	内　容
钢筋冷拉	(1)钢筋冷拉的时候,温度不宜低于 −20 ℃,预应力钢筋张拉温度不宜低于 −15 ℃。 (2)钢筋的冷拉和张拉设备以及仪表和工作油液应根据环境温度选用,并应在使用温度条件下进行配套校验
钢筋焊接	(1)钢筋负温焊接,可采用闪光对焊、电弧焊及气压焊等焊接方法。当环境温度低于 −20 ℃时,不宜进行施焊。 (2)钢筋焊接前要进行焊接试验,低温施工要调整焊接工艺。雪天或施焊现场风速超过 3 级时,采取遮蔽措施,焊接后未冷却的接头避免碰到冰雪
掺用防冻剂的混凝土受冻临界强度	掺用防冻剂的混凝土,当室外最低温度不低于 −15 ℃时,混凝土受冻临界强度不得低于 4.0 MPa;当室外最低气温为 −30 ℃～−15 ℃时,混凝土受冻临界强度不得低于 5.0 MPa。混凝土早期强度可通过成熟度法[《建筑工程冬期施工规程》(JGJ/T 104—2011)]估算,再通过现场同条件养护试件抗压强度报告确定
拌制混凝土	(1)拌制掺用外加剂的混凝土,对选用的外加剂要严格进行复试,配制与加入防冻剂,应设专人负责并做好记录,严格按剂量要求掺入。掺加外加剂必须使用专用器皿,确保掺量准确。混凝土配合比一律由试验室下发,外加剂掺量人员不得擅自确定。 (2)当防冻剂为粉剂时,可按要求掺量直接撒在水泥上面和水泥同时投入;当防冻剂为液体时,应先配制成规定浓度溶液,然后再根据使用要求,用规定浓度溶液再配制成施工溶液。各溶液应分别置于明显标志的容器内,不得混淆,每班使用的外加剂溶液应一次配成。使用液体外加剂时应随时测定溶液温度,并根据温度变

续上表

项　目	内　容
拌制混凝土	化用比重计测定溶液的浓度。当发现浓度有变化时，应加强搅拌直至浓度保持均匀为止。 (3)在日最低气温为-5℃，可采用早强剂、早强减水剂，也可采用规定温度为-5℃的防冻剂。当日最低气温低于-10℃或-15℃时，可分别采用规定温度为-10℃或-15℃的防冻剂，并应加强保温并采取防早期脱水措施。搅拌混凝土时，骨料中不得带有冰、雪及冻团。现场拌制混凝土的最短搅拌时间按表1-40执行
加热处理	(1)采用强度等级低于52.5级的普通硅酸盐水泥、矿渣硅酸盐水泥，拌和水最高温度不得超过80℃，集料最高温度不得高于60℃。采用强度等级高于或等于52.5级的硅酸盐水泥、普通硅酸盐水泥拌和水最高温度不得高于60℃，集料最高温度不得高于40℃。混凝土原材料加热应优先采用水加热的方法，当水加热不能满足要求时，再对集料进行加热。对只能采用蓄热法施工的少量混凝土，水、集料加热达到的温度仍不能满足热工计算要求时，可提高水温到100℃，但水泥不得与80℃以上的水直接接触。水泥不得直接加热，使用前宜运入暖棚内存放。 (2)水加热宜采用汽水热交换罐、蒸汽加热或电加热等方法。加热水使用的水箱或水池应予保温，其容积应能使水温保持达到规定的使用温度要求。 (3)砂加热应在开盘前进行，并应使各处加热均匀。当采用保温加热斗时，宜配备两个，交替加热使用。每个料斗容积可根据机械可装高度和侧壁斜度等要求进行设计，每一个斗的容量不宜小于3.5 m³
混凝土浇筑	冬期不得在强冻胀性地基上浇筑混凝土；当在弱冻胀性地基上浇筑混凝土时，基土不得遭冻。当在非冻胀性地基上浇筑混凝土时，受冻前混凝土的抗压强度不得低于混凝土的受冻临界强度
加热养护	当采用加热养护时，混凝土养护前的温度不得低于2℃。当加热温度在40℃以上时，应征得设计单位同意
分层浇筑大体积结构对温度的要求	当分层浇筑大体积结构时，已浇筑层的混凝土温度在被上一层混凝土覆盖前，不得低于按热工计算的温度，且未掺抗冻剂混凝土不得低于2℃。对边、棱角部位的保温厚度应增大到面部位的2～3倍。混凝土在初期养护期间应防风防失水
混凝土初期强度的观察及受冻临界强度	通过同条件养护试块或手指触压观察记录不同批次混凝土初期强度增长速度的变化和达到受冻临界强度所需时间是否有异常现象
钢制大模板支设	钢制大模板在支设前，背面应进行保温；采用小钢模板或其他材料模板安装后应在背面张挂阻燃草帘进行保温；保温工作完成后要进行预检。支撑不得支在冻土上，如支撑下是素土，为防止冻胀应采取保温防冻胀措施
模板和保温层的拆除	模板和保温层在混凝土达到受冻临界强度后方可拆除。墙体混凝土强度达1 MPa后，可先拧松螺栓，使侧模板轻轻脱离混凝土后，再合上继续养护到拆模。为防止表面裂缝，冬施拆模时混凝土温度与环境温度差大于15℃时，拆模后的混凝土表面应及时覆盖，使其缓慢冷却

续上表

项　目	内　容
混凝土出机和 入模温度	混凝土出机温度不低于 10 ℃,入模温度不低于 5 ℃

表 1-40　混凝土搅拌的最短时间　　　　　　（单位:s）

混凝土坍落度 （mm）	搅拌机机型	搅拌机出料量（L）		
		＜250	250～500	＞500
≤40	强制式	60	90	120
＞40,且＜100	强制式	60	60	90
≥40	强制式	60		

质量问题

外加剂使用不当

质量问题表现

混凝土外加剂选择与使用不合理,造成混凝土浇筑后,表面起包,不易凝结或不易浇筑等问题。

质量问题原因

(1)外加剂选择未按规范要求进行。

(2)外加剂使用时,未对其质量进行检验与控制。

质量问题预防

(1)对外加剂的选择应符合下列要求:

1)外加剂的品种应根据工程设计和施工要求选择,通过试验及技术经济比较确定。

2)外加剂掺入混凝土中,不得对人体产生危害,不得对环境产生污染。

3)掺外加剂混凝土所用水泥,宜采用硅酸盐水泥、普通硅酸盐水泥、矿渣硅酸盐水泥、火山灰质硅酸盐水泥、粉煤灰硅酸盐水泥和复合硅酸盐水泥,并应检验外加剂对水泥的适应性,符合要求后方可使用。

4)掺外加剂混凝土所用材料如水泥、砂、石、掺和料,外加剂均应符合国家现行的有关标准的要求。试配外加剂混凝土时,应采用工程使用的原材料、配合比及与施工相同的环境条件,检测项目根据设计及施工要求确定,如坍落度、坍落度经时变化、凝结时间、强度、含气量、收缩率、膨胀率等,当工程所用原材料或混凝土性能要求发生变化时,应再进行试配试验。

5)不同品种外加剂复合使用,应注意其相容性及对混凝土性能的影响,使用前应进行试验,满足要求方可使用。

(2)外加剂使用应对其质量进行严格的检查与控制,主要包括。

1)选用的外加剂应有供货单位提供:产品说明书,出厂检验报告及合格证,掺外加剂混凝土性能检验报告。

2)外加剂运到工地(或混凝土搅拌站)必须立即取代表性样品进行检验,进货与工程试配时一致方可使用。若发现不一致时,应停止使用。

3)外加剂应按不同供货单位、不同品种、不同牌号分别存放,标识应清楚。

4)外加剂配料控制系统标识应清楚,计量应准确,计量误差为±2%。

5)粉状外加剂应防止受潮结块,如有结块,经性能检验合格后,应粉碎至全部通过0.63 mm 筛后方可作用。液体外加剂应放置阴凉干燥处,防止日晒、受冻、污染、进水或蒸发,如有沉淀等现象,经性能检验合格后方可使用。

第四节 预应力混凝土工程施工

一、施工质量验收标准

(1)预应力混凝土工程原材料的质量验收标准见表1-41。

表 1-41 预应力混凝土工程原材料的质量验收标准

项 目	验收标准
主控项目	(1)预应力筋进场时,应按现行国家标准《预应力混凝土用钢绞线》(GB/T 5224—2003)等的规定抽取试件作力学性能检验,其质量必须符合有关标准的规定。 检查数量:按进场的批次和产品的抽样检验方案确定。 检验方法:检查产品合格证、出厂检验报告和进场复验报告。 (2)无黏结预应力筋的涂包质量应符合无黏结预应力钢绞线标准的规定。 检查数量:每 60 t 为一批,每批抽取一组试件。 检验方法:观察,检查产品合格证、出厂检验报告和进场复验报告。 注:当有工程经验,并经观察认为质量有保证时,可不作油脂用量和护套厚度的进场复验。 (3)预应力筋用锚具、夹具和连接器应按设计要求采用,其性能应符合现行国家标准《预应力筋用锚具、夹具和连接器》(GB/T 14370—2007)等的规定。

项　目	验收标准
主控项目	检查数量:按进场批次和产品的抽样检验方案确定。 检验方法:检查产品合格证、出厂检验报告和进场复验报告。 注:对锚具用量较少的一般工程,如供货方提供有效的试验报告,可不作静载锚固性能试验。 (4)孔道灌浆用水泥应采用普通硅酸盐水泥,其质量应符合《混凝土结构工程施工质量验收规范》(GB 50204—2002)第7.2.1条的规定。孔道灌浆用外加剂的质量应符合《混凝土结构工程施工质量验收规范》(GB 50204—2002)第7.2.2条的规定。 检查数量:按进场批次和产品的抽样检验方案确定。 检验方法:检查产品合格证、出厂检验报告和进场复验报告。 注:对孔道灌浆用水泥和外加剂用量较少的一般工程,当有可靠依据时,可不作材料性能的进场复验
一般项目	(1)预应力筋使用前应进行外观检查,其质量应符合下列要求: 1)有黏结预应力筋展开后应平顺,不得有弯折,表面不应有裂纹、小刺、机械损伤、氧化铁皮和油污等; 2)无黏结预应力筋护套应光滑、无裂缝,无明显褶皱。 检查数量:全数检查。 检验方法:观察。 注:无黏结预应力筋护套轻微破损者应外包防水塑料胶带修补,严重破损者不得使用。 (2)预应力筋用锚具、夹具和连接器使用前应进行外观检查,其表面应无污物、锈蚀、机械损伤和裂纹。 检查数量:全数检查。 检验方法:观察。 (3)预应力混凝土用金属波纹管的尺寸和性能应符合国家现行标准《预应力混凝土用金属波纹管》(JG 225—2007)的规定。 检查数量:按进场批次和产品的抽样检验方案确定。 检验方法:检查产品合格证、出厂检验报告和进场复验报告。 注:对金属波纹管用量较少的一般工程,当有可靠依据时,可不作径向刚度、抗渗漏性能的进场复验。 (4)预应力混凝土用金属波纹管在使用前应进行外观检查,其内外表面应清洁,无锈蚀,不应有油污、孔洞和不规则的褶皱,咬口不应有开裂或脱扣。 检查数量:全数检查。 检验方法:观察

(2)预应力筋制作与安装施工质量验收标准见表1-42。

表 1-42　预应力筋制作与安装施工质量验收标准

项　目	验收标准
主控项目	(1)预应力筋安装时,其品种、级别、规格、数量必须符合设计要求。 检查数量:全数检查。 检验方法:观察,钢尺检查。 (2)先张法预应力施工时应选用非油质类模板隔离剂,并应避免沾污预应力筋。 检查数量:全数检查。 检验方法:观察。 (3)施工过程中应避免电火花损伤预应力筋;受损伤的预应力筋应予以更换。 检查数量:全数检查。 检验方法:观察
一般项目	(1)预应力筋下料应符合下列要求: 1)预应力筋应采用砂轮锯或切断机切断,不得采用电弧切割; 2)当钢丝束两端采用镦头锚具时,同一束中各根钢丝长度的极差不应大于钢丝长度的1/5 000,且不应大于5 mm。当成组张拉长度不大于10 m的钢丝时,同组钢丝长度的极差不得大于2 mm。 检查数量:每工作班抽查预应力筋总数的3%,且不少于3束。 检验方法:观察,钢尺检查。 (2)预应力筋端部锚具的制作质量应符合下列要求: 1)挤压锚具制作时压力表油压应符合操作说明书的规定,挤压后预应力筋外端应露出挤压套筒1~5 mm; 2)钢绞线压花锚成形时,表面应清洁、无油污,梨形头尺寸和直线段长度应符合设计要求; 3)钢丝镦头的强度不得低于钢丝强度标准值的98%。 检查数量:对挤压锚,每工作班抽查5%,且不应少于5件;对压花锚,每工作班抽查3件;对钢丝镦头强度,每批钢丝检查6个镦头试件。 检验方法:观察,钢尺检查,检查镦头强度试验报告。 (3)后张法有黏结预应力筋预留孔道的规格、数量、位置和形状除应符合设计要求外,尚应符合下列规定: 1)预留孔道的定位应牢固,浇筑混凝土时不应出现移位和变形; 2)孔道应平顺,端部的预埋锚垫板应垂直于孔道中心线; 3)成孔用管道应密封良好,接头应严密且不得漏浆; 4)灌浆孔的间距:对预埋金属波纹管不宜大于30 m;对抽芯成形孔道不宜大于12 mm; 5)在曲线孔道的曲线波峰部位应设置排气兼泌水管,必要时可在最低点设置排水孔; 6)灌浆孔及泌水管的孔径应能保证浆液畅通。 检查数量:全数检查。 检验方法:观察,钢尺检查。 (4)预应力筋束形控制点的竖向位置偏差应符合表1-43中的规定。 检查数量:在同一检验批内,抽查各类型构件中预应力筋总数的5%,且对各类型

项 目	验收标准
一般项目	构件均不少于 5 束,每束不应少于 5 处。 检验方法:钢尺检查。 注:束形控制点的竖向位置偏差合格点率应达到 90% 及以上,且不得有超过表中数值 1.5 倍的尺寸偏差。 (5)无黏结预应力筋的铺设除应符合第(4)的规定外,尚应符合下列要求: 1)无黏结预应力筋的定位应牢固,浇筑混凝土时不应出现移位和变形; 2)端部的预埋锚垫板应垂直于预应力筋; 3)内埋式固定端垫板不应重叠,锚具与垫板应贴紧; 4)无黏结预应力筋成束布置时应能保证混凝土密实并能裹住预应力筋; 5)无黏结预应力筋的护套应完整,局部破损处应采用防水胶带缠绕紧密。 检查数量:全数检查。 检验方法:观察。 (6)浇筑混凝土前,穿入孔道的后张法有黏结预应力筋,宜采取防止锈蚀的措施。 检查数量:全数检查。 检验方法:观察。

表 1-43　束形控制点的设计位置允许偏差

截面高(厚)度(mm)	$h \leqslant 300$	$300 < h \leqslant 1\,500$	$h > 1\,500$
允许偏差(mm)	±5	±10	±15

(3)预应力筋张拉和放张的施工质量验收标准见表 1-44。

表 1-44　预应力筋张拉和放张的施工质量验收标准

项 目	验收标准
主控项目	(1)预应力筋张拉或放张时,混凝土强度应符合设计要求;当设计无具体要求时,不应低于设计的混凝土立方体抗压强度标准值的 75%。 检查数量:全数检查。 检验方法:检查同条件养护试件试验报告。 (2)预应力筋的张拉力、张拉或放张顺序及张拉工艺应符合设计及施工技术方案的要求,并应符合下列规定: 1)当施工需要超张拉时,最大张拉应力不应大于国家现行标准《混凝土结构设计规范》(GB 50010—2010)的规定。 2)张拉工艺应能保证同一束中各根预应力筋的应力均匀一致。 3)后张法施工中,当预应力筋是逐根或逐束张拉时,应保证各阶段不出现对结构不利的应力状态;同时宜考虑后批张拉预应力筋所产生的结构构件的弹性压缩对先批张拉预应力筋的影响,确定张拉力。 4)先张法预应力筋放张时,宜缓慢放松锚固装置,使各根预应力筋同时缓慢放松。

项　目	验收标准
主控项目	5)当采用应力控制方法张拉时,应校核预应力筋的伸长值。实际伸长值与设计计算理论伸长值的相对允许偏差为±6%。 　检查数量:全数检查。 　检验方法:检查张拉记录。 　(3)预应力筋张拉锚固后实际建立的预应力值与工程设计规定检验值的相对允许偏差为±5%。 　检查数量:对先张法施工,每工作班抽查预应力筋总数的1%,且不少于3根;对后张法施工,在同一检验批内,抽查预应力筋总数的3%,且不少于5束。 　检验方法:对先张法施工,检查预应力筋应力检测记录;对后张法施工,检查见证张拉记录。 　(4)张拉过程中应避免预应力筋断裂或滑脱;当发生断裂或滑脱时,必须符合下列规定: 　1)对后张法预应力结构构件。断裂或滑脱的数量严禁超过同一截面预应力筋总根数的3%,且每束钢丝不得超过一根;对多跨双向连续板,其同一截面应按每跨计算; 　2)对先张法预应力构件。在浇筑混凝土前发生断裂或滑脱的预应力筋必须予以更换。 　检查数量:全数检查。 　检验方法:观察,检查张拉记录
一般项目	(1)锚固阶段张拉端预应力筋的内缩量应符合设计要求;当设计无具体要求时,应符合表1-45中的规定。 　检查数量:每工作班抽查预应力筋总数的3%,且不少于3束。 　检验方法:钢尺检查。 　(2)先张法预应力筋张拉后与设计位置的偏差不得大于5 mm,且不得大于构件截面短边边长的4%。 　检查数量:每工作班抽查预应力筋总数的3%,且不少于3束。 　检验方法:钢尺检查

表 1-45　张拉端预应力筋的内缩量限值

锚具类别		内缩量限值(mm)
支承式锚具 (镦头锚具等)	螺帽缝隙	1
	每块后加垫板的缝隙	1
锥塞式锚具		5
夹片式锚具	有顶压	5
	无顶压	6~8

(4)预应力筋灌浆及封锚的施工质量验收标准见表1-46。

表 1-46　预应力筋灌浆及封锚的施工质量验收标准

项　目	验收标准
主控项目	(1)后张法有黏结预应力筋张拉后应尽早进行孔道灌浆,孔道内水泥浆应饱满、密实。 检查数量:全数检查。 检验方法:观察,检查灌浆记录。 (2)锚具的封闭保护应符合设计要求;当设计无具体要求时,应符合下列规定: 1)应采取防止锚具腐蚀和遭受机械损伤的有效措施; 2)凸出式锚固端锚具的保护层厚度不应小于 50 mm; 3)外露预应力筋的保护层厚度:处于正常环境时,不应小于 20 mm;处于易受腐蚀的环境时,不应小于 50 mm。 检查数量:在同一检验批内,抽查预应力筋总数的 5%,且不少于 5 处。 检验方法:观察,钢尺检查
一般项目	(1)后张法预应力筋锚固后的外露部分宜采用机械方法切割,其外露长度不宜小于预应力筋直径的 1.5 倍,且不宜小于 30 mm。 检查数量:在同一检验批内,抽查预应力筋总数的 3%,且不少于 5 束。 检验方法:观察,钢尺检查。 (2)灌浆用水泥浆的水灰比不应大于 0.45,搅拌后 3 h 泌水率不宜大于 2%,且不应大于 3%。泌水应能在 24 h 内全部重新被水泥浆吸收。 检查数量:同一配合比检查一次。 检验方法:检查水泥浆性能试验报告。 (3)灌浆用水泥浆的抗压强度不应小于 30 MPa。 检查数量:每工作班留置一组边长为 70.7 mm 的立方体试件。 检验方法:检查水泥浆试件强度试验报告。 注:①一组试件由 6 个试件组成,试件应标准养护 28 d; ②抗压强度为一组试件的平均值,当一组试件中抗压强度最大值或最小值与平均值相差超过 20%时,应取中间 4 个试件强度的平均值

二、标准的施工方法

1. 后张无黏结预应力施工

后张无黏结预应力施工标准的施工方法见表 1-47。

表 1-47　后张无黏结预应力施工标准的施工方法

项　目	内　容
工艺流程	施工准备 ⟶ 预应力筋制作 ⟶ 预应力孔道成型 ⟶ 预应力孔道穿束 ⟶ 预应力筋张拉 ⟶ 孔道灌浆 ⟶ 锚具防护
预应力筋制作	(1)预应力筋制作或组装时,不得采用加热、焊接或电弧切割。在预应力筋近旁对其他部件进行气割或焊接时,应防止预应力筋受焊接火花或接地电流的影响。

续上表

项　目	内　容
预应力筋制作	(2)预应力筋应在平坦、洁净的场地上采用砂轮锯或切割机下料,其下料长度宜采用钢尺丈量。 (3)钢丝束预应力筋的编束、镦头锚板安装及钢丝镦头宜同时进行。钢丝的一端先穿入镦头锚板并镦头,另一端按相同的顺序分别编扎内外圈钢丝,以保证同一束内钢丝平行排列且无扭绞情况。 (4)钢绞线挤压锚具挤压时,在挤压模内腔或挤压套外表面应涂专用润滑油,压力表读数应符合操作使用说明书的规定。挤压锚组装后,采用紧楔机将其压入承压板锚座内固定
预应力孔道成型	(1)预应力孔道曲线坐标位置应符合设计要求,波纹管束形的最高点、最低点、反弯点等为控制点,预应力孔道曲线应平滑过渡。 (2)曲线预应力束的曲率半径不宜小于 4 m。锚固区域承压板与曲线预应力束的连接应有不小于 300 mm 的直线过渡段,直线过渡段与承压板相垂直。 (3)预埋金属波纹管安装前,应按设计要求确定预应力筋曲线坐标位置,点焊 $\phi8\sim\phi10$ 钢筋支托,支托间距为 $1.0\sim1.2$ m。波纹管安装后,应与钢筋支托可靠固定。 (4)金属波纹管的连接接长,可采用大一号同型号波纹管作为接头管。接头管的长度宜取管径的 $3\sim4$ 倍。接头管的两端应采用热塑管或粘胶带密封。 (5)灌浆管、排气管或泌水管与波纹管的连接时,先在波纹管上开适当大小孔洞,覆盖海绵垫和塑料弧形压板并与波纹管扎牢,再采用增强塑料管与弧形压板的接口绑扎连接,增强塑料管伸出构件表面外 $400\sim500$ mm。图 1-24 为灌浆管、排气管节点图。 (6)竖向预应力结构采用钢管成孔时应采用定位支架固定,每段钢管的长度应根据施工分层浇筑高度确定。钢管接头处宜高于混凝土浇筑面 $500\sim800$ mm,并用堵头临时封口。 (7)混凝土浇筑使用振捣棒时,不得对波纹管和张拉与固定端组件直接冲击和持续接触振捣
预应力孔道穿束	(1)预应力筋可在浇筑混凝土前(先穿束法)或浇筑混凝土后(后穿束法)穿入孔道,根据结构特点和施工条件等要求确定。固定端埋入混凝土中的预应力束采用先穿束法安装,波纹管端头设灌浆管或排气管,使用封堵材料可靠密封(图 1-25)。 (2)混凝土浇筑后,对后穿束预应力孔道,应及时采用通孔器通孔或其他措施清理成孔管道。 (3)预应力筋穿束可采用人工、卷扬机或穿束机等动力牵引或推送穿束;依据具体情况可逐根穿入或编束后整束穿入。 (4)竖向孔道的穿束,宜采用整束由下向上牵引工艺,也可单根由上向下逐根穿入孔道。 (5)浇筑混凝土前先穿入孔道的预应力筋,应采用端部临时封堵与包裹外露预应力筋等防止腐蚀的措施

项　目	内　容
预应力筋张拉	（1）预应力筋的张拉顺序，应根据结构体系与受力特点、施工方便、操作安全等综合因素确定。在现浇预应力混凝土楼盖结构中，宜先张拉楼板、次梁，后张拉主梁。预应力构件中预应力筋的张拉顺序，应遵循对称与分级循环张拉原则。 （2）预应力筋的张拉方法，应根据设计和施工计算要求采取一端张拉或两端张拉。采用两端张拉时，宜两端同时张拉，也可一端先张拉，另一端补张拉。 （3）对同一束预应力筋，应采用相应吨位的千斤顶整束张拉。对直线束或平行排放的单波曲线束，如不具备整束张拉的条件，也可采用小型千斤顶逐根张拉。 （4）预应力筋张拉计算伸长值，可按式（1—4）计算： $$\Delta l_{\mathrm{p}} = \frac{F_{\mathrm{pm}} l_{\mathrm{p}}}{A_{\mathrm{p}} E_{\mathrm{p}}} \qquad (1-4)$$ 式中　F_{pm}——预应力筋的平均张拉力（kN），取张拉端的拉力后固定端（两端张拉时，取跨中）扣除摩擦损失后拉力的平均值，或按理论公式精确计算； 　　　l_{p}——预应力筋的长度（mm）； 　　　A_{p}——预应力筋的截面面积（mm²）； 　　　E_{p}——预应力筋的弹性模量（kPa）。 （5）预应力筋的张拉步骤与实际张拉伸长值记录，应从零应力加载至初拉力开始，测量伸长值初读数，再以均匀速度分级加载分级测量伸长值至终拉力。达到终拉力后，对多根钢绞线束宜持荷2 min，对单根钢绞线可适当持荷后锚固。 （6）对特殊预应力构件或预应力筋，应根据设计和施工要求采取专门的张拉工艺，如采用分阶段张拉、分批张拉、分级张拉、分段张拉、变角张拉等。 （7）对多波曲线预应力筋，可采取超张拉回松技术来提高内支座处的张拉应力，并减少锚具下口的张拉应力。 （8）预应力筋张拉过程中实际伸长值与计算伸长值的允许偏差为±6％，如超过允许偏差，应查明原因采取措施后方可继续张拉。 （9）预应力筋张拉时，应按要求对张拉力、压力表读数、张拉伸长值、异常现象等进行详细记录
孔道灌浆及锚具防护	（1）灌浆前应全面检查预应力筋孔道、灌浆管、排气管与泌水管等是否畅通，必要时可采用压缩空气清孔。 （2）灌浆设备的配备必须保证连续工作和施工条件的要求。灌浆泵应配备计量校验合格的压力表。灌浆前应检查配套设备、灌浆管和阀门的可靠性。注入泵体的水泥浆应经过筛滤，滤网孔径不宜大于2 mm。与输浆管连接的出浆孔孔径不宜小于10 mm。 （3）掺入高性能外加剂拌制的水泥浆，其水灰比宜为0.35～0.38 mm，外加剂掺量严格按试验配比执行。严禁掺入各种含氯盐或对预应力筋有腐蚀作用的外加剂。 （4）水泥浆的可灌性用流动度控制：采用流淌法测定时宜为130～180 mm，采用流锥法测定时宜为12～18 s。 （5）水泥浆宜采用机械拌制，应确保灌浆材料的拌和均匀。运输和间歇过长产生沉淀离析时，应进行二次搅拌。

续上表

项　目	内　容
孔道灌浆及锚具防护	(6)灌浆顺序宜先灌下层孔道，后灌上层孔道。灌浆工作应匀速连续进行，直至排气管排出浓浆为止。在灌满孔道封闭排气管后，应再继续加压至 0.5～0.7 MPa，稳压 1～2 min，之后封闭灌浆孔。当发生孔道阻塞、串孔或中断灌浆时，应及时冲洗孔道或采取其他措施重新灌浆。 (7)当孔道直径较大，或采用不掺微膨胀剂和减水剂的水泥净浆灌浆时，可采用下列措施。 ①二次压浆法：二次压浆之间的时间间隔为 30～45 min。 ②重力补浆：在孔道最高点处至少 400 mm 以上连续不断地补浆，直至浆体不下沉为止。 (8)竖向孔道灌浆应自下而上进行，并应设置阀门，阻止水泥浆回流。为确保其灌浆密实性，除掺微膨胀剂和减水剂外，并应采用重力补浆。 (9)采用真空辅助孔道灌浆时，在灌浆端先将灌浆阀、排气阀全部关闭、在排浆端启动真空泵，使孔道真空度达到 -0.08～-0.1 MPa 并保持稳定；然后启动灌浆泵开始灌浆。在灌浆过程中，真空泵保持连续工作，待抽真空端有浆体经过时关闭通向真空泵的阀门，同时打开位于排浆端上方的排浆阀门，排出少量浆体后关闭。灌浆工作继续按常规方法完成。 (10)当室外温度低于 5 ℃时，孔道灌浆应采取抗冻保温措施。当室外温度高于 35 ℃时，宜在夜间进行灌浆。水泥浆灌入前的温度不应超过 35 ℃。 (11)预应力筋的外露部分宜采用机械方法切割。预应力筋的外露长度，不宜小于其直径的 1.5 倍，且不宜小于 30 mm。 (12)锚具封闭前应将周围混凝土凿毛并清理干净，对凸出式锚具应配置保护钢筋网片。 (13)锚具封闭防护宜采用与构件同强度等级的细石混凝土，也可采用膨胀混凝土、低收缩砂浆等材料，图 1-26 为锚具封闭构造平面图（H 为锚板厚度）

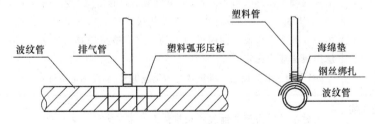

图 1-24　灌浆管、排气管节点图

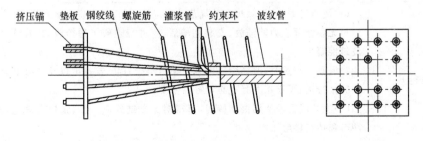

图 1-25　埋入混凝土中固定端构造

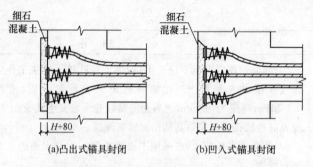

(a)凸出式锚具封闭　　　　　(b)凹入式锚具封闭

图 1-26　锚具封堵构造平面图(单位:mm)

2. 无黏结预应力施工

无黏结预应力标准的施工方法见表 1-48。

表 1-48　无黏结预应力标准的施工方法

项　目	内　容
工艺流程	施工准备 → 无黏结筋制作 → 无黏结筋下料组装 → 无黏结筋铺放 → 浇筑混凝土 → 无黏结筋张拉 → 锚具系统封闭
无黏结预应力筋的制作	(1)无黏结预应力筋的制作采用挤塑成型工艺,由专业化工厂生产,涂料层的涂敷和护套的制作应连续一次完成,涂料层防腐油脂应完全填充预应力筋与护套之间的空间,外包层应松紧适度。 (2)无黏结预应力筋在工厂加工完成后,可按使用要求整盘包装并符合运输要求
无黏结预应力筋下料组装	(1)挤塑成型后的无黏结预应力筋应按工程所需的长度和锚固形式进行下料和组装;并应采取局部清除油脂或加防护帽等措施防止防腐油脂从筋的端头溢出,沾污非预应力钢筋等。 (2)无黏结预应力筋下料长度,应综合考虑其曲率、锚固端保护层厚度、张拉伸长值及混凝土压缩变形等因素,并应根据不同的张拉工艺和锚固形式预留张拉长度。 (3)钢绞线挤压锚具挤压时,在挤压模内腔或挤压套外表面应涂专用润滑油,压力表读数应符合操作使用说明书的规定。挤压锚具组装后,采用紧楔机将其压入承压板锚座内固定。 (4)下料组装完成的无黏结预应力筋应编号、加设标记或标牌、分类存放以备使用
无黏结预应力筋的铺放和张拉	无黏结预应力筋的铺放和张拉标准的施工方法见表 1-49
浇筑混凝土	(1)浇筑混凝土时,除按有关规范的规定执行外,尚应遵守下列规定: 1)无黏结预应力筋铺放、安装完毕后,应进行隐蔽工程验收,当确认合格后方可浇筑混凝土; 2)混凝土浇筑时,严禁踏压撞碰无黏结预应力筋、支撑架以及端部预埋部件; 3)张拉端、固定端混凝土必须振捣密实。 (2)浇筑混凝土使用振捣棒时,不得对无黏结预应力筋、张拉与固定端组件直接冲击和持续接触振捣。 (3)为确定无黏结预应力筋张拉时混凝土的强度,可增加两组同条件养护试块

续上表

项　目	内　容
锚具系统封闭	(1)无黏结预应力筋张拉完毕后,应及时对锚固区进行保护。当锚具采用凹进凝土表面布置时,宜先切除外露无黏结预应力筋多余长度,在夹片及无黏结预应力筋端头外露部分应涂专用防腐油脂或环氧树脂,并罩帽盖进行封闭,该防护帽与锚具应可靠连接;然后应采用微膨胀混凝土或专用密封砂浆进行封闭。 (2)锚固区也可用后浇的外包钢筋混凝土圈梁进行封闭,但外包圈梁不宜突出在外墙面以外。当锚具凸出混凝土表面布置时,锚具的混凝土保护层厚度不应小于50 mm;外露预应力筋的混凝土保护层厚度要求:处于一类室内正常环境时,不应小于30 mm;处于二类、三类易受腐蚀环境时,不应小于50 mm

表 1-49　无黏结预应力筋的铺放和张拉标准的施工方法

项　目	内　容
无黏结预应力筋铺放	(1)无黏结预应力筋铺放之前,应及时检查其规格尺寸和数量,逐根检查并确认其端部组装配件可靠无误后,方可在工程中使用。对护套轻微破损处,可采用外包防水聚乙烯胶带进行修补,每圈胶带搭接宽度不应小于胶带宽度的1/2,缠绕层数不少于2层,缠绕长度应超过破损长度30 mm,严重破损的应予以报废。 (2)张拉端端部模板预留孔应按施工图中规定的无黏结预应力筋的位置编号和钻孔。 (3)张拉端的承压板应采用与端模板可靠的措施固定定位,且应保持张拉作用线与承压面相垂直。 (4)无黏结预应力筋应按设计图纸的规定进行铺放。铺放时应符合下列要求。 1)无黏结预应力筋采用与普通钢筋相同的绑扎方法,铺放前应通过计算确定无黏结预应力筋的位置,其垂直高度宜采用支撑钢筋控制,或与其他主筋绑扎定位,无黏结预应力筋束形控制点的设计位置偏差,应符合表1-44的规定;无黏结预应力筋的位置宜保持顺直。 2)平板中无黏结预应力筋的曲线坐标宜采用马凳或支撑件控制,支撑间距不宜大于2.0 m。无黏结预应力筋铺放后应与马凳或支撑件可靠固定。 3)铺放双向配置的无黏结预应力筋时,应对每个纵横交叉点相应的两个标高进行比较,对各交叉点标点较低的无黏结预应力筋应先进行铺放,标高较高的次之,宜避免两个方向的无黏结预应力筋相互穿插铺放。 4)敷设的各种管线不应将无黏结预应力筋的设计位置改变。 5)当采用多根无黏结预应力筋平行带状布束时,宜采用马凳或支撑件支撑固定,保证同束中各根无黏结预应力筋具有相同的矢高;带状束在锚固端应平顺地张开。 6)当采用集团束配置多根无黏结预应力筋时,应采用钢筋支架控制其位置,支架间距宜为1.0~1.5 m。同一束的各根筋应保持平行走向,防止相互扭绞。 7)无黏结预应力筋采取竖向、环向或螺旋形铺放时,应有定位支架或其他构造措施控制设计位置。 (5)在板内无黏结预应力筋绕过开洞处分两侧铺设,其离洞口的距离不宜小于150 mm,水平偏移的曲率半径不宜小于6.5 m,洞口四周边应配置构造钢筋加强;当洞口较大时,应沿洞口周边设置边梁或加强带,以补足被孔洞削弱的板或肋的承载力和截面刚度。

续上表

项　目	内　容
无黏结预应力筋铺放	(6)夹片锚具系统张拉端和固定端的安装,应符合下列规定。 1)张拉端锚具系统的安装,无黏结预应力筋两端的切线应与承压板相垂直,曲线的起始点至张拉锚固点应有不小于 300 mm 的直线段;单根无黏结预应力筋要求的最小弯曲半径对 $\phi^s12.7$ 和 $\phi^s15.2$ 钢绞线分别不宜小于 1.5 m 和 2.0 m。在安装带有穴模或其他预先埋入混凝土中的张拉端锚具时,各部件之间应连接紧密。 2)固定端锚具系统的安装,将组装好的固定端锚具按设计要求的位置绑扎牢固,内埋式固定端垫板不得重叠,锚具与垫板应连接紧密。 3)张拉端和固定端均应按设计要求配置螺旋筋或钢筋网片,螺旋筋和钢筋网片均应紧靠承压板或连体锚板
无黏结预应力筋张拉	(1)安装锚具前,应清理穴模与承压板端面的混凝土或杂物,清理外露预应力筋表面。检查锚固区域混凝土的密实性。 (2)锚具安装时,锚板应调整对中,夹片安装缝隙均匀并用套管打紧。 (3)预应力筋张拉时,对直线的无黏结预应力筋,应保证千斤顶的作用线与无黏结预应力筋中心线重合;对曲线的无黏结预应力筋,应保证千斤顶的作用线与无黏结预应力筋中心线末端的切线重合。 (4)无黏结预应力筋的张拉控制应力不宜超过 $0.75f_{ptk}$ 并应符合设计要求。如需提高张拉控制应力值时,不得大于 $0.8f_{ptk}$。 (5)当采用超张拉方法减少无黏结预应力筋的松弛损失时,无黏结预应力筋的张拉程序宜为:从零开始张拉至 1.03 倍预应力筋的张拉控制应力 δ_{con} 锚固。 (6)无黏结预应力筋计算伸长值 Δl_P 计算方法同"预应力筋张拉计算"。 (7)预应力筋的张拉步骤与实际张拉伸长值记录,应从零应力加载至初拉力开始,测量伸长值初读数,再以均匀速度分级加载分级测量伸长值至终拉力。 (8)当采用应力控制方法张拉时,应校核无黏结预应力筋的伸长值,当实际伸长值与设计计算伸长值相对偏差超过 ±6% 时,应暂停张拉,查明原因并采取措施予以调整后,方可继续张拉。 (9)当无黏结预应力筋采取逐根或逐束张拉时,应保证各阶段不出现对结构不利的应力状态;同时宜考虑后批张拉的无黏结预应力筋产生的结构构件的弹性压缩对先批张拉预应力筋的影响,确定张拉力。 (10)无黏结预应力筋的张拉顺序应符合设计要求,如设计无要求时,可采用分批、分阶段对称或依次张拉。 (11)当无黏结预应力筋长度超过 30 m 时,宜采取两端张拉;当筋长超过60 m 时,宜采取分段张拉和锚固。当有设计与施工实测依据时,无黏结预应力筋的长度可不受此限制。 (12)无黏结预应力筋张拉时,应按要求逐根对张拉力、张拉伸长值、异常现象等进行详细记录。 (13)夹片锚具张拉时,应符合下列要求。 1)锚固采用液压顶压器顶压时,千斤顶应在保持张拉力的情况下进行顶压,顶压压力应符合设计规定值。

续上表

项　　目	内　　容
无黏结预应力筋张拉	2)锚固阶段张拉端无黏结预应力筋的内缩量应符合设计要求；当设计无具体要求时，其内缩量应符合表1-51规定。为减少锚具变形的预应力筋内缩造成的预应力损失，可进行二次补拉并加垫片，二次补拉的张拉力为控制张拉力。 　（14）当无黏结预应力筋设计为纵向受力钢筋时，侧模可在张拉前拆除，但下部支撑体系应在张拉工作完成之后拆除，提前拆除部分支撑应根据计算确定。 　（15）张拉后应采用砂轮锯或其他机械方法切割夹片外露部分的无黏结预应力筋，其切断后露出锚具夹片外的长度不得小于 30 mm

无黏结预应力筋铺设不规范

质量问题表现

无黏结预应力筋的铺设位置不符合要求。

质量问题原因

(1)铺设顺序发生错误。

(2)铺设操作不合理。

质量问题预防

无黏结预应力筋的铺设，通常是在底部钢筋铺设后进行。水电管线一般宜在无黏结筋铺设后进行，且不得将无黏结筋的竖向位置抬高或压低。支座处负弯矩钢筋通常是在最后铺设。

(1)在单向板中，无黏结预应力筋的铺设比较简单，与非预应力筋铺设基本相同。

(2)在双向板中，无黏结预应力筋需要配置成两个方向的悬垂曲线。无黏结筋相互穿插，施工操作较为困难，必须事先编出无黏结筋的铺设顺序。其方法是将各向无黏结筋各搭接点的标高标出，对各搭接点相应的 2 个标高分别进行比较，若 1 个方向某一无黏结筋的各点标高均分别低于与其相交的各筋相应点标高时，则此筋可先放置。按此规律编出全部无黏结筋的铺设顺序。

(3)在均布荷载作用下，现浇平板结构中无黏结预应力筋的布置和分配宜满足下列要求：

1)无黏结预应力筋可按柱上板带和跨中板带分别进行布置。无黏结预应力筋分配在柱上板带的数量可占 60%～75%，其余 25%～40% 则分配在跨中板带上；

质量问题

2)无黏结预应力筋也可取一向集中布置,另一向均匀布置(图1-27)。对集中布置的无黏结预应力筋,宜分布在各离柱边 1.5h 的范围内;对均布方向的无黏结预应力筋,最大间距不得超过板厚度的 6 倍,且不宜大于 1.0 m。

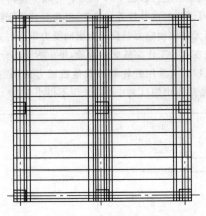

图 1-27　无黏结预应力筋布筋方式

各种布筋方式每一方向穿过柱子的无黏结预应力筋的数量不得少于 2 根。

(4)在筏板基础和箱形基础中采用无黏结预应力混凝土时,其设计应符合下列要求:

1)在筏板基础的肋梁中可采用多根无黏结预应力筋组成的集束预应力筋,在筏板基础和箱形基础的底板中可采用分散布置的无黏结预应力筋,但均应采用全封闭防腐蚀锚固系统;

2)在设计预应力混凝土基础时,应注意基础底板与地基之间的摩擦力对基础底板中所建立轴向预压应力的影响,并应考虑土与基础及上部结构的相互作用影响,其等效荷载的选取应对基础受力状况进行严格分析后确定;

3)基础板中的无黏结预应力筋应布置在两层普通钢筋的内侧,混凝土保护层厚度及防水隔离层做法等措施应符合有关标准的要求;

4)基础中的预应力筋可按设计要求分期分批施加预应力;

5)非预应力钢筋的配置应符合控制基础板温度、收缩裂缝的构造要求。

质量问题

预应力筋张拉违反张拉顺序

质量问题表现

操作人员没有遵照原定的张拉顺序进行张拉,易使构件或整体结构受力不均衡,造成构件变形(侧弯、扭转、起拱不均等),出现不正常裂缝,严重时会使构件失稳。张拉操作不分级、升压快、不同步等,易发生应力骤增,应力变化不均衡,不利于应力调整。

质量问题

质量问题原因

(1)受力概念不清楚,不了解规范、规程要求,不按设计文件和施工方案规定施工。

(2)图省事,减少张拉设备调动。

(3)操作指令不明确,两端配合不协调。

质量问题预防

(1)根据对称张拉、受力均匀原则,并考虑施工方便,在施工方案中明确规定整体结构的张拉顺序与单根构件预应力筋的张拉次序及张拉方式(一端、两端、分批、分阶段张拉)。

1)当构件或结构有多根预应力筋(束)时,应采用分批张拉,此时按设计规定进行,如设计无规定或受设备限制必须改变时,则应经核算确定。张拉时宜对称进行,避免引起偏心。在进行预应力筋张拉时,可采用一端张拉法,亦可采用两端同时张拉法。当采用一端张拉时,为了克服孔道摩擦力的影响,使预应力筋的应力得以均匀传递,采用反复张拉2～3次,可以达到较好的效果。采用分批张拉时,应考虑后批张拉预应力筋所产生的混凝土弹性压缩对先批预应力筋的影响,即应在先批张拉的预应力筋的张拉应力中增加。

2)张拉平卧重叠浇筑的构件时,宜先上后下逐层进行张拉,为了减少上下层构件之间的摩阻力引起的预应力损失,可采用逐层加大张拉力的方法。

(2)向操作人员讲清道理,严格按设计文件和施工方案的规定施工。

(3)张拉作业时,初应力应选择得当,升压应缓慢进行,并量取伸长读数。

(4)两端张拉时要统一信号,同步进行。长距离张拉时应使用对讲机进行联络,及时反映两端工作情况,遇有问题及时处理。

(5)张拉操作时,质检人员应在现场加强监督。

第五节　装配式结构工程施工

一、施工质量验收标准

(1)预制构件的施工质量验收标准见表1-50。

表 1-50　预制构件的施工质量验收标准

项　目	验收标准
主控项目	(1)预制构件应在明显部位标明生产单位、构件型号、生产日期和质量验收标志。构件上的预埋件、插筋和预留孔洞的规格、位置和数量应符合标准图或设计的要求。

项 目	验收标准
主控项目	检查数量:全数检查。 检验方法:观察。 (2)预制构件的外观质量不应有严重缺陷。对已经出现的严重缺陷,应按技术处理方案进行处理,并重新检查验收。 检查数量:全数检查。 检验方法:观察,检查技术处理方案。 (3)预制构件不应有影响结构性能和安装、使用功能的尺寸偏差。对超过尺寸允许偏差且影响结构性能和安装、使用功能的部位,应按技术处理方案进行处理,并重新检查验收。 检查数量:全数检查。 检验方法:量测,检查技术处理方案
一般项目	(1)预制构件的外观质量不宜有一般缺陷。对已经出现的一般缺陷,应按技术处理方案进行处理,并重新检查验收。 检查数量:全数检查。 检验方法:观察,检查技术处理方案。 (2)预制构件的尺寸偏差应符合表 1-51 的规定。 检查数量:同一工作班生产的同类型构件,抽查 5% 且不少于 3 件

表 1-51 预制构件尺寸的允许偏差及检验方法

项 目		允许偏差(mm)	检验方法
长度	板、梁	$+10$ -5	钢尺检查
	柱	$+5$ -10	
	墙板	±5	
	薄腹梁、桁架	$+15$ -10	
宽度、高(厚)度	板、梁、柱、墙板、薄腹梁、桁架	±5	钢尺量一端及中部,取其中较大值
侧向弯曲	梁、柱、板	$l/750$ 且$\leqslant20$	拉线、钢尺量最大侧向弯曲处
	墙板、薄腹梁、桁架	$l/1\,000$ 且$\leqslant20$	
预埋件	中心线位置	10	钢尺检查
	螺栓位置	5	
	螺栓外露长度	$+10$ -5	

续上表

项　目		允许偏差(mm)	检验方法
预留孔	中心线位置	5	钢尺检查
预留洞	中心线位置	15	钢尺检查
主筋保护层厚度	板	+5 −3	钢尺或保层厚度测定仪量测
	梁、柱、墙板、薄腹梁、桁架	+10 −5	
对角线差	板、墙板	10	钢尺量两个对角线
表面平整度	板、墙板、柱、梁	5	2 m靠尺和塞尺检查
预应力构件预留孔道位置	梁、墙板、薄腹梁、桁架	3	钢尺检查
翘曲	板	$l/750$	调平尺在两端量测
	墙板	$l/1\,000$	

注:1. l 为构件长度(mm)。

2. 检查中心线、螺栓和孔道位置时,应沿纵、横两个方向量测,并取其中的较大值。

3. 对形状复杂或有特殊要求的构件,其尺寸偏差应符合标准图或设计的要求。

(2)预制构件结构性能检验的质量验收标准见表1-52。

表 1-52　预制构件结构性能检验的质量验收标准

项　目	验收标准
结构性能检验内容、数量及方法	预制构件应按标准图或设计要求的试验参数及检验指标进行结构性能检验。 检验内容:钢筋混凝土构件和允许出现裂缝的预应力混凝土构件进行承载力、挠度和裂缝宽度检验;不允许出现裂缝的预应力混凝土构件进行承载力、挠度和抗裂检验;预应力混凝土构件中的非预应力杆件按钢筋混凝土构件的要求进行检验。对设计成熟、生产数量较少的大型构件,当采取加强材料和制作质量检验的措施时,可仅作挠度、抗裂或裂缝宽度检验;当采取上述措施并有可靠的实践经验时,可不作结构性能检验。 检验数量:对成批生产的构件,应按同一工艺正常生产的不超过1 000件且不超过3个月的同类型产品为一批。当连续检验10批且每批的结构性能检验结果均符合《混凝土结构工程施工质量验收规范》(GB 50204—2002)规定的要求时,对同一工艺正常生产的构件,可改为不超过2 000件且不超过3个月的同类型产品为一批。在每批中应随机抽取一个构件作为试件进行检验。 检验方法:按《混凝土结构工程施工质量验收规范》(GB 50204—2002)附录C规定的方法采用短期静力加载检验。

项　目	验收标准
预制构件承载力检验规定	(1)当按现行国家标准《混凝土结构设计规范》(GB 50010—2010)的规定进行检验时,应符合公式(1—5)的要求: $$\gamma_u^0 \geqslant \gamma_0 [\gamma_u] \qquad (1—5)$$ 式中　γ_u^0——构件的承载力检验系数实测值,即试件的荷载实测值与荷载设计值(均包括自重)的比值; γ_0——结构重要性系数,按设计要求确定,当无专门要求时取 1.0; $[\gamma_u]$——构件的承载力检验系数允许值,按表 1-53 取用。 (2)当按构件实配钢筋进行承载力检验时,应符合公式(1—6)的要求: $$\gamma_u^0 \geqslant \gamma_0 \eta [\gamma_u] \qquad (1—6)$$ 式中　η——构件承载力检验修正系数,根据现行国家标准《混凝土结构设计规范》(GB 50010—2010)按实配钢筋的承载力计算确定。 承载力检验的荷载设计值是指承载能力极限状态下,根据构件设计控制截面上的内力设计值与构件检验的加载方式,经换算后确定的荷载值(包括自重)
预制构件的挠度检验规定	(1)当按现行国家标准《混凝土结构设计规范》(GB 50010—2010)规定的挠度允许值进行检验时,应符合公式(1—7)的要求: $$a_s^0 \leqslant [a_s]$$ $$[a_s] = \frac{M_k}{M_q(\theta-1)+M_k} [a_f] \qquad (1—7)$$ 式中　a_s^0——在荷载标准值下的构件挠度实测值; $[a_s]$——挠度检验允许值; $[a_f]$——受弯构件的挠度限值,按现行国家标准《混凝土结构设计规范》(GB 50010—2010)确定; M_k——按荷载标准组合计算的弯矩值; M_q——按荷载标准外组合计算的弯矩值; θ——考虑荷载长期作用对挠度增大的影响系数,按现行国家标准《混凝土结构设计规范》(GB 50010—2010)确定。 (2)当按构件实配钢筋进行挠度检验或仅检验构件的挠度、抗裂或裂缝宽度时,应符合公式(1—8)的要求: $$a_s^0 \leqslant 1.2 a_c^s \qquad (1—8)$$ 式中　a_c^s——在荷载标准值下按实配钢筋确定的构件挠度计算值,按现行国家标准《混凝土结构设计规范》(GB 50010—2010)确定。 正常使用极限状态检验的荷载标准值是指正常使用极限状态下,根据构件设计控制截面上的荷载标准组合效应与构件检验的加载方式,经换算后确定的荷载值。 注:直接承受重复荷载的混凝土受弯构件,当进行短期静力加荷试验时,a_s^c 值应按正常使用极限状态下静力荷载标准组合相应的刚度值确定
预制构件的抗裂检验要求	预制构件的抗裂检验应符合公式(1—9)的要求: $$\gamma_{cr}^0 \geqslant [\gamma_{cr}] \qquad (1—9)$$ $$[\gamma_{cr}] = 0.95 \frac{\sigma_{pc} + \gamma f_{tk}}{\sigma_{ck}}$$

续上表

项　目	验收标准
预制构件的抗裂检验要求	式中　γ_{cr}——构件的抗裂检验系数实测值,即试件的开裂荷载实测值与荷载标准值(均包括自重)的比值; 　　$[\gamma_{cr}]$——构件的抗裂检验系数允许值; 　　σ_{pc}——由预加力产生的构件抗拉边缘混凝土法向应力值,按现行国家标准《混凝土结构设计规范》(GB 50010—2010)计算确定; 　　γ——混凝土构件截面抵抗矩塑性影响系数,按现行国家标准《混凝土结构设计规范》(GB 50010—2010)计算确定; 　　f_{tk}——混凝土抗拉强度标准值; 　　σ_{ck}——由荷载标准值产生的构件抗拉边缘混凝土法向应力值,按现行国家标准《混凝土结构设计规范》(GB 50010—2010)确定
预制构件的裂缝宽度检验要求	预制构件的裂缝宽度检验应符合公式(1—10)的要求: $$w^0_{s,max} \leqslant [w_{max}] \qquad (1-10)$$ 式中　$w^0_{s,max}$——在荷载标准值下,受拉主筋处的最大裂缝宽度实测值(mm); 　　$[w_{max}]$——构件检验的最大裂缝宽度允许值,按表1-54取用
验收规定预制构件结构性能的检验结果	(1)当试件结构性能的全部检验结果均符合《混凝土结构工程施工质量验收规范》(GB 50204—2002)第9.3.2条至第9.3.5条的检验要求时,该批构件的结构性能应通过验收。 (2)当第一个试件的检验结果不能全部符合上述要求,但又能符合第二次检验的要求时,可再抽两个试件进行检验。第二次检验的指标,对承载力及抗裂检验系数的允许值应按《混凝土结构工程施工质量验收规范》(GB 50204—2002)第9.3.2条和第9.3.4条规定的允许值减0.05;对挠度的允许值应取《混凝土结构工程施工质量验收规范》(GB 50204—2002)第9.3.3条规定允许值的1.10倍。当第二次抽取的两个试件的全部检验结果均符合第二次检验的要求时,该批构件的结构性能可通过验收。 (3)当第二次抽取的第一个试件的全部检验结果均已符合《混凝土结构工程施工质量验收规范》(GB 50204—2002)第9.3.2条至第9.3.5条的要求时,该批构件的结构性能可通过验收

表 1-53　构件的承载力检验系数允许值

受力情况	达到承载能力极限状态的检验标志		$[\gamma_u]$
轴心受拉、偏心受拉、受弯、大偏心受压	受拉主筋处的最大裂缝宽度达到1.5 mm,或挠度达到跨度的1/50	热轧钢筋	1.20
		钢丝、钢绞线、热处理钢筋	1.35
	受压区混凝土破坏	热轧钢筋	1.30
		钢丝、钢绞线、热处理钢筋	1.45
	受拉主筋拉断		1.50

受力情况	达到承载能力极限状态的检验标志	$[\gamma_u]$
受弯构件的受剪	腹部斜裂缝达到 1.5 mm,或斜裂缝末端受压混凝土剪压破坏	1.40
	沿斜截面混凝土斜压破坏,受拉主筋在端部滑脱或其他锚固破坏	1.55
轴心受压、 小偏心受压	混凝土受压破坏	1.50

注:热轧钢筋系指 HPB235 级、HRB335 级、HRB400 级和 RRB400 级钢筋。

表 1-54 构件检验的最大裂缝宽度允许值　　　　　　　　　(单位:mm)

设计要求的最大裂缝宽度限值	0.2	0.3	0.4
$[w_{max}]$	0.15	0.20	0.25

(3)装配式结构施工质量验收标准见表 1-55。

表 1-55 装配式结构施工质量验收标准

项　目	验收标准
主控项目	(1)进入现场的预制构件,其外观质量、尺寸偏差及结构性能应符合标准图或设计的要求。 检查数量:按批检查。 检验方法:检查构件合格证。 (2)预制构件与结构之间的连接应符合设计要求。 连接处钢筋或埋件采用焊接或机械连接时,接头质量应符合国家现行标准《钢筋焊接及验收规程》(JGJ 18—2012)、《钢筋机械连接技术规程》(JGJ 107—2010)的要求。 检查数量:全数检查。 检验方法:观察,检查施工记录。 (3)承受内力的接头和拼缝,当其混凝土强度未达到设计要求时,不得吊装上一层结构构件;当设计无具体要求时,应在混凝土强度不小于 10 MPa 或具有足够的支承时方可吊装上一层结构构件。 已安装完毕的装配式结构,应在混凝土强度达到设计要求后,方可承受全部设计荷载。 检查数量:全数检查。 检验方法:检查施工记录及试件强度试验报告
一般项目	(1)预制构件码放和运输时的支承位置和方法应符合标准图或设计的要求。 检查数量:全数检查。 检验方法:观察检查。 (2)预制构件吊装前,应按设计要求在构件和相应的支承结构上标志中心线、标高等控制尺寸,按标准图或设计文件校核预埋件及连接钢筋等,并作出标志。 检查数量:全数检查。 检验方法:观察,钢尺检查。 (3)预制构件应按标准图或设计的要求吊装。起吊时绳索与构件水平面的夹角不

续上表

项　目	验收标准
一般项目	宜小于 45°,否则应采用吊架或经验算确定。 　　检查数量:全数检查。 　　检验方法:观察检查。 　　(4)预制构件安装就位后,应采取保证构件稳定的临时固定措施,并应根据水准点和轴线校正位置。 　　检查数量:全数检查。 　　检验方法:观察,钢尺检查。 　　(5)装配式结构中的接头和拼缝应符合设计要求;当设计无具体要求时,应符合下列规定: 　　1)对承受内力的接头和拼缝应采用混凝土浇筑,其强度等级应比构件混凝土强度等级提高一级; 　　2)对不承受内力的接头和拼缝应采用混凝土或砂浆浇筑,其强度等级不应低于 C15 或 M15; 　　3)用于接头和拼缝的混凝土或砂浆,宜采取微膨胀措施和快硬措施,在浇筑过程中应振捣密实,并应采取必要的养护措施。 　　检查数量:全数检查。 　　检验方法:检查施工记录及试件强度试验报告

二、标准的施工方法

1. 预制预应力混凝土空心楼板安装

预制预应力混凝土空心楼板安装标准的施工方法见表 1-56。

表 1-56　预制预应力混凝土空心楼板安装标准的施工方法

项　目	内　容
工艺流程	抹找平层或硬架支模 ⟶ 施划楼板位置线和标注楼板编号 ⟶ 吊装楼板 ⟶ 调整板位置 ⟶ 支吊板缝模板 ⟶ 绑板缝钢筋 ⟶ 将锚固筋与连接筋绑扎或焊接固定 ⟶ 支圆孔板跨中临时支撑 ⟶ 清板缝 ⟶ 浇筑混凝土 ⟶ 养护
抹找平层或硬架支模	(1)圆孔板安装之前应先将墙顶或梁顶清扫干净,检查标高及轴线尺寸,按标高和设计要求拉线抹水泥砂浆找平层,厚度一般为 15～20 mm,配合比为 1:3。 　　(2)圆孔板安装在混凝土墙上时采用硬架支模的方法:按板底标高将100 mm×100 mm木方用钢管或木支柱支撑于承重墙边,木方承托板底的上面要平直,木方要互相支顶,保持硬架稳定,钢管或木支柱上边垫通长脚手板,木柱根部应用木楔顶严。 　　(3)混合结构圆孔板支承在内横墙上,板下有现浇混凝土圈梁,采用硬架支模法将圆孔板安放在圈梁侧模板顶部,先安圆孔板,后浇圈梁混凝土

续上表

项　目	内　容
施划楼板位置线和标注楼板编号	在承托预应力圆孔板的墙或梁侧面，按设计要求划出板缝位置线，并在墙或梁上标出楼板型号，圆孔板之间按设计规定拉开板缝，当设计无规定时，板缝下缝宽度一般为不小于 40 mm。缝宽大于 60 mm 时，应按设计要求配筋
吊装楼板	起吊时要求各吊点均匀受力，板面保持水平，避免扭翘使板开裂。如墙体采用抹水泥砂浆找平层方法，吊装板前先在墙或梁上洒素水泥浆（水灰比为 0.45）。按设计图纸核对墙上的板号是否正确，然后对号入座，不得放错。安装时板端对准位置线，缓缓下降，放稳后才允许脱钩
调整板位置	用撬棍拨动板端，使板两端搭墙长度及板间距离符合设计图纸要求
支吊板缝模板	板缝用铅丝吊好后，端部和跨中应有支撑。超过 150 mm 的宽板缝采用底部支模的方法，施工方法同普通模板支搭方法。底模模板面要比圆孔板底面标高高 5 mm，拆模以后用水泥砂浆抹平
锚固筋与连接筋绑扎或焊接固定	如为短向板时，将板端伸出的锚固筋（胡子筋）经整理后向上弯成 45°弯，并相互交叉。在交叉处绑 1φ6 通长连接筋，严禁将锚固筋上弯 90°或压在板下。弯锚固筋时应用工具套管缓弯，防止钢筋弯断。如为长向板时，安装就位后按图纸要求将锚固筋进行焊接，用 1φ12 通长筋，把每块板板端伸出的预应力钢筋与另一块板板端伸出的钢筋隔根焊接，但每块板至少点焊 4 根。焊接质量符合焊接规程的规定
安装跨中临时支撑	为满足楼板上较大的施工荷载需要，在板缝混凝土浇筑前应在楼板跨中做临时支撑
圆孔板安装后及时灌缝	灌缝前必须清除缝内残渣、杂物，混凝土浇捣应密实。同时，应进行混凝土养护

质量问题

装配式混凝土柱的外形失真

质量问题表现

装配式混凝土柱的柱长、柱宽等尺寸不符合设计要求。

质量问题原因

(1)柱子模板铺设不符合设计要求。

(2)柱子钢筋未按施工图的要求进行配筋、绑扎。

(3)混凝土浇筑不规范。

(4)混凝土养护与拆模不符合规范要求。

质量问题

质量问题预防

(1)柱子模板的铺设。柱子成形采用平卧支模,要求模板架空铺设,基底地坪必须夯实。铺板或钢模底的横棱间距不大于 1 m,底模宽度应大于柱的侧面尺寸,牛腿处应更宽些。侧模高度应同柱的宽度尺寸相同,其目的是便于浇筑后抹平表面。模板并应支撑牢固,防止浇灌时脱开、胀模、变形,而造成构件不合格构件。

(2)绑扎柱子钢筋。柱子钢筋应按施工图的配筋进行穿箍绑扎。应注意的是:牛腿处钢筋的绑扎和预埋铁件的安装以及柱顶部的预埋铁板安装,都要做到钢筋长短、规格、数量,箍筋规格、间距的正确无误。最后垫好保护层垫块,并进行隐蔽检查验收。

(3)浇筑混凝土。混凝土浇筑应符合下列要求。

1)柱浇筑前底部应先填以 5～10 cm 厚与混凝土配合比相同的减石子砂浆,柱混凝土应分层振捣,使用插入式振捣器时每层厚度不大于 50 cm,振捣棒不得触动钢筋和预埋件。除上面振捣外,下面亦要有人随时敲打模板。

2)柱高在 3 m 之内,可在柱顶直接下灰浇筑,超过 3 m 时,应采取措施(用串桶)或在模板侧面开门子洞安装斜溜槽分段浇筑。每段高度不得超过 2 m,每段混凝土浇筑后将门子洞模板封闭严实,并用箍箍牢。

3)柱子混凝土应一次浇筑完毕,如需留施工缝时应留在主梁下面;无梁楼板应留在柱帽下面。在与梁板整体浇筑时,应在柱浇筑完毕后停歇 1～1.5 h,使其获得初步沉实,再继续浇筑。

4)浇筑完后,应随时将伸出的搭接钢筋整理到位。

5)要求浇筑时认真振捣,混凝土水灰比和坍落度应尽可能小。尤其边角处要密实,拆模后棱角应清晰美观。浇筑面要拍抹平整,最后用铁抹子压光。

(4)养护与拆模。待表面硬化、手按无痕时,覆盖草帘浇水进行养护。养护要有专人,按规范规定时间进行养护,以保证混凝土强度的增长。应在混凝土强度达到 70% 以上后,可适当抽去横棱(最后间距不大于 4 m)和部分底模。

质量问题

装配式混凝土吊车梁制作不合格

质量问题表现

装配式混凝土吊车梁的尺寸规格不符合设计要求。

质量问题原因

(1)模板支撑布置不合理。

(2)钢筋骨架设置不符合规范要求。

(3)混凝土浇筑操作不当。

(4)混凝土养护与拆模不规范。

质量问题预防

(1)模板支撑。吊车梁宜立置浇筑成形,立置堆放和运输。现场预制直接吊装的应做好现场预制平面布置,要按照吊装工序的安排,使吊车梁能就地起吊、安装。现场应设有临时的排水沟,预防下雨时原地下沉。生产采用的立式地胎模,应表面平整、尺寸准确。可优先选用型钢底模,也可采用混凝土或砖地模,底模应抄平,置于坚硬的混凝土台面上,避开台面伸缩缝布置。隔离剂涂刷后应保持清洁,若被雨水冲刷应补刷。

(2)钢筋绑扎。钢筋骨架安装定位前应检查钢筋骨架中钢筋的种类、规格、数量、几何形状和尺寸是否符合设计要求,预埋铁件的规格、数量、位置及焊接是否正确。安装定位应用带有横担的无水平分力的吊具吊运,平整轻落于底模上,注意钢筋骨架落位时应设置直径为 $\phi25$、间距为 1 000 mm、长度与钢筋骨架宽度相等的垫筋,以保证受拉主筋的保护层厚度。如有预应力筋的,在施工时要预埋管道,管道根据施工实际情况确定,采用钢管或胶管待浇筑混凝土后抽出成孔;或用薄钢波纹管作永久性预埋。

(3)混凝土浇筑。浇筑混凝土前应检验钢筋、预埋件规格、数量,钢筋保护层厚度及预埋孔洞是否符合设计要求,浇捣时应润湿模板,并采用人工下料;混凝土浇筑层厚度为300~350 mm,采用插入式振动器振捣成形。振动时应做到不漏振,振动棒应避免撞击钢筋、模板、吊环、预埋铁件等,振动时间不少于 10 s,不大于 60 s。每振好一点,振动棒应徐徐抽出,以免留下气洞。振捣混凝土时应经常注意观察模板、支撑架、钢筋、预埋铁件和预留孔洞的情况,发现有松动变形、钢筋移位、漏浆等现象应停止振捣,并在混凝土初凝前修整完后继续振捣直至成形。浇筑顺序应从一端向另一端进行。当浇到上部预埋铁件时应注意捣实下面的混凝土,并保持预埋件位置正确。吊车梁上表面应用铁抹抹平。浇捣完毕12 h内应覆盖草包或塑料薄膜,浇水养护。浇捣过程中应按规定制作试块。

(4)养护。吊车梁养护要特别重视。因为吊车梁受动荷载作用,如果构件上有收缩裂缝出现,将对受力极为不利,因此必须严格遵照规范上的要求进行养护。

(5)拆模。拆模应根据模板支撑方式确定。凡立式支模的,可在浇筑后的 2~3 d 内拆除两侧侧模,但拆后应支撑好梁,以保持稳定。而底模则要到吊装时才能拆下。采用卧式支模,由于浇筑后短期内能拆的侧模量较少,所以可根据实际情况有选择地拆除,底模也要到吊装时才能拆下。

2. 预制楼梯、休息平台板安装

预制楼梯、休息平台板安装标准的施工方法见表1-57。

表 1-57 预制楼梯、休息平台板安装标准的施工方法

项 目	内 容
工艺流程	找平层→浇水泥浆→安装休息板→坐浆→安装楼梯段→焊接→灌缝
浇水泥浆	安装休息板时,应随安装随在预留洞安装位置浇水泥砂浆,水灰比为 0.5,并保证休息板与墙体接触密实
安装休息板	首先检查安装位置线及标高线,安装时休息板担架吊索一端高于另一端,以便能使休息板倾斜插入支座洞内。将休息板吊起后对准安装位置缓缓下降,安装后检查板面标高及位置是否符合图纸要求,用撬棍拨动,使构件两端伸入支座的尺寸相等
楼梯段安装	安装楼梯段时,用吊装索具上的倒链调整一端绳索长度,使踏步面呈水平状态。休息板的支撑面上浇水湿润并坐 1:3 水泥砂浆,使支座接触严密。如支撑面不严而有孔隙时,要用铁楔找平,再用水泥砂浆嵌塞密实
焊接	楼梯段安装校正后,应及时按设计图纸要求,用连接钢板(规格尺寸不得小于图纸规定)将楼梯段与休息板的预埋件围焊,焊缝应饱满,如图 1-28 所示
灌缝	每层楼梯段安装完后,应立即将休息板两端和墙间的空隙支模浇混凝土。模内应清理干净,混凝土用 C20 细石混凝土,振捣密实,并注意养护

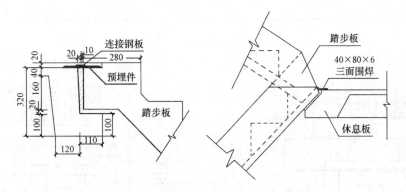

图 1-28 楼梯段安装焊接(单位:mm)

3. 预制阳台、雨罩、通道板安装

预制阳台、雨罩、通道板安装标准的施工方法见表 1-58。

表 1-58 预制阳台、雨罩、通道板安装标准的施工方法

项 目	内 容
工艺流程	坐浆→吊装→调整→焊接锚固筋→浇筑混凝土
坐浆	安装构件前将墙身上的找平层清扫干净,并浇水灰比为 0.5 的素水泥浆一层,随即安装,以保证构件与墙体之间不留缝隙

续上表

项 目	内 容
吊装	构件起吊时务必使每个吊钩同时受力,吊绳与平面的夹角应不小于 45°。当构件吊至比楼板上平面稍高时暂停,就位时使构件先对准墙上边线,然后根据外挑尺寸控制线,确定压墙距离轻轻放稳(如设计无要求时,压入墙内不少于 100 mm),挑出部分放在临时支撑上
调整	构件放稳后如发现错位,应用撬棍垫木块轻轻移动,将构件调整到正确位置。已安装完的各层阳台、通道板上下要垂直对正,水平方向顺直,标高一致
焊接锚固筋	构件就位后,应将内边梁上的预留环筋理直并与圈梁钢筋绑扎。侧挑梁的外伸钢筋还应搭接焊锚固钢筋,锚固钢筋的型号、规格、长度和焊接长度均应符合设计及构件标准图集的要求。焊条型号要符合设计要求,双面满焊,焊缝长度≥5 倍锚固筋直径。焊缝质量经检查符合要求后,办理预检手续。锚固筋要锚入墙内或圈梁内,如图 1-29 所示
浇筑混凝土	阳台外伸钢筋焊接完,阳台内侧环筋与圈梁钢筋绑扎完,并经检查合格办理隐检手续,与圈梁混凝土同时浇筑。浇筑混凝土前,模内应清理干净,木模板应浇水润模,振捣混凝土时注意勿碰动钢筋,振捣密实后,紧跟着木抹子将圈梁上表面抹平(注意圈梁上表面的标高线)。通道板安装时板缝要均匀,板缝模板支、吊要牢固,缝内用细石混凝土浇筑,振捣密实,混凝土强度等级要符合设计要求

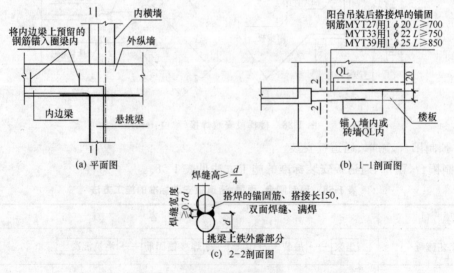

图 1-29 锚固筋的焊接(单位:mm)

第六节 现浇结构工程施工

一、施工质量验收标准

(1)现浇结构施工质量验收标准一般规定见表 1-59。

表 1-59 现浇结构施工质量验收标准一般规定

项 目	验收标准
外观质量缺陷	现浇结构的外观质量缺陷,应由监理(建设)单位、施工单位等各方根据其对结构性能和使用功能影响的严重程度按表 1-60 确定
现浇结构拆模后的检查	现浇结构拆模后,应由监理(建设)单位、施工单位对外观质量和尺寸偏差进行检查,作出记录,并应及时按施工技术方案对缺陷进行处理

表 1-60 现浇结构外观质量缺陷

名称	现象	严重缺陷	一般缺陷
露筋	构件内钢筋未被混凝土包裹而外露	纵向受力钢筋有露筋	其他钢筋有少量露筋
蜂窝	混凝土表面缺少水泥砂浆而形成石子外露	构件主要受力部位有蜂窝	其他部位有少量蜂窝
孔洞	混凝土中孔穴深度和长度均超过保护层厚度	构件主要受力部位有孔洞	其他部位有少量孔洞
夹渣	混凝土中夹有杂物且深度超过保护层厚度	构件主要受力部位有夹渣	其他部位有少量夹渣
疏松	混凝土中局部不密实	构件主要受力部位有疏松	其他部位有少量疏松
裂缝	缝隙从混凝土表面延伸至混凝土内部	构件主要受力部位有影响结构性能或使用功能的裂缝	其他部位有少量不影响结构性能或使用功的裂缝
连接部位缺陷	构件连接处混凝土缺陷及连接钢筋、连接件松动	连接部位有影响结构传力性能的缺陷	连接部位有基本不影响结构传力性能的缺陷
外形缺陷	缺棱掉角、棱角不直、翘曲不平、飞边凸肋等	清水混凝土构件有影响使用功能或装饰效果的外形缺陷	其他混凝土构件有不影响使用功能的外形缺陷
外表缺陷	构件表面麻面、掉皮、起砂、沾污等	具有重要装饰效果的清水混凝土构件有外表缺陷	其他混凝土构件有不影响使用功能的外表缺陷

(2)现浇结构的外观质量验收标准见表 1-61。

表 1-61　现浇结构的外观质量验收标准

项　　目	验收标准
主控项目	现浇结构的外观质量不应有严得缺陷。 对已经出现的严重缺陷,应施工单位提出技术处理方案,并经监理(建设)单位认可后进行处理。对经处理的部位,应重新检查验收。 检查数量:全数检查。 检验方法:观察,检查技术处理方案
一般项目	现浇结构的外观质量不宜有一般缺陷。 对已经出现的一般缺陷,应由旗工单位按技术处理方案进行处理,并重新检查验收。 检查数量:全数检查。 检验方法:观察,检查技术处理方案

(3)现浇结构尺寸偏差的验收标准见表 1-62。

表 1-62　现浇结构尺寸偏差的验收标准

项　　目	验收标准
主控项目	现浇结构不应有影响结构性能和使用功能的尺寸偏差。混凝土设备基础不应有影响结构性能和设备安装的尺寸偏差。 对超过尺寸允许偏差且影响结构性能和安装、使用功能的部位,应由施工单位提出技术处理方案。并经监理(建设)单位认可后进行处理。对经处理的部位,应重新检查验收。 检查数量:全数检查。 检验方法:量测,检查技术处理方案
一般项目	现浇结构和混凝土设备基础拆模后的尺寸偏差应符合表 1-63、表 1-64 的规定。 检查数量:按楼层、结构缝或施工段划分检验批。在同一检验批内,对梁、柱和独立基础,应抽查构件数量的 10%,且不少于 3 件;对墙和板,应按有代表性的自然间抽查 10%,且不少于 3 间;对大空间结构,墙可按相邻轴线间高度 5 m 左右划分检查面,板可按纵、横轴线划分检查面,抽查 10%,且均不少于 3 面;对电梯井,应全数检查。对设备基础,应全数检查

表 1-63　现浇结构尺寸允许偏差和检验方法

项　　目		允许偏差(mm)	检验方法
轴线	基础	15	钢尺检查
	独立基础	10	
	墙、柱、梁	8	
	剪力墙	5	

续上表

项 目			允许偏差(mm)	检验方法
垂直度	层高	≤5 m	8	经纬仪或吊线、钢尺检查
		>5 m	10	经纬仪或吊线、钢尺检查
	全高(H)		H/1 000且≤30	经纬仪、钢尺检查
标高	层高		±10	经纬仪、钢尺检查
	全高		±30	
截面尺寸			+8 −5	钢尺检查
电梯井	井筒长、宽对定位中心线		+25 0	钢尺检查
	井筒高(H)垂直度		H/1 000且≤30	经纬仪、钢尺检查
表面平整度			8	2 m靠尺和塞尺检查
预埋设施中心线位置	预埋件		10	钢尺检查
	预埋螺栓		5	
	预埋管		5	
预留洞中心线位置			15	钢尺检查

注:检查轴线、中心线位置时,应沿纵、横两个方向量测,并取其中的较大值。

表1-64 混凝土设备基础尺寸允许偏差和检验方法

项 目		允许偏差 (mm)	检验方法
坐标位置		20	钢尺检查
不同平面的标高		0 −20	水准仪或拉线、钢尺检查
平面外形尺寸		±20	钢尺检查
凸台上平面外形尺寸		0 −20	钢尺检查
凹穴尺寸		+20 0	钢尺检查
平面水平度	每米	5	水平尺、塞尺检查
	全长	10	水准仪或拉线、钢尺检查
垂直度	每米	5	经纬仪或吊线、钢尺检查
	全高	10	

项　目		允许偏差 （mm）	检验方法
预埋地脚螺栓	标高（顶部）	＋20 0	水准仪或拉线、钢尺检查
	中心距	±2	钢尺检查
预埋地脚螺栓孔	中心线位置	10	钢尺检查
	深度	＋20 0	钢尺检查
	孔垂直度	10	吊线、钢尺检查
预埋活动 地脚螺栓锚板	标高	＋20 0	水准仪或拉线、钢尺检查
	中心线位置	5	钢尺检查
	带槽锚板平整度	5	钢尺、塞尺检查
	带螺纹孔锚 板平整度	2	钢尺、塞尺检查

注：检查坐标、中心线位置时，应沿纵、横两个方向量测，并取其中的较大值。

二、标准的施工方法

1. 现浇钢筋混凝土结构定型组合钢模板的施工

现浇钢筋混凝土结构定型组合钢模板标准的施工方法见表 1-65。

表 1-65　现浇钢筋混凝土结构定型组合钢模板标准的施工方法

项　目	内　容
工艺流程	（1）安装柱模板。 楼层放线 → 剔除接缝混凝土软弱层 → 楼板上沿柱外侧 5 mm 粘贴 5 mm 厚的海绵密封条 → 安装柱模 → 安柱箍 → 拉杆或斜杆 → 加固校正 → 办预检 →……→ 模板拆除 （2）安装剪力墙模板。 放墙位置线和模板控制线 → 剔除接槎处混凝土软弱层 → 安装窗洞 口模板并在接触墙面的两侧粘贴密封条 → 楼板上沿墙外侧 5 mm 粘贴 5 mm 厚海绵密封条 → 检查预留洞、预埋件的留置 → 安装一侧模板 → 安装对穿 螺栓 → 安装另一侧模板 → 调整加固 → 办预检 →……→ 模板拆除 （3）安装梁模板。 放线、抄平 → 铺设垫板 → 安装立柱 → 调整标高和位置 → 安装梁底模板 → 梁底调整起拱 → 绑扎钢筋 → 安装侧模 → 办预检 →……→ 模板拆除 （4）安装楼梯模板。 放线、抄平 → 铺设垫板 → 支设架子支撑有楼梯柱先支撑楼梯柱 →

续上表

项　目		内　容
工艺流程		安大小龙骨 → 安平台梁、平台板 → 校正标高位置 → 铺梯段底板 → 安楼梯侧帮 → 吊踏步模板 → 办预检 →……→ 模板拆除 (5)安装楼板模板同。 抄平弹模板标高控制线 → 铺设垫板 → 支设架子支撑 → 安大小 龙骨并在墙或梁四周加贴海绵条 → 大于4 m时模板支撑起拱 → 铺模板 → 校正标高 → 办预检 →……→ 模板拆除
安装柱模板	放线	按照放线位置,在柱内四边的预留地锚筋上焊接支杆,从四面顶住模板以防止位移
	安装柱模板	先安装楼层平面的两边柱,经校正、固定,再拉通线校正中间各柱。一般情况下模板预拼成一面一片(组合钢模一面的一边带两个角模),就位后先用钢丝与主筋绑扎临时固定,组合钢模用U形卡子将两侧模板连接卡紧。安装完两面后,再安装另外两面模板
	安装柱箍	柱箍可用方钢、角钢、槽钢、钢管等制成,也可以采用钢木夹箍。柱箍应根据柱模尺寸、侧压力大小等因素在模板设计时确定柱箍尺寸间距。柱断面大时,可增加穿模螺栓
	安装柱模的拉杆或斜撑	柱模每边设两根拉杆,固定于事先预埋在楼板内的钢筋拉环上用线坠(必要时用经纬仪)控制垂直度,用花篮螺栓或螺杠调节校正。拉杆或斜撑与楼板面夹角宜为45°,预埋在楼板内的钢筋拉环与柱距离宜为3/4柱高,如图1-30所示
	模内清理	将柱模内清理干净,封闭清理口,办理模板预检
安装剪力墙模板		(1)按位置线安装门洞口模板,下预埋件或木砖,门窗洞口模板应加定位筋固定和支撑,洞口设4～5道横撑。门窗洞口模板与墙模接合处应加垫海绵条防止漏浆。 (2)把预先拼装好的一面墙体模板按位置线就位,然后安装拉杆或斜撑,安塑料套管和穿墙螺栓,穿墙螺栓规格和间距应符合模板设计规定,如图1-31～图1-33所示。 (3)清扫墙内杂物,再安另一侧模板,调整斜撑(拉杆)使模板垂直后,拧紧穿墙螺栓。注意模板上口应加水平楞,以保证模板上口水平向的顺直。 (4)调整模板顶部的钢筋位置、钢筋水平定距框的位置,确认保护层厚度。 (5)模板安装完毕后,检查扣件、螺栓是否紧固,模板拼缝是否严密,办预检手续
安装梁模板	放线、抄平	柱子拆模后在混凝土柱上弹出水平线,在楼板上和柱子上弹出梁轴线。安装梁柱头节点模板,如图1-34所示
	铺设垫板	安装梁模板支柱之前应先铺垫板。垫板可用50 mm厚脚手板或50 mm×100 mm木方,长度不小于400 mm,当施工荷载大于1.5倍设计使用荷载或立柱支设在基土上时,垫通长脚手板

项　目		内　容
安装梁模板	安装立柱	一般梁支柱采用单排,当梁截面较大时可采用双排或多排,支柱的间距应由模板设计确定,支柱间应设双向水平拉杆,离地 300 mm 设第一道。当四面无墙时,每一开间内支柱应加一道双向剪刀撑,保证支撑体系的稳定性
	调整标高和位置、安装梁底模板	按设计标高调整支柱的标高,然后安装梁底模板,并拉线找直,按梁轴线找准位置。梁底模板跨度大于或等于 4 m 应按设计要求起拱。当设计无明确要求时,一般起拱高度为跨度的 $1/1\,000 \sim 1.5/1\,000$,如图 1-35 所示
	安装后注意事项	(1)绑扎梁钢筋,经检查合格后办理隐检手续。 　　(2)清理杂物,安装侧模板,把两侧模板与梁底板固定牢固,组合小钢模用 U 形卡连接。 　　(3)用梁托架加支撑固定两侧模板。龙骨间距应由模板设计确定,梁模板上口应用定型卡子固定。当梁高超过 600 mm 时,应加穿梁螺栓加固(或使用工具式卡子)。并注意梁侧模板根部要楔紧,宜使用工具式卡子夹紧,防止涨模漏浆。 　　(4)安装后校正梁中线、标高、断面尺寸,将梁模板内杂物清理干净。梁端头一般作为清扫口,直到浇筑混凝土前再封闭。检查合格后办模板预检手续
安装楼梯模板		(1)放线、抄平。弹好楼梯位置线,包括楼梯梁、踏步首末两级的角部位置、标高等。 　　(2)铺垫板、立支柱。支柱和龙骨间距应根据模板设计确定,先立支柱、安装龙骨(有梁楼梯先支梁),然后调节支柱高度,将大龙骨找平,校正位置标高,并加拉杆。 　　(3)铺设平台模板和梯段底板模板。铺设时,组合钢模板龙骨应与组合钢模板长向相垂直,在拼缝处可采用窄尺寸的拼缝模板或木板代替。当采用木板时,板面应高于钢模板板面 2～3 mm。 　　底板铺设完毕后,在板上划梯段宽度线,依线立外帮板,外帮板可用夹木或斜撑固定,如图 1-36 所示。 　　(4)绑扎楼梯钢筋(有梁先绑扎梁钢筋)。 　　(5)吊楼梯踏步模板。办钢筋的隐检和模板的预检。注意梯步高度应均匀一致,最下一步及最上一步的高度,必须考虑到楼地面最后的装修厚度及楼梯踏步的装修做法,防止由于装修厚度不同形成楼梯踏步高度不协调,装修后楼梯相邻踏步高度差不得大于 10 mm
安装楼板模板		(1)安装楼板模板支柱之前应先铺垫板。垫板可用 50 mm 厚脚手板或 50 mm×100 mm 木方,长度不小于 400 mm,当施工荷载大于 1.5 倍设计使用荷载或立柱支设在基土上时,垫通长脚手板。采用多层支架支模时,支柱应垂直,上下层支柱应在同一竖向中心线上。 　　(2)严格按照各房间支撑图支模。从边跨一侧开始安装,先安第一排龙骨和支柱,临时固定后再安装第二排龙骨和支柱,依次逐排安装。支柱和龙骨间距应根据模板设计确定,碗扣式脚手架还要符合模数要求。 　　(3)调节支柱高度,将大龙骨找平。楼板跨度大于或等于 4 m 时应按设计要求起拱,当设计无明确要求时,一般起拱高度为跨度的 $1/1\,000 \sim 1.5/1\,000$。

续上表

项　目	内　容
安装楼板模板	此外注意大小龙骨悬挑部分应尽量缩短,避免出现较大变形。面板模板不得有悬挑,凡有悬挑部分,板下应加小龙骨。 　　(4)铺设定型组合钢模板:可从一侧开始铺,每两块板间纵向边肋上用U形卡连接,U形卡与L形插销应全部安满。每个U形卡卡紧方向应正反相间,不要同一方向。楼板大面积均应采用大尺寸的定型组合钢模板块,在拼缝处可采用窄尺寸的拼缝模板或木板代替。当采用木板时,板面应高于钢模板板面2~3 mm,但均应拼缝严密不得漏浆。 　　(5)楼板模板铺完后,用水准仪测量模板标高,进行校正,并用靠尺检查平整度。 　　(6)支柱之间加设水平拉杆:根据支柱高度确定水平拉杆的数量和间距。一般情况下离地300 mm处设第一道,其构造如图1-37、图1-38所示。 　　(7)将模板内杂物清理干净,办预检手续
模板拆除	模板拆除标准的施工方法见表1-66

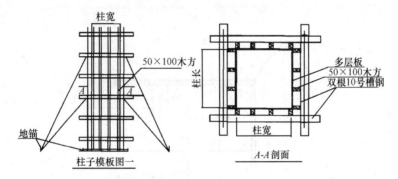

图 1-30　柱模板示意图(单位:mm)

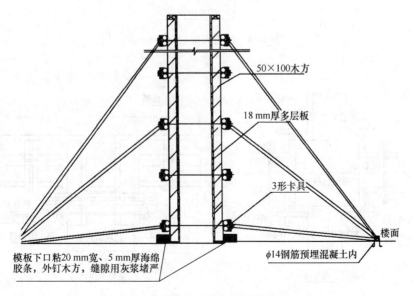

图 1-31　内墙模板支撑示意图(单位:mm)

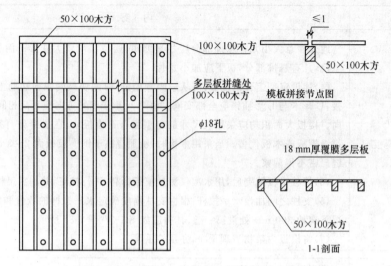

图 1-32 墙模板立面节点示意图(单位:mm)

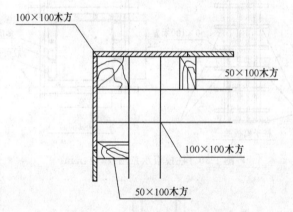

图 1-33 阴角做法(单位:mm)

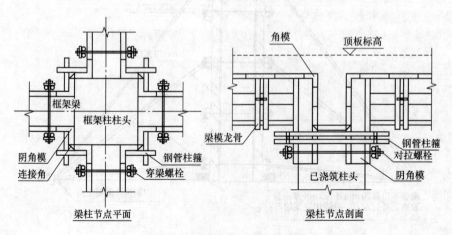

图 1-34 梁柱头节点模板示意图

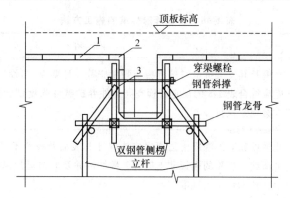

图 1-35 梁支模式示意图

1—楼板模板；2—阴角模板；3—梁模板

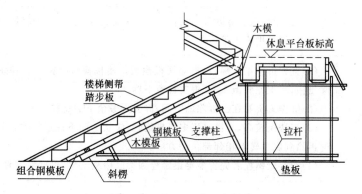

图 1-36 楼梯模板示意图

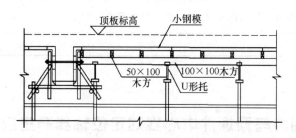

图 1-37 框架剪力墙结构顶板支模示意图（单位：mm）

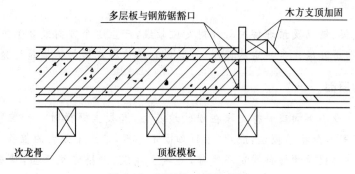

图 1-38 顶板施工缝示意图

表 1-66　模板拆除标准的施工方法

项　目	内　容
底模及其支架拆除	底模及其支架拆除时的混凝土强度应符设计要求;当设计无具体要求时,混凝土强度应符合表 1-6 的规定。检查同条件养护试件强度试验报告。拆除顺序应按施工方案规定执行
侧模拆除	侧模拆除时的混凝土强度也应能保证其表面及棱角不受损伤,不应对楼层形成冲击荷载。拆除的模板和支架宜分散堆放并及时清运。模板拆除应有拆模申请并由项目技术负责人批准
柱子模板拆除	先拆掉柱斜拉杆或斜支撑,卸掉柱箍,在把连接每片柱模板的连接件拆掉,使模板与混凝土脱离
墙模板拆除	先拆掉穿墙螺栓等附件,再拆除斜拉杆或斜撑,用撬棍轻轻撬动模板,使模板脱离墙体,即可把模板吊运走
楼板、梁模板拆除	(1)宜先拆除梁侧模,再拆除楼板模板。楼板模板拆模先拆掉水平拉杆,然后拆除支柱,每根龙骨留 1～2 根支柱暂不拆。 (2)操作人员站在已拆除的空间,拆去近旁余下的支柱。 (3)当楼层较高,支模采用多层排架时,应从上而下逐层拆除,不可采用在一个局部拆除到底再转向相邻部位的方法。 (4)有穿梁螺栓者先拆掉穿梁螺栓和梁底模板支架,再拆除梁底模板
拆模注意事项	(1)楼板与梁拆模强度按本工程拆模一览表执行。 (2)拆下的模板及时清理黏结物,拆下的扣件及时集中收集管理。若与再次使用的时间间隔较大,应采用保护模面的临时措施

质量问题

混凝土构件与预埋件中心线对定位轴线产生位移、倾斜

质量问题表现

基础、柱、梁、墙以及预埋件中心线对定位轴线,产生 1 个方向或 2 个方向的偏移(称位移),或柱、墙垂直度产生一定的偏斜(称倾斜),其位移或倾斜值均超过允许偏差值。

质量问题原因

(1)模板支设不牢固或斜撑支顶在松软地基上,混凝土振捣时产生位移或倾斜。如杯形基础杯口采用悬挂吊模法,底部、上口如固定不牢,常产生较大的位移或倾斜。

(2)门洞口模板及预埋件固定不牢靠,混凝土浇筑、振捣方法不当,造成门洞口和预埋件产生较大的位移。

质量问题

　　(3)放线出现较大误差,没有认真检查和校正,或没有及时发现和纠正,造成轴线累积误差过大,或模板就位时没有认真吊线找直,致使结构发生歪斜。

质量问题预防

　　(1)模板应固定牢靠,对独立基础杯口部分如采用吊模时,要采取措施将吊模固定好,不得松动,以保持模板在混凝土浇筑时不致产生较大的水平位移。

　　(2)模板应拼缝严密,并支顶在坚实的地基上,无松动;螺栓应紧固可靠,标高、尺寸应符合要求,并应检查核对,以防止施工过程中发生位移或倾斜。

　　(3)门洞口模板及各种预埋件应支设牢固,保证位置和标高准确,检查合格后,才能浇筑混凝土。

　　(4)现浇框架柱群模板应左右均拉线以保持稳定;现浇柱预制梁结构,柱模板四周应支设斜撑或斜拉杆,用法兰螺栓调节,以保证其垂直度。

　　(5)测量放线位置线要弹准确,认真吊线找直,及时调整误差,以消除误差累积,并仔细检查、核对,保证施工误差不超过允许偏差值。

　　(6)浇筑混凝土时防止冲击门口模板和预埋件,坚持门洞口两侧混凝土对称均匀进行浇筑和振捣。柱浇筑混凝土时,每排柱子底由外向内对称顺序进行,不得由一端向另一端推进,以防止柱模板发生倾斜。独立柱混凝土初凝前,应对其垂直度进行1次校核,如有偏差应及时调整。

　　(7)振捣混凝土时,不得冲击振动钢筋、模板及预埋件,以防止模板产生变形或预埋件位移或脱落。

质量问题

现浇结构外观缺陷

质量问题表现

现浇结构的外观缺陷主要表现为露筋、蜂窝、孔洞、夹渣、疏松及裂缝。

质量问题原因

(1)产生露筋的原因主要有:
1)钢筋保护层垫块放置过少或漏放,钢筋紧贴模板。
2)模板缝隙过大,混凝土漏浆。
3)混凝土离析,石子集中,和易性差,混凝土与钢筋接触部分缺浆。
4)混凝土振捣棒撞击钢筋,钢筋偏位。
5)混凝土振捣不密实,漏振。

质量问题

6) 拆模过早,混凝土受损,钢筋外露。

(2) 产生蜂窝的原因主要有:

1) 混凝土配合比的原材料称量偏差大,粗骨料多,和易性差。

2) 浇筑混凝土时,石子集中,混凝土离析,振不出水泥浆。

3) 混凝土搅拌时间短,拌和不均匀,和易性差。

4) 混凝土振捣不密实,漏振。

5) 模板缝隙大,混凝土漏浆。

(3) 产生孔洞的原因主要有:

1) 在钢筋密集处,预留孔或预埋件周围的混凝土振捣不密实或漏振。

2) 模板缝隙过大或胀模,混凝土漏浆。

3) 浇筑混凝土时,有杂物混入混凝土内。

(4) 产生夹渣的原因主要有:

1) 在浇筑混凝土前,施工缝处理不干净。

2) 混凝土振捣不密实或漏振。

3) 分段分层浇筑混凝土时,有杂物混入混凝土内。

4) 模板嵌入混凝土,拆摸后留在混凝土内。

(5) 产生疏松的原因主要有:

1) 混凝土配合比设计不当,砂率偏低,和易性差,坍落度偏小。

2) 混凝土振捣时间短,振捣不到位,有漏振的部位。

3) 混凝土平仓、压实工作不够,表面没压实,泛浆不足。

(6) 产生裂缝的原因主要有:

1) 混凝土浇筑时,平仓、滚压及收浆工序操作马虎,没有压实,混凝土收缩,产生裂缝。

2) 混凝土养护湿度不够,早期失水过多,混凝土产生收缩裂缝。

3) 已浇筑完毕的混凝土施工缝没有清理干净,新浇筑的混凝土没加接浆或没按技术方案施工,新浇筑的混凝土收缩后与已浇筑的混凝土没有结合牢固。

质量问题预防

现浇结构外观出现上述缺陷时,应采取下列措施进行修整。

(1) 对于表面露筋,应采取如下措施修整:

1) 对表面露筋,刷洗干净后,用 1:2 或 1:2.5 水泥砂浆将露筋部位抹压平整,并认真养护。

2) 如露筋较深,应将薄弱混凝土和突出的颗粒凿去,洗刷干净后,用比原来高一强度等级的细石混凝土填塞压实,并认真养护。

(2) 对于蜂窝,应采取如下措施修整:

1) 对小蜂窝,用水洗刷干净后,用 1:2 或 1:2.5 水泥砂浆压实抹平。

2) 对较大蜂窝,先凿去蜂窝处薄弱松散的混凝土和突出的颗粒,刷洗干净后支模,用高一强度等级的细石混凝土仔细强力填塞捣实,并认真养护。

质量问题

3)较深蜂窝如清除困难,可埋压浆管和排气管,表面抹砂浆或支模灌混凝土封闭后,进行水泥压浆处理。

(3)对于孔洞,应采取如下措施修整:

1)对混凝土孔洞的处理,应经有关单位共同研究,制定修补或补强方案,经批准后方可处理。

2)一般孔洞处理方法是:将孔洞周围的松散混凝土和软弱浆膜凿除,用压力水冲洗,支设带托盒的模板,洒水充分湿润后,用比结构高一强度等级的半干硬性细石混凝土仔细分层浇筑,强力捣实,并养护。突出结构面的混凝土,须待达到50%强度后再凿去,表面用1:2水泥砂浆抹光。

3)对面积大而深进的孔洞,按上述2)项清理后,在内部埋压浆管、排气管,填清洁的碎石(粒径10~20 mm),表面抹砂浆或浇筑薄层混凝土,然后用水泥压力灌浆方法进行处理;使之密实。

(4)对于夹渣,应将夹渣周围的混凝土和软弱浆膜凿去,用压力水冲洗,用高一级的细石混凝土拌和物仔细浇筑捣实,注意养护。

(5)对于疏松,应采取如下措施修整:

1)表面较浅的疏松脱落,可将疏松部分凿去,洗刷干净充分湿润后,用1:2或1:2.5水泥砂浆抹平压实。

2)较深的疏松脱落,可将疏松和突出颗粒凿去,刷洗干净充分湿润后支模,用比结构高一强度等级的细石混凝土浇筑,强力捣实,并加强养护。

(6)对于裂缝,应采取如下措施修整:

1)当裂缝较细,数量不多时,可将裂缝加以冲洗,用水泥浆抹补。

2)如裂缝开裂较大较深时,应沿裂缝处凿去薄弱部分,并用水冲洗干净,用1:2或1:2.5水泥砂浆抹补。除了用水泥砂浆抹补外,目前也使用环氧树脂补缝,效果较好。

2. 现浇钢筋混凝土结构木胶合板与竹胶模板的施工

现浇钢筋混凝土结构木胶合板与竹胶模板标准的施工方法见表1-67。

表1-67 现浇钢筋混凝土结构木胶合板与竹胶模板标准的施工方法

项 目	内 容
工艺流程	同现浇混凝土结构定型组合钢模板的施工工艺流程
安装柱模板	同现浇混凝土结构定型组合钢模板
安装剪力墙模板	同现浇混凝土结构定型组合钢模板
安装梁模板	同现浇混凝土结构定型组合钢模板
安装楼梯模板	(1)放线、抄平。弹好楼梯位置线,包括楼梯梁、踏步首末两级的角部位置、标高等。 (2)铺垫板、立支柱。支柱和龙骨间距应根据模板设计确定,先立支柱、安装龙骨(有梁楼梯先支梁),然后调节支柱高度,将大龙骨找平,校正位置标高,并加拉杆,如图1-39所示。

续上表

项 目	内 容
安装楼梯模板	(3)铺设平台模板和梯段底板模板。模板拼缝应严密不得漏浆。在板上划梯段宽度线,依线立外帮板,外帮板可用夹木或斜撑固定,如图 1-40 所示。 (4)绑扎楼梯钢筋(有梁先绑扎梁钢筋)。 (5)吊楼梯踏步模板。办钢筋的隐检和模板的预检。注意梯步高度应均匀一致,最下一步及最上一步的高度,必须考虑到楼地面最后的装修厚度及楼梯踏步的装修做法,防止由于装修厚度不同形成楼梯踏步高度不协调。装修后楼梯相邻踏步高度差不得大于 10 mm
安装楼板模板	(1)安装楼板模板支柱之前应先铺垫板。垫板可用 50 mm 厚脚手板或 50 mm×100 mm 木方,长度不小于 400 mm,当施工荷载大于 1.5 倍设计使用荷载或立柱支设在基土上时,垫通长脚手板。采用多层支架支模时,支柱应垂直,上下层支柱应在同一竖向中心线上。 (2)严格按照各房间支撑图支模。从边跨一侧开始安装,先安第一排龙骨和支柱,临时固定,再安第二排龙骨和支柱,依次逐排安装。支柱和龙骨间距应根据模板设计确定,碗扣式脚手架还要符合模数要求。 (3)调节支柱高度,将大龙骨找平。楼板跨度大于或等于 4 m 时应按设计要求起拱,当设计无明确要求时,一般起拱高度为跨度的 1/1 000～1.5/1 000。 此外,注意大小龙骨悬挑部分应尽量缩短,避免出现较大变形。面板模板不得有悬挑,凡有悬挑部分,板下应加小龙骨。 (4)铺设模板:可从一侧开始铺,拼缝严密不得漏浆。同一房间多层板与竹胶板不宜混用。 (5)楼板模板铺完后,用水准仪测量模板标高,进行校正,并用 2 m 靠尺检查平整度。 (6)支柱之间加设水平拉杆:根据支柱高度确定水平拉杆的数量和间距。一般情况下离地 300 mm 处设第一道,其构造如图 1-41 所示。 (7)将模板内杂物清理干净,办预检手续
模板拆除	同现浇混凝土结构定型组合钢模板的施工

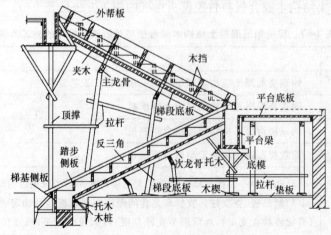

图 1-39 有梁楼梯模板示意图

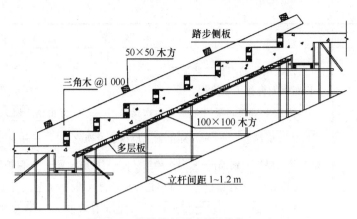

图 1-40　楼梯模板示意图(单位:mm)

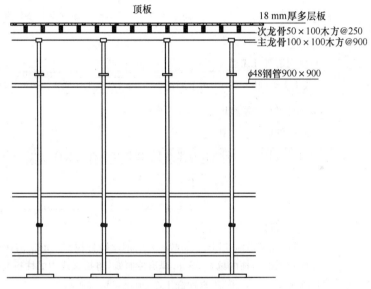

图 1-41　顶板模板施工示意图(单位:mm)

3. 现浇框架结构钢筋绑扎

现浇框架结构钢筋绑扎标准的施工方法见表 1-68。

表 1-68　现浇框架结构钢筋绑扎标准的施工方法

项　目	内　容
工艺流程	(1)框架柱钢筋绑扎工艺流程。 弹柱位置线、模板控制线 ⟶ 清理柱筋污渍、柱根浮浆 ⟶ 修整底层 伸出的柱预留钢筋 ⟶ 在预留钢筋上套柱子箍筋 ⟶ 绑扎(焊接或机械 连接)柱子竖向钢筋 ⟶ 标识箍筋间距 ⟶ 柱子箍筋绑扎 ⟶ 在柱顶绑定 距、定位框 ⟶ 安装保护层垫块

项 目	内 容
工艺流程	(2)框架梁钢筋绑扎工艺流程。 1)底模上绑扎工艺流程。 画主次梁箍筋间距 → 放主次梁箍筋 → 穿主梁底层纵筋及弯起筋 → 穿次梁底层纵筋 → 穿主梁上层纵筋及架立筋 → 绑主梁箍筋 → 穿次梁上层纵向钢筋 → 绑次梁箍筋 → 拉筋设置 → 保护层垫块设置 2)模外绑扎(先在梁模板上口绑扎成型后再入模内)工艺流程。 画箍筋间距 → 在主次梁模板上口铺横杆数根 → 在横杆上面放箍筋 → 穿主梁下层纵筋 → 穿次梁下层钢筋 → 穿主梁上层钢筋 → 绑主梁箍筋 → 穿次梁上层纵筋 → 绑次梁箍筋 → 抽出横杆落骨架于模板内 保护层垫块设置 3)板钢筋绑扎工艺流程。 模板上弹线 → 绑板下层钢筋 → 水电工序插入 → 绑板上层钢筋 设置马凳及保护层垫块 4)楼梯钢筋绑扎工艺流程。 绑扎楼梯梁 → 画休息平台板、楼梯踏步板钢筋位置线 → 绑下层筋 绑上层筋 → 设置马凳及保护层垫块
柱钢筋绑扎	(1)弹柱位置线、模板控制线。 (2)清理柱筋污渍、柱根浮浆清理。用钢丝刷将柱预留筋上的污渍清刷干净。根据柱皮位置线向柱内偏移 5 mm 弹出控制线,将控制线内的柱根混凝土浮浆用剁斧清理到全部露出石子,用水冲洗干净,但不得留有明水。 (3)修整底层伸出的柱预留钢筋。根据柱外皮位置线和柱竖筋保护层厚度大小,检查柱预留钢筋位置是否符合设计要求及施工规范的规定,如柱筋位移过大,应按1:6 的比例将其调整到位。 (4)在预留钢筋上套柱子箍筋。按图纸要求间距及柱箍筋加密区情况,计算好每根柱箍筋数量,先将箍筋套在下层伸出的搭接筋上。 (5)绑扎(焊接或机械连接)柱子竖向钢筋。连接柱子竖向钢筋时,相邻钢筋的接头应相互错开,错开距离符合有关施工规范、图集及图纸要求。并且接头距柱根起始面的距离要符合施工方案的要求。 采用绑扎形式立柱子钢筋,在搭接长度内,绑扣不少于 3 个,绑扣要向柱中心。如果柱子主筋采用光圆钢筋搭接时,角部弯钩应与模板成 45°角,中间钢筋的弯钩应与模板成 90°角。 当柱钢筋采用焊接或机械连接时,具体连接方法详见相应的施工工艺标准。 (6)标识箍筋间距线。在立好的柱子竖向钢筋上,按图纸要求用粉笔画出箍筋间距线(或使用皮数杆控制箍筋间距)。柱上下两端及柱筋搭接区箍筋应加密,加密区长度及加密区内箍筋间距应符合设计图纸和规范要求。

续上表

项　目	内　容
柱钢筋绑扎	（7）柱箍筋绑扎。按已画好的箍筋位置线，将已套好的箍筋往上移动，由上而下绑扎，宜采用缠扣绑扎，如图 1-42 所示。 箍筋与主筋要垂直和紧密贴实，箍筋转角处与主筋交点均要绑扎，主筋与箍筋非转角部分的相交点成梅花形交错绑扎。 箍筋的弯钩叠合处应沿柱子竖筋交错布置，并绑扎牢固，如图 1-43 所示。 有抗震要求的地区，柱箍筋端头应弯成 135°。平直部分长度不小于 10d（d 为箍筋直径）。如箍筋采用 90°搭接，搭接处应焊接，焊缝长度单面焊缝不小于 10d。 如设计要求柱设有拉筋时，拉筋应钩住箍筋，如图 1-44 所示。 （8）在柱顶绑定距框。为控制柱子竖向主筋的位置，一般在柱子预留筋的上口设置一个定距框，定距框距混凝土面上 150 mm 设置，定距框用 φ14 以上的钢筋焊制，可做成"井"字形，卡口的尺寸大于柱子竖向主筋直径 2 mm 即可。 （9）保护层垫块设置。钢筋保护层厚度应符合设计要求，垫块应绑扎在柱筋外皮上，间距一般为 1 000 mm（或用塑料卡卡在外竖筋上），以保证主筋保护层厚度准确
梁钢筋绑扎	梁钢筋绑扎标准的施工方法见表 1-69
板钢筋绑扎	板钢筋绑扎标准的施工方法见表 1-70
楼梯钢筋绑扎	（1）绑扎楼梯梁。对于梁式楼梯，先绑扎楼梯梁，再绑扎楼梯踏步板钢筋，最后绑扎楼梯平台板钢筋，钢筋绑扎要注意楼梯踏步板和楼梯平台板负弯矩筋的位置。 楼梯梁的绑扎同框架梁的绑扎方法。 （2）画钢筋位置线。根据下层筋间距，在楼梯底板上画出主筋和分布筋的位置线。 （3）绑下层筋。板筋要锚固到梁内。板筋每个交点均应绑扎。绑扎方法同板钢筋绑扎。 （4）绑上层筋。绑扎方法同板钢筋绑扎。 （5）设置马凳及保护层垫块。上下层钢筋之间要设置马凳以保证上层钢筋的位置。板底应设置保护层垫块以保证下层钢筋的位置

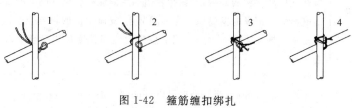

图 1-42　箍筋缠扣绑扎

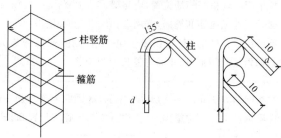

图 1-43　箍筋的弯钩叠合处应沿柱子的竖筋交错布置（单位：mm）

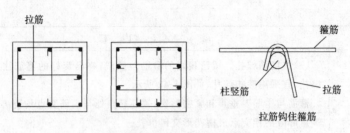

图 1-44　拉筋钩住箍筋连接

表 1-69　梁钢筋绑扎标准的施工方法

项　目	内　容
画主次梁箍筋间距	框架梁底模支设完成后,在梁底模板上按箍筋间距画出位置线,箍筋起始筋距柱边为 50 mm,梁两端应按设计、规范的要求进行加密
放主次梁箍筋	根据箍筋位置线,算出每道梁箍筋数量,将箍筋放在底模上
穿主梁底层纵筋及弯起筋	先穿主梁的下部纵向受力钢筋及弯起钢筋,梁筋应放在柱竖筋内侧,底层纵筋弯钩应朝上,端头距柱边的距离应符合设计及有关图集、规范的要求。 梁下部纵向钢筋伸入中间节点锚固长度及伸过中心线的长度要符合设计、规范及施工方案要求。框架梁纵向钢筋在端节点内的锚固长度也要符合设计、规范及施工方案要求
穿次梁底层纵筋	按相同的方法穿次梁底层纵筋。 在主、次梁所有接头末端与钢筋弯折处的距离,不得小于钢筋直径的 10 倍。接头不宜位于构件最大弯矩处。受拉区域内 HPB235 级钢筋绑扎接头的末端应做弯钩;HRB335 级钢筋可不做弯钩。搭接处应在中心和两端扎牢。接头位置应相互错开,当采用绑扎搭接接头时,同一连接区段内,纵向钢筋搭接接头面积百分率不大于 25%
穿主梁上层纵筋及架立筋	底层纵筋放置完成后,按顺序穿上层纵筋和架立筋,上层纵筋弯钩应朝下,一般应在下层筋弯钩的外侧,端头距柱边的距离应符合设计图纸的要求。 框架梁上部纵向钢筋应贯穿中间节点,支座负筋的根数及长度应符合设计、规范的要求。框架梁纵向钢筋在端节点内的锚固长度也要符合设计、规范及施工方案要求
绑主梁箍筋	主梁纵筋穿好后,将箍筋按已画好的间距逐个分开,隔一定间距将架立筋与箍筋绑扎牢固。调整好箍筋位置,应与梁保持垂直,绑架立筋,再绑主筋。 绑梁上部纵向筋的箍筋,宜用套扣法绑扎,如图 1-45 所示。 箍筋在叠合处的弯钩,在梁中应交错绑扎,箍筋弯钩为 135°,平直部分长度为 10d,如做成封闭箍时,单面焊缝长度为 10d
穿次梁上层纵向钢筋	按相同的方法穿次梁上层纵向钢筋,次梁的上层纵筋一般在主梁上层纵筋上面。当次梁钢筋锚固在主梁内时,应注意主筋的锚固位置和长度符合要求
绑次梁箍筋	按相同的方法绑次梁箍筋

续上表

项 目	内 容
拉筋设置	当设计要求梁设有拉筋时,拉筋应钩住箍筋与腰筋的交叉点
保护层垫块设置	框架梁绑扎完成后,在梁底放置砂浆垫块(也可采用塑料卡),垫块应设在箍筋下面,间距一般 1 m 左右。 在梁两侧用塑料卡卡在外箍筋上,以保证主筋保护层厚度准确

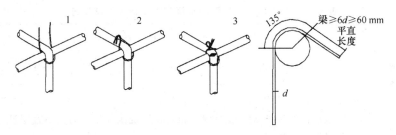

图 1-45 套扣绑扎

表 1-70 板钢筋绑扎标施工方法

项 目	内 容
模板上弹线	清理模板上面的杂物,按板筋的间距用墨线在模板上弹出下层筋的位置线。板筋起始筋距梁边为 50 mm
绑板下层钢筋	按弹好的钢筋位置线,按顺序摆放纵横向钢筋。板下层钢筋的弯钩应竖直向上,下层筋应伸入到梁内,其长度应符合设计的要求。
绑板下层钢筋	在现浇板中有板带梁时,应先绑板带梁钢筋,再摆放板钢筋。 绑扎板筋时一般用顺扣(图 1-46)或八字扣,除外围两根筋的相交点应全部绑扎外,其余各点可交错绑扎,双向板相交点需全部绑扎
水电工序插入	预埋件、电气管线、水暖设备预留孔洞等及时配合安装
绑板上层钢筋	按上层筋的间距摆放好钢筋,上层筋通常为支座负弯矩钢筋,应横跨梁上部,并与梁筋绑扎牢固。当上层筋有搭接时,搭接位置和搭接长度应符合设计及施工规范的要求。上层筋的直钩应垂直朝下,不能直接落在模板上。上层筋为负弯矩钢筋,每个相交点均要绑扎,绑扎方法同下层筋
设置马凳及保护层垫块	如板为双层钢筋,两层筋之间必须加钢筋马凳,以确保上部钢筋的位置。钢筋马凳应设在下层筋上,并与上层筋绑扎牢靠,间距 800 mm 左右,呈梅花形布置。 在钢筋的下面垫好砂浆垫块(或塑料卡),间距 1 000 mm 梅花形布置。垫块厚度等于保护层厚度,应满足设计要求

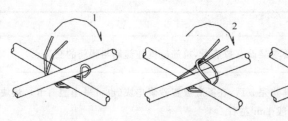

图 1-46 绑扎板筋

4. 现浇框架结构混凝土浇筑施工

现浇框架结构混凝土浇筑标准的施工方法见表 1-71。

表 1-71 现浇框架结构混凝土浇筑施工标准的施工方法

项　目	内　容
工艺流程	混凝土运输及进场检验 ⟶ 混凝土的浇筑与振捣 ⟶ 拆模、混凝土养护
混凝土运输及进场检验	(1)采用混凝土罐车进行场外运输,要求每辆罐车的运输、浇筑和间歇的时间不得超过初凝时间,混凝土从搅拌机卸出到浇筑完毕的时间不宜超过 1.5 h,空泵间隔时间不得超过 45 min。 (2)预拌混凝土运输车应有运输途中和现场等候时间内的二次搅拌功能。混凝土运输车到达现场后,进行现场坍落度测试,一般每个工作班不少于 4 次,坍落度异常或有怀疑时,及时增加测试。从搅拌车运卸的混凝土中,分别在卸料 1/4 和 3/4 处取试样进行坍落度试验,两个试样的坍落度之差不得超过 30 mm。当实测坍落度不能满足要求时,应及时通知搅拌站。严禁私自加水搅拌。 (3)运输车给混凝土泵喂料前,应中、高速旋转拌筒,使混凝土拌和均匀。 (4)根据实际施工情况及时通知混凝土搅拌站调整混凝土运输车的数量,以确保混凝土的均匀供应。 (5)冬期混凝土运输车罐体要进行保温。夏季混凝土运输车罐体要覆盖防晒
混凝土浇筑与振捣	混凝土浇筑与振捣标准的施工方法见表 1-72
养护	混凝土浇筑完毕后,应在 12 h 以内加以覆盖和浇水,浇水次数应能保持混凝土保持足够的润湿状态。框架柱优先采用塑料薄膜包裹、在柱顶淋水的养护方法。 养护期一般不少于 7 昼夜。掺缓凝型外加剂的混凝土养护时间不得少于 14 d

表 1-72 混凝土浇筑与振捣标准的施工方法

项　目	内　容
混凝土浇筑与振捣的一般要求	采用混凝土输送泵施工时,同时执行混凝土泵送施工标准的施工方法。 (1)为防止混凝土散落、浪费,应在模板上口侧面设置斜向挡灰板。混凝土自吊斗口下落的自由倾落高度不得超过 2 m,浇筑高度如超过 2 m 时必须采取措施,用串桶或溜管等。 (2)浇筑混凝土时应分层进行,浇筑层高度应根据结构特点、钢筋疏密决定,一般为振捣器作用部分长度的 1.25 倍,常规 $\phi 50$ 振捣棒是 400～480 mm。 (3)使用插入式振捣器应快插慢拔,插点要均匀排列,逐点移动,顺序进行,不得遗漏,做到均匀振实。移动间距不大于振捣作用半径的 1.5 倍(一般为 300～400 mm)。

续上表

项　目	内　容
混凝土浇筑与振捣的一般要求	振捣上一层时应插入下层大于或等于 50 mm,以消除两层间的接缝。表面振动器(或称平板振动器)的移动间距,应保证振动器的平板覆盖已振实部分的边缘。 (4)浇筑混凝土应在前层混凝土凝结之前,将次层混凝土浇筑完毕。间歇的最长时间应按所用水泥品种、气温及混凝土凝结条件确定,超过初凝时间应按施工缝处理。 (5)浇筑混凝土时应经常观察模板、钢筋、预留孔洞、预埋件和插筋等有无移动、变形或堵塞情况,发现问题应立即处理,并应在已浇筑的混凝土凝结前修正完好
柱的混凝土浇筑	(1)柱浇筑前底部应先填以 30～50mm 厚与混凝土配合比相同减石子砂浆,柱混凝土应分层振捣,使用插入式振捣器时每层厚度不大于 500 mm,振捣棒不得触动钢筋和预埋件。除上面振捣外,下面要有人随时敲打模板。 (2)柱高在 3 m 之内,可在柱顶直接下灰浇筑,超过 3 m 时,应采取措施(用串桶)或在模板侧面开洞安装斜溜槽分段浇筑。每段高度不得超过 2 m。每段混凝土浇筑后将洞模板封闭严实,并用柱箍箍牢。 (3)柱子的浇筑高度控制在梁底向上 15～30 mm(含 10～25 mm 的软弱层),待剔除软弱层后,施工缝处于梁底向上 5 mm 处。 (4)柱与梁板整体浇筑时,为避免裂缝,注意在墙柱浇筑完毕后,必须停歇 1～1.5 h,使柱子混凝土沉实达到稳定后再浇筑梁板混凝土。 (5)浇筑完后,应随时将伸出的搭接钢筋整理到位
梁、板混凝土浇筑	(1)梁、板应同时浇筑,浇筑方法应由一端开始用"赶浆法",即先浇筑梁,根据梁高分层浇筑成阶梯形,当达到板底位置时再与板的混凝土一起浇筑,随着阶梯形不断延伸,梁板混凝土浇筑连续向前进行。 (2)与板连成整体高度大于 1 m 的梁,允许单独浇筑,其施工缝应留在板底以上 15～30 mm 处。浇捣时,浇筑与振捣必须紧密配合,第一层下料慢些,梁底充分振实后再下第二层料,每层均应振实后再下料,梁底及梁帮部位要注意振实,振捣时不得触动钢筋及预埋件。 (3)梁柱节点钢筋较密时,浇筑此处混凝土时宜用小直径振捣棒振捣,采用小直径振捣棒应另计分层厚度。 (4)梁柱节点核心区处混凝土强度等级相差 2 个及 2 个以上时,混凝土浇筑留槎按设计要求执行或按图 1-47 所示进行浇筑。该处混凝土坍落度宜控制在 80～100 mm。 (5)浇筑楼板混凝土的虚铺厚度应略大于板厚,用振捣器顺浇筑方向及时振捣,不允许用振捣棒铺摊混凝土。在钢筋上挂控制线,保证混凝土浇筑标高一致。顶板混凝土浇筑完毕后,在混凝土初凝前,用 3 m 长杠刮平,再用木抹子抹平,压实刮平遍数不少于两遍,初凝时加强二次压面,保证大面平整、减少收缩裂缝。浇筑大面积楼板混凝土时,提倡使用激光铅直、扫平仪控制板面标高和平整。 (6)施工缝位置:宜沿次梁方向浇筑楼板,施工缝应留置在次梁跨度的中间1/3范围内。施工缝表面应与梁轴线或板面垂直,不得留斜槎。复杂结构施工缝留置位置应征得设计人员同意。施工缝宜用齿形模板挡牢或采用钢板网挡支牢固。也可采用快易收口网,直接进行下段混凝土的施工。 (7)施工缝处应待已浇筑混凝土的抗压强度不小于 1.2 MPa 时,才允许继续浇筑。在继续浇筑混凝土前,施工缝混凝土表面应凿毛,剔除浮动石子,并用水冲洗干

续上表

项　目	内　容
梁、板混凝土浇筑	净。模板留置清扫口,用空压机将碎渣吹净。水平施工缝可先浇筑一层 30~50 mm 厚与混凝土同配比减石子砂浆,然后继续浇筑混凝土,应细致操作振实,使新旧混凝土紧密结合
剪力墙混凝土浇筑	(1)如柱、墙的混凝土强度等级相同时,可以同时浇筑,反之宜先浇筑柱混凝土,预埋剪力墙锚固筋,待拆柱模后,再绑剪力墙钢筋、支模、浇筑混凝土。 (2)剪力墙浇筑混凝土前,先在底部均匀浇筑 30~50 mm 厚与墙体混凝土同配比的减石子砂浆,并用铁锹入模,不应用料斗直接灌入模内。 (3)浇筑墙体混凝土应连续进行,间隔时间不应超过混凝土初凝时间,每层浇筑厚度严格按混凝土分层尺杆控制,因此必须预先安排好混凝土下料点位置和振捣器操作人员数量。 (4)振捣棒移动间距应不大于振捣作用半径的 1.5 倍,每一振点的延续时间以表面呈现浮浆为度,为使上下层混凝土结合成整体,振捣器应插入下层混凝土 50 mm。振捣时注意钢筋密集及洞口部位。为防止出现漏振,须在洞口两侧同时振捣,下灰高度也要大体一致。大洞口的洞底模板应开口,并在此处浇筑振捣。竖向构件最底层第一步混凝土容易出现烂根现象,应适当提高第一步下灰高度、振捣棒间隔加密。 (5)混凝土墙体浇筑完毕之后,将上口甩出的钢筋加以整理,用木抹子按标高线将墙上表面混凝土找平,墙顶高宜为楼板底标高加 30 mm(预留25 mm 的浮浆层剔凿量)。 (6)剪力墙混凝土浇筑其他内容详见开剪力墙结构大模板普通混凝土施工方法
楼梯混凝土浇筑	(1)楼梯段混凝土自下而上浇筑,先振实底板混凝土,达到踏步位置时,再与踏步混凝土一起浇捣,不断连续向上推进,并随时用木抹子(或塑料抹子)将踏步上表面抹平。 (2)施工缝位置:框架结构两侧无剪力墙的楼梯施工缝留在楼梯段自休息平台往上 1/3 的地方,约 3~4 踏步。框架结构两侧有剪力墙的楼梯施工缝宜留在休息平台自踏步往外 1/3 的地方,楼梯梁应有入墙≥1/2 墙厚的梁窝

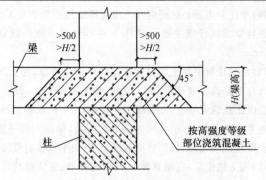

图 1-47　梁柱节点处理(单位:mm)

5. 现浇混凝土空心楼盖施工

现浇混凝土空心楼盖标准的施工方法见表 1-73。

表 1-73 现浇混凝土空心楼盖施工标准的施工方法

项 目	内 容
工艺流程	(1)一次性卡具工艺流程。 支楼板底模 → 弹线(钢筋线及肋筋位置) → 绑扎板底钢筋和安装电气管线 → (盒) → 绑扎空心管肋筋 → 放置空心管 → 安装定位卡固定空心管 → 绑扎板上层钢筋 → 12 号钢丝将定位卡与模板拉固 → 隐蔽工程验收 → 浇捣混凝土 → 混凝土养护、顶板拆模 (2)周转性卡具工艺流程。 支楼板底模 → 弹线(钢筋线及肋筋位置) → 绑扎板底钢筋和安装电气管线 → (盒) → 绑扎空心管肋筋 → 放置空心管 → 绑扎板上层钢筋 → 安装定位卡固定空心管 → 12 号钢丝将定位卡与模板拉固 → 隐蔽工程验收 → 浇捣混凝土 → 取出定位卡 → 混凝土养护、顶板拆模
支楼板底模	支设楼板底模,施工方法见"普通现浇钢筋混凝土楼盖顶板模板安装工艺标准"的内容
弹线(钢筋线及肋筋位置)	在顶板模板上弹出板底钢筋位置线和管缝间肋筋位置线
绑扎板底钢筋和安装电气管线(盒)	(1)绑扎板底钢筋。按照弹线的位置顺序绑扎板底钢筋,施工方法见"顶板钢筋绑扎标准"的内容。 (2)安装电气管线(盒)。线盒安装施工方法见"安装工程工艺标准"的内容。 铺设电气管线(盒)时,尽量设置在内模管顺向和横向管肋处,预埋线盒与内模管无法错开时,可将内模管断开或用短管让出线盒位置,内模管断口处应用聚苯板填塞后用胶带封口,并用细钢丝绑牢,防止混凝土流入管腔内
绑扎内模管肋筋	按设计要求绑扎肋间网片钢筋。绑扎时分纵横向顺序进行绑扎,并每隔2 m左右绑几道钢筋,对其位置进行临时固定
放置内模管	(1)按设计要求的铺管方向和细化的排管图摆放薄壁内模芯管,管与管之间,管端与管端之间均不小于设计的肋宽,并且要求每排管应对正、顺直。与梁边或墙边内皮应保持不小于 50 mm 净距。 (2)对于柱支承板楼盖结构须严格按照图纸大样设计或有关标准施工。 (3)内模芯管摆放时应从楼层一端开始,顺序进行。注意轻拿轻放,有损坏时,应及时进行更换。初步摆放好的内模管位置应基本正确,以便于过后调整
绑扎板上层钢筋	(1)内模芯管放置完毕,应对其位置进行初步调整并经检查没有破损后,方能绑扎上层钢筋,施工方法见"普通钢筋混凝土顶板钢筋绑扎工艺标准"。 (2)绑扎上层钢筋时,要注意楼板支座负筋的长度,施工前应根据排管图适当调整支座负筋的长度,以确保负筋的拐尺正好在内模管管肋处

项　目	内　容
安装定位卡固定内模管	上层钢筋绑扎完成后,可进行定位卡的安装。卡具设置应从一头开始,顺序进行,两人一组,一手扶住卡具,一手拨动空心管,将卡具放入管缝间,注意卡具插入时不要刺破薄壁管。卡具放置完毕后,拉小线从楼板一侧开始调整薄壁管的位置,应做到横平竖直,管缝间距正确
用钢丝将定位卡与模板拉固	卡具安装完成后,应及时对其进行固定,用手电钻在顶板模板上钻孔,用钢丝将卡具与模板下面的龙骨绑牢固定,使管顶的上表面标高符合设计要求,每平方米至少设一个拉结点
隐蔽工程验收	对顶板的钢筋安装和内模管安装进行隐蔽工程验收,合格后进行楼板混凝土浇筑
浇捣混凝土	(1)内模管吸水性强,浇筑前应浇水充分湿润芯管,使芯管始终保持湿润,确保芯管不会吸收混凝土中的水分,造成混凝土强度降低或失水、漏振。 (2)空心楼板采用混凝土的粒径宜小不宜大,根据管间净距可选择5~12 mm或10~20 mm碎石。 (3)混凝土应采用泵送混凝土,一次浇筑成型。混凝土坍落度不宜小于160 mm,根据天气情况可适当加大混凝土坍落度,最好掺加一定数量的减水剂,使其具有较好流动性,以避免芯管管底出现蜂窝、孔洞等。 (4)混凝土应顺芯管方向浇筑,并应做到集中浇筑,按梁板跨度一间一间顺序浇筑,一次成型,不宜普遍铺开浇筑,施工间隙的预留时间不宜过长。 (5)振捣混凝土时宜采用 $\phi30$ 小直径插入式振捣器,也可根据芯管的大小采用平板振捣器配合仔细振捣。必须保证底层不漏振。对管间净距较小的,可在振捣棒端部加焊短筋,插入板底振捣,振捣时不能直接振捣薄壁管管壁,且振幅不要过大,严禁集中一点长时间振捣,否则会振破薄壁管。 (6)振捣时应顺筒方向顺序振捣,振捣间距不宜大于 300 mm。 (7)空心楼板振捣时比实心板慢,因此铺灰不能太快,以便于振捣能跟上
取出定位卡	在浇筑混凝土时,待混凝土振捣完成并初步找平后,用钳子剪断拉结钢丝,将卡具取出运走。抽取卡具的时间不能太早,也不能太迟,必须在混凝土初凝之前拔出,并应及时将取走卡具后留下的孔洞抹压密实,当采用粗钢筋制作卡具时,留下的孔洞应用高强砂浆填实。定位卡取出后应及时清理干净,以备重复使用
混凝土养护、顶板拆模	混凝土养护、拆模控制方法同实心楼板标准的施工方法

第二章　钢结构工程

第一节　钢结构构件制作

一、施工质量验收标准

1. 原材料及成品进场

(1)钢材的质量验收标准见表 2-1。

表 2-1　钢材的质量验收标准

项　目	验收标准
主控项目	(1)钢材、钢铸件的品种、规格、性能等应符合现行国家产品标准和设计要求。进口钢材产品的质量应符合设计和合同规定标准的要求。 检查数量:全数检查。 检验方法:检查质量合格证明文件、中文标志及检验报告等。 (2)对属于下列情况之一的钢材,应进行抽样复验,其复验结果应符合现行国家产品标准和设计要求。 1)国外进口钢材。 2)钢材混批。 3)板厚等于或大于 40 mm,且设计有 Z 向性能要求的厚板。 4)建筑结构安全等级为一级,大跨度钢结构中主要受力构件所采用的钢材。 5)设计有复验要求的钢材。 6)对质量有疑义的钢材。 检查数量:全数检查。 检验方法:检查复验报告
一般项目	(1)钢板厚度及允许偏差应符合其产品标准的要求。 检查数量:每一品种、规格的钢板抽查 5 处。 检验方法:用游标卡尺量测。 (2)型钢的规格尺寸及允许偏差符合其产品标准的要求。 检查数量:每一品种、规格的型钢抽查 5 处。 检验方法:用钢尺和游标卡尺量测。 (3)钢材的表面外观质量除应符合国家现行有关标准的规定外,尚应符合下列规定: 1)当钢材的表面有锈蚀、麻点或划痕等缺陷时,其深度不得大于该钢材厚度负允许偏差值的 1/2; 2)钢材表面的锈蚀等级应符合现行国家标准《涂覆涂料前钢材表面处理》

项　目	验收标准
一般项目	(GB/T 8923.1—2011)规定的C级及C级以上； 　3)钢材端边或断口处不应有分层、夹渣等缺陷。 检查数量：全数检查。 检验方法：观察检查

(2)焊接材料的质量验收标准见表2-2。

表2-2　焊接材料的质量验收标准

项　目	验收标准
主控项目	(1)焊接材料的品种、规格、性能等应符合现行国家产品标准和设计要求。 检查数量：全数检查。 检验方法：检查焊接材料的质量合格证明文件、中文标志及检验报告等。 (2)重要钢结构采用的焊接材料应进行抽样复验,复验结果应符合现行国家产品标准和设计要求。 检查数量：全数检查。 检验方法：检查复验报告
一般项目	(1)焊钉及焊接瓷环的规格、尺寸及偏差应符合现行国家标准《电弧螺柱焊用圆柱头焊钉》(GB/T 10433—2002)中的规定。 检查数量：按量抽查1%,且不应少于10套。 检验方法：用钢尺和游标卡尺量测。 (2)焊条外观不应有药皮脱落、焊芯生锈等缺陷;焊剂不应受潮结块。 检查数量：按量抽查1%,且不应少于10包。 检验方法：观察检查

(3)连接用紧固标准件的质量验收标准见表2-3。

表2-3　连接用紧固标准件的质量验收标准

项　目	验收标准
主控项目	(1)钢结构连接用高强度大六角头螺栓连接副、扭剪型高强度螺栓连接副、钢网架用高强度螺栓、普通螺栓、铆钉、自攻钉、拉铆钉、射钉、锚栓(机械型和化学试剂型)、地脚锚栓等标准件及螺母、垫圈等标准配件。其品种、规格、性能等应符合现行国家产品标准和设计要求。高强度大六角头螺栓连接副和扭剪型高强度螺栓连接副出厂时应分别随箱带有扭矩系数和紧固轴力(预拉力)的检验报告。 检查数量：全数检查。 检验方法：检查产品的质量合格证明文件、中文标志及检验报告等。 (2)高强度大六角头螺栓连接副应按表2-4的规定检验其扭矩系数,其检验结果应符合表2-6的规定。 检验数量：见表2-4。 检验方法：检查复验报告。

项　目	验收标准
主控项目	（3）扭剪型高强度螺栓连接副应按表 2-4 的规定检验预拉力，其检验结果应符合表 2-6 的规定。 检查数量：见表 2-4 检验方法：检查复验报告
一般项目	（1）高强度螺栓连接副，应按包装箱配套供货，包装箱上应标明批号、规格、数量及生产日期。螺栓、螺母、垫圈外观表面应涂油保护，不应出现生锈和沾染赃物，螺纹不应损伤。 检查数量：按包装箱数抽查 5%，且不应少于 3 箱。 检验方法：观察检查。 （2）对建筑结构安全等级为一级，跨度 40 m 及以上的螺栓球节点钢网架结构，其连接高强度螺栓应进行表面硬度试验；对 8.8 级的高强度螺栓，其硬度应为HRC21～29；10.9 级高强度螺栓，其硬度应为 HRC32～36，且不得有裂纹或损伤。 检查数量：按规格抽查 8 只。 检验方法：硬度计 10 倍放大镜或磁粉探伤

表 2-4　紧固件连接工程检验项目

项　目	内　容
螺栓实物最小载荷检验	目的：测定螺栓实物的抗拉强度是否满足现行国家标准《紧固件机械性能螺栓、螺钉和螺柱》(GB/T 3098.1—2010)的要求。 检验方法：用专用卡具将螺栓实物置于拉力试验机上进行拉力试验，为避免试件承受横向载荷，试验机的夹具应能自动凋正中心，试验时夹头张拉的移动速度不应超过 25 mm/min。 螺栓实物的抗拉强度应根据螺纹应力截面积(A_s)计算确定，其取值应按现行国家标准《紧固件机械性能螺栓、螺钉和螺柱》(GB/T 3098.1—2010)的规定取值。 进行试验时，承受拉力载荷的末旋合的螺纹长度应为 6 倍以上螺距；当试验拉力达到现行国家标准《紧固件机械性能螺栓、螺钉和螺柱》(GB/T 3098.1—2010)中规定的最小拉力载荷($A_s·\sigma_b$)时不得断裂。当超过最小拉力载荷直至拉断时，断裂应发生在杆部或螺纹部分，而不应发生在螺头与杆部的交接处
扭剪型高强度螺栓连接副预拉力复验	复验用的螺栓应在施工现场待安装的螺栓批中随机抽取，每批应抽取 8 套连接副进行复验。 连接副预拉力可采用经计量检定、校准合格的轴力计进行测试。 试验用的电测轴力计、油压轴力计、电阻应变仪、扭矩扳手等计量器具，应在试验前进行标定，其误差不得超过 2%。 采用轴力计方法复验连接副预拉力时，应将螺栓直接插入轴力计。紧固螺栓分初拧、终拧两次进行，初拧应采用手动扭矩扳手或专用定扭电动扳手；初拧值应为预拉力标准值的 50% 左右。终拧应采用专用电动扳手，至尾部梅花头拧掉，读出预拉力值。

项 目	内 容
扭剪型高强度螺栓 连接副预拉力复验	每套连接副只应做一次试验,不得重复使用。在紧固中垫圈发生转动时,应更换连接副,重新试验。 复验螺栓连接副的预拉力平均值和标准偏差应符合表 2-5 的规定
高强度螺栓连接 副施工扭矩检验	高强度螺栓连接副扭矩检验含初拧、复拧、终拧扭矩的现场无损检验。检验所用的扭矩扳手其扭矩精度误差应不大于 3%。 高强度螺栓连接副扭矩检验分扭矩法检验和转角法检验两种,原则上检验法与施工法应相同。扭矩检验应在施拧 1 h 后,48 h 内完成。 (1)扭矩法检验。 检验方法:在螺尾端头和螺母相对位置画线,将螺母退回 60° 左右,用扭矩扳手测定拧回至原来位置时的扭矩值。该扭矩值与施工扭矩值的偏差在 10% 以内为合格。 高强度螺栓连接副终拧扭矩值按式(2—1)计算: $$T_c = K \cdot P_c \cdot d \qquad (2—1)$$ 式中 T_c——终拧扭矩值(N·m); P_c——施工预拉力值标准值(kN)见表 2-6; d——螺栓公称直径(mm); K——扭矩系数,按表 2-7 的规定试验确定。 高强度大六角头螺栓连接副初拧扭矩值 T,可按 $0.5T$ 取值。 扭剪型高强度螺栓连接副初拧扭矩值 T_0,可按式(2—2)计算: $$T_0 = 0.065 P_c \cdot d \qquad (2—2)$$ 式中 T_0——初拧扭矩值(N·m); P_c——施工预拉力标准值(kN)见表 2-4; d——螺栓公称直径(mm)。 (2)转角法检验。 1)检验方法。 ①检查初拧后在螺母与相对位置所画的终拧起始线和终止线所夹的角度是否达到规定值。 ②在螺尾端头和螺母相对位置画线,然后全部卸松螺母,在按规定的初拧扭矩和终拧角度重新拧紧螺栓,观察与原画线是否重合。终拧转角偏差在 10° 以内为合格。 2)终拧转角与螺栓的直径、长度等因素有关,应由试验确定。 (3)扭剪型高强度螺栓施工扭矩检验。检验方法:观察尾部梅花头拧掉情况。尾部梅花头被拧掉者视同其终拧扭矩达到合格质量标准;尾部梅花头未被拧掉者应按上述扭矩法或转角法检验
高强度大六角头螺栓 连接副扭矩系数复验	复验用螺栓应在施工现场待安装的螺栓批中随机抽取,每批应抽取 8 套连接副进行复验。 连接副扭矩系数复验用的计量器具应在试验前进行标定,误差不得超过 2%。 每套连接副只应做一次试验,不得重复使用。在紧固中垫圈发生转动时,应更换连接副,重新试验。

续上表

项 目	内 容
高强度大六角头螺栓连接副扭矩系数复验	连接副扭矩系数的复验应将螺栓穿入轴力计,在测出螺栓预拉力 P 的同时,应测定施加于螺母上的施拧扭矩值 T,并应按式(2—3)计算扭矩系数 K。 $$K=\frac{T}{P\cdot d} \qquad (2—3)$$ 式中 T——施拧扭矩(N·m); 　　　d——高强度螺栓的公称直径(mm); 　　　P——螺栓预拉力(kN)。 进行连接副扭矩系数试验时,螺栓预拉力值应符合表2-7的规定。 每组8套连接副扭矩系数的平均值应为0.110~0.150,标准偏差小于或等于0.010。 扭剪型高强度螺栓连接副当采用扭矩法施工时,其扭矩系数亦按《钢结构工程施工质量验收规范》(GB 50205—2001)的附录的规定确定
高强度螺栓连接摩擦面的抗滑移系数检验	(1)基本要求。制造厂和安装单位应分别以钢结构制造批为单位进行抗滑移系数试验。制造批可按分部(子分部)工程划分规定的工程,每2 000 t为一批,不足2 000 t的可视为一批。选用两种及两种以上表面处理工艺时,每种处理工艺应单独检验。每批三组试件。 抗滑移系数试验应采用双摩擦面的二栓拼接的拉力试件(图2-1)。 抗滑移系数试验用的试件应由制造厂加工,试件与所代表的钢结构构件应为同一材质、同批制作,采用同一摩擦面处理工艺和具有相同的表面状态,并应用同批同一性能等级的高强度螺栓连接副,在同一环境条件下存放。 试件钢板的厚度 t_1、t_2 应根据钢结构工程中有代表性的板材厚度来确定,同时应考虑在摩擦面滑移之前,试件钢板的净截面始终处于弹性状态;宽度 b 可参照表2-8规定取值 L,应根据试验机夹具的要求确定。 试件板面应平整,无油污,孔和板的边缘无飞边、毛刺。 (2)试验方法。 1)试验用的试验机误差应在1%以内。 2)试验用的贴有电阻片的高强度螺栓、压力传感器和电阻应变仪应在试验前用试验机进行标定,其误差应在2%以内。 3)试件的组装顺序应符合下列规定: 4)先将冲钉打入试件孔定位,然后逐个换成装有压力传感器或贴有电阻片的高强度螺栓,或换成同批经预拉力复验的扭剪型高强度螺栓。 5)紧固高强度螺栓应分初拧、终拧。初拧应达到螺栓预拉力标准值的50%左右。终拧后,螺栓预拉力应符合下列规定: ①对装有压力传感器或贴有电阻片的高强度螺栓,采用电阻应变仪实测控制试件的每个螺栓的预拉力值应在 0.95P~1.05P(P 为高强度螺栓设计预拉力值)之间; ②不进行实测时,扭剪型高强度螺栓的预拉力(紧固轴力)可按同批复验预拉力的平均值取用。 6)试件应在其侧面画出观察滑移的直线。 7)将组装好的试件置于拉力试验机上,试件的轴线应与试验机夹具中心严格对中。

续上表

项　目	内　容
高强度螺栓连接摩擦面的抗滑移系数检验	8)加荷时,应先加10％的抗滑移设计荷载值,停1 min后,再平稳加荷,加荷速度为3～5 kN/s。一直拉至滑动破坏,测得滑移荷载 N_v。 9)在试验中当发生以下情况之一时,所对应的荷载可定为试件的滑移荷载: ①试验机发生回针现象; ②试件侧面画线发生错动; ③X—Y记录仪上变形曲线发生突变; ④试件突然发生"嘣"的响声。 10)抗滑移系数,应根据试验所测得的滑移荷载 N_v 和螺栓预拉力 P 的实测值,按式(2—4)计算,宜取小数点二位有效数字。 $$\mu = \frac{N_v}{n_f \cdot \sum_{i=1}^{m} P_i} \qquad (2\text{—}4)$$ 式中　N——由试验测得的滑移荷载(kN); 　　　n_f——摩擦面面数,取 $n_f=2$; 　　　$\sum_{i=1}^{m} P_i$——试件滑移一侧高强度螺栓预拉力实测值(或同批螺栓连接副的预拉平均值)之和(取三位有效数字)(kN); 　　　m——试件一侧螺栓数量,取 $m=2$

表 2-5　扭剪型高强度螺栓紧固预拉力和标准偏差　　　　　(单位:kN)

螺栓直径(mm)	16	20	22	24
紧固预拉力的平均值 $\overline{P}$	99～120	154～186	191～231	222～270
标准偏差 σ_P	10.1	15.7	19.5	22.7

表 2-6　高强度螺栓连接副施工预拉力标准值　　　　　(单位:kN)

螺栓的性能等级	螺栓公称直径(mm)					
	M16	M20	M22	M24	M27	M30
8.8 s	75	120	150	170	225	275
10.9 s	110	170	210	250	320	390

表 2-7　螺栓预拉力值范置　　　　　(单位:kN)

螺栓规格(mm)		M16	M21	M22	M24	M27	M30
预拉力值 P	10.9 s	93～113	142～177	175～215	206～250	265～324	325～390
	8.8 s	62～78	100～120	125～150	140～170	185～225	230～275

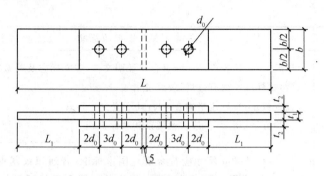

图 2-1 抗滑移系数拼接试件的形式和尺寸

表 2-8 试件板的宽度 （单位：mm）

螺栓直径 d	16	20	22	24	27	30
板宽 b	100	100	105	110	120	120

（4）焊接球的施工质量验收标准见表 2-9。

表 2-9 焊接球的施工质量验收标准

项　目	验收标准
主控项目	（1）焊接球及制造焊接球所采用的原材料，其品种、规格、性能等应符合现行国家产品标准和设计要求。 检查数量：全数检查。 检验方法：检查产品的质量合格证明文件、中文标志及检验报告等。 （2）焊接球焊缝应进行无损检验，其质量应符合设计要求，当设计无要求时，应符合《钢结构工程施工质量验收规范》(GB 50205—2001)中规定的二级质量标准。 检查数量：每一规格按数量抽查 5%，且不应少于 3 个。 检验方法：超声波探伤或检查检验报告
一般项目	（1）焊接球直径、圆度、壁厚减薄量等尺寸及允许偏差应符合《钢结构工程施工质量验收规范》(GB 50205—2001)的规定。 检查数量：每一规格按数量抽查 5%，且不应少于 3 个。 检验方法：用卡尺和测厚仪检查。 （2）焊接球表面应无明显波纹及局部凹凸不平不大于 1.5 mm。 检查数量：每一规格按数量抽查 5%，且不应少于 3 个。 检验方法：用弧形套模、卡尺和观察检查

（5）螺栓球的施工质量验收标准见表 2-10。

表 2-10 螺栓球的施工质量验收标准

项　目	验收标准
主控项目	（1）螺栓球及制造螺栓球节点所采用的原材料，其品种、规格、性能等应符合现行国家产品标准和设计要求。 检查数量：全数检查。

项　目	验收标准
主控项目	检验方法:检查产品的质量合格证明文件、中文标志及检验报告等。 (2)螺栓球不得有过烧、裂纹及褶皱。 检查数量:每种规格抽查5%,且不应少于5只。 检验方法:用10倍放大镜观察和表面探伤
一般项目	(1)螺栓球螺纹尺寸应符合现行国家标准《普通螺纹基本尺寸》(GB/T 196—2003)中粗牙螺纹的规定,螺纹公差必须符合现行国家标准《普通螺纹公差》(GB/T 197—2003)中6H级精度的规定。 检查数量:每种规格抽查5%,且不应少于5只。 检验方法:用标准螺纹规。 (2)螺栓球直径、圆度、相邻两螺栓孔中心线夹角等尺寸及允许偏差应符合《钢结构工程施工质量验收规范》(GB 50205—2001)的规定。 检查数量:每一规格按数量抽查5%,且不应少于3个。 检验方法:用卡尺和分度头仪检查

(6)封板、锥头和套筒的质量验收标准见表2-11。

表 2-11　封板、锥头和套筒的质量验收标准

项　目	验收标准
封板、锥头和套筒及 所采用的原材料	封板、锥头和套筒及制造封板、锥头和套筒所采用的原材料,其品种、规格、性能等应符合现行国家产品标准和设计要求。 检查数量:全数检查。 检验方法:检查产品的质量合格证明文件、中文标志及检验报告等
封板、锥头和套筒的 外观检查	封板、锥头、套筒外观不得有裂纹、过烧及氧化皮。 检查数量:每种抽查5%且不应少于10只。 检验方法:用放大镜观察检查和表面探伤

(7)金属压型板的质量验收标准见表2-12。

表 2-12　金属压型板的质量验收标准

项　目	验收标准
主控项目	(1)金属压型板及制造金属压型板所采用的原材料,其品种、规格、性能等应符合现行国家产品标准和设计要求。 检查数量:全数检查。 检验方法:检查产品的质量合格证明文件、中文标志及检验报告等。 (2)压型金属泛水板、包角板和零配件的品种、规格以及防水密封材料的性能应符合现行国家产品标准和设计要求。 检查数量:全数检查。 检验方法:检查产品的质量合格证明文件、中文标志及检验报告等

续上表

项　目	验收标准
一般项目	压型金属板的规格尺寸及允许偏差、表面质量、涂层质量等应符合设计要求和《钢结构工程施工质量验收规范》(GB 50205—2001)的规定。 　检查数量:每种规格抽查5%,且不应少于3件。 　检验方法:观察和用10倍放大镜检查及尺量

(8)涂装材料的质量验收标准见表2-13。

表2-13　涂装材料的质量验收标准

项　目	验收标准
主控项目	(1)钢结构防腐涂料、稀释剂和固化剂等材料的品种、规格、性能等应符合现行国家产品标准和设计要求。 　检查数量:全数检查。 　检验方法:检查产品的质量合格证明文件、中文标志及检验报告等。 　(2)钢结构防火涂料的品种和技术性能应符合设计要求,并应经过具有资质的检测机构检测符合国家现行有关标准的规定。 　检查数量:全数检查。 　检验方法:检查产品的质量合格证明文件、中文标志及检验报告等
一般项目	防腐涂料和防火涂料的型号、名称、颜色及有效期应与其质量证明文件相符。开启后,不应存在结皮、结块、凝胶等现象。 　检查数量:按桶数抽查5%,且不应少于3桶。 　检验方法:观察检查

(9)钢结构其他材料的质量验收标准见表2-14。

表2-14　钢结构其他材料的质量验收标准

项　目	验收标准
钢结构用橡胶垫	钢结构用橡胶垫的品种、规格、性能等应符合现行国家产品标准和设计要求。 　检查数量:全数检查。 　检验方法:检查产品的质量合格证明文件、中文标志及检验报告等
其他特殊材料	钢结构工程所涉及到的其他特殊材料,其品种、规格、性能等应符合现行国家产品标准和设计要求。 　检查数量:全数检查。 　检验方法:检查产品的质量合格证明文件、中文标志及检验报告等

2. 钢零件及钢部件加工工程

(1)切割作业的质量验收标准见表2-15。

表 2-15　切割作业的质量验收标准

项　目	验收标准
主控项目	钢材切割面或剪切面应无裂纹、夹渣、分层和大于 1 mm 的缺棱。 检查数量：全数检查。 检验方法：观察或用放大镜及百分尺检查，有疑义时作渗透、磁粉或超声波探伤检查
一般项目	(1)气割的允许偏差应符合表 2-16 的规定。 检查数量：按切割面数抽查 10%，且不应少于 3 个。 检验方法：观察检查或用钢尺、塞尺检查。 (2)机械剪切的允许偏差应符合表 2-17 的规定。 检查数量：按切割面数抽查 10%，且不应少于 3 个。 检验方法：观察检查或用钢尺、塞尺检查

表 2-16　气割的允许偏差　(单位：mm)

项　目	允许偏差
零件宽度、长度	±3.0
切割面平面度	0.05t，且不应大于 2.0
割纹深度	0.3
局部缺口深度	1.0

注：t 为切割面厚度。

表 2-17　机械剪切的允许偏差　(单位：mm)

项　目	允许偏差
零件宽度、长度	±3.0
边缘缺损	1.0
型钢墙部垂直度	2.0

(2)矫正和成型施工质量验收标准见表 2-18。

表 2-18　矫正和成型施工质量验收标准

项　目	验收标准
主控项目	(1)碳素结构钢在环境温度低于－16 ℃，低合金结构钢在环境温度低于－12 ℃时，不应进行冷矫正和冷弯曲。碳素结构钢和低合金结构钢在加热矫正时，加热温度不应超过 900 ℃，低合金结构钢在加热矫正后应自然冷却。 检查数量：全数检查。 检验方法：检查制作工艺报告和施工记录。 (2)当零件采用热加工成型时，加热温度应控制在 900 ℃～1 000 ℃碳素结构钢和低合金结构钢在温度分别下降到 700 ℃和 800 ℃之前，应结束加工；低合金结构钢应自然冷却。

项　目	验收标准
主控项目	应查数量:全数检查。 检验方法:检查制作工艺报告和施工记录
一般项目	(1)矫正后的钢材表面,不应有明显的凹面或损伤,划痕深度不得大于 0.5 mm,且不应大于该钢材厚度负允许偏差的 1/2。 检查数量:全数检查。 检验方法:观察检查和实测检查。 (2)冷矫正和冷弯曲的最小曲率半径和最大弯曲矢高应符合规定。 检查数量:按冷矫正和冷弯曲的件数抽查 10%,且不应少于 3 个。 检验方法:观察检查和实测检查 (3)钢材矫正后的允许偏差。 检查数量:按矫正件数抽查 10%,且不应少于 3 件。 检验方法:观察检查和实测检查

(3)边缘加工的质量验收标准见表 2-19。

表 2-19　边缘加工的质量验收标准

项　目	验收标准
主控项目	气割或机械剪切的零件,需要进行边缘加工时,其刨削量不应小于 2.0 mm。 检查数量:全数检查。 检验方法:检查工艺报告和施工记录
一般项目	边缘加工允许偏差应符合表 2-20 的规定。 检查数量:按加工面数抽查 10%,且不应少于 3 件。 检验方法:观察检查和实测检查

表 2-20　边缘加工的允许偏差　　　　　　　　　(单位:mm)

项　目	允许偏差
零件宽度、长度	±1.0
加工边直线度	$L/3\,000$ 且不应大于 2.0
相邻两边夹角	±6
加工面垂直度	$0.025t$,且不应大于 0.5
加工面表面粗糙度	$\overset{50}{\nabla}$

(4)管、球加工的质量验收标准见表 2-21。

表 2-21 管、球加工的质量验收标准

项　目	验收标准
主控项目	(1)螺栓球成型后,不应有裂纹、褶皱、过烧。 检查数量:每种规格抽查 10%,且不应少于 5 个。 检验方法:10 倍放大镜观察检查或表面探伤。 (2)钢板压成半圆球后,表面不应有裂纹、褶皱;焊接球对接坡口应采用机械加工,对接焊缝表面应打磨平整。 检查数量:每种规格抽查 10%,且不应少于 5 个。 检验方法:10 倍放大镜观察检查或表面探伤
一般项目	(1)螺栓球加工的允许偏差应符合表 2-22 的规定。 检查数量:每种规格抽查 10%,且不应少于 5 个。 检验方法:见表 2-22。 (2)焊接球加工的允许偏差应符合表 2-23 的规定。 检查数量:每种规格抽查 10%,且不应少于 5 个。 检验方法:见表 2-23。 (3)钢网架(桁架)用钢管杆件加工的允许偏差应符合表 2-24 的规定。 检查数量:每种规格抽查 10%,且不应少于 5 根。 检验方法:见表 2-24

表 2-22 螺栓球加工的允许偏差　　　　　　（单位:mm）

项　目		允许偏差	检验方法
圆度	$d \leqslant 120$	1.5	用卡尺和 游标卡尺检查
	$d > 120$	2.5	
同一轴线上两铣平面平行度	$d \leqslant 120$	0.2	用百分表 V 形块检查
	$d > 120$	0.3	
铣平面距球中心距离		±0.2	用游标卡尺检查
相邻两螺栓孔中心线夹角		±30′	用分度头检查
两铣平面与螺栓孔轴线垂直度		$0.005r$	用百分表检查
球毛坯直径	$d \leqslant 120$	+2.0 −1.0	用卡尺和 游标卡尺检查
	$d > 120$	+3.0 −1.5	

表 2-23　焊接球加工的允许偏差　　　　　　　　　　（单位:mm）

项　目	允许偏差	检验方法
直径	$\pm 0.005d$ ± 2.5	用卡尺和游标卡尺检查
圆度	2.5	用卡尺和游标卡尺检查
壁厚减薄量	$0.13t$,且不应大于 1.5	用卡尺和测厚仪检查
两半球对口错边	1.0	用套模和游标卡尺检查

表 2-24　钢网架(桁架)用钢管杆件加工的允许偏差　　　　（单位:mm）

项　目	允许偏差	检验方法
长度	± 1.0	用钢尺和百分表检查
墙面对管轴的垂直度	$0.005r$	用百分表 V 形块检查
管口曲线	1.0	用套模和游标卡尺检查

(5)制孔的施工质量验收标准见表 2-25。

表 2-25　制孔的施工质量验收标准

项　目	验收标准
主控项目	A、B 级螺栓孔(Ⅰ类孔)应具有 H12 的精度,孔壁表面粗糙度 R 不应大于 12.5 m。其孔径的允许偏差应符合表 2-26 的规定。 C 级螺栓孔(Ⅱ类孔),孔壁表面粗糙度 R 不应大于 25 m,其允许偏差应符合表 2-27 的规定。 检查数量:按钢构件数量抽查 10%,且不应少于 3 件。 检验方法:用游标卡尺或孔径量规检查
一般项目	(1)螺栓孔孔距的允许偏差应符合表 2-28 的规定。 检查数量:按钢构件数量抽查 10%,且不应少于 3 件。 检验方法:用钢尺检查 (2)螺栓孔孔距的允许偏差超过表 2-28 规定的允许偏差时,应采用与母材材质相匹配的焊条补焊后重新制孔。 检查数量:全数检查。 检验方法:观察检查

表 2-26　A、B 级螺栓孔径的允许偏差　　　　　　（单位:mm）

螺栓公称直径、螺栓孔直径	螺栓公称直径允许偏差	螺栓孔直径允许偏差
10～18	0.00 −0.21	＋0.18 0.00
18～30	0.00 −0.21	＋0.21 0.00
30～50	0.00 −0.25	＋0.25 0.00

表 2-27　C 级螺栓孔的允许偏差　　　　　　（单位:mm）

项　目	允许偏差
直径	＋1.0 0.0
圆度	2.0
垂直度	0.03t,且不大于 2.0

表 2-28　螺栓孔孔距允许偏差　　　　　　（单位:mm）

螺栓孔孔距范围	≤500	501～1 200	1 201～3 000	＞3 000
同一组内任意两孔间距离	±1.5	±1.5	—	—
相邻两组的栓孔间距离	±1.5	±2.0	±2.5	±3.0

　　注:1. 在节点中连接板与一根杆件相连的所有螺栓孔为一组。

　　　　2. 对接接头在拼接板一侧的螺栓孔为一组。

　　　　3. 在两相邻节点或接头间的螺栓孔为一组,但不包括上述两款所规定的螺栓孔。

　　　　4. 受弯构件翼缘上的连接螺栓孔,每米长度范围内的螺栓孔为一组。

3. 钢构件组装工程

(1)焊接 H 型钢施工质量验收标准见表 2-29。

表 2-29　焊接 H 型钢施工质量验收标准

项　目	验收标准
翼缘板拼接缝和腹板拼接缝	焊接 H 型钢的翼缘板拼接缝和腹板拼接缝的间距不应小于 200 mm。翼缘板拼接长度不应小于 2 倍板宽;腹板拼接宽度不应小于 300 mm,长度不应小于 600 mm。 检查数量:全数检查。 检验方法:观察和用钢尺检查
允许偏差	焊接 H 型钢的允许偏差应符合规定。 检查数量:按钢构件数抽查 10%,宜不应少于 3 件。 检验方法:用钢尺、角尺、塞尺等检查

(2)钢构件组装工程的施工质量验收标准见表2-30。

表 2-30　钢构件组装工程的施工质量验收标准

项　目	验收标准
主控项目	吊车梁和吊车桁架不应下挠。 检查数量:全数检查。 检验方法:构件直立,在两端支承后,用水准仪和钢尺检查
一般项目	(1)焊接连接组装的允许偏差应符合规定。 检查数量:按构件数抽查10%,且不应少于3个。 检验方法:用钢尺检验 (2)顶紧接触面应有75%以上的面积紧贴。 检查数量:按接触面的数量抽查10%,且不应少于10个。 检验方法:用0.3 mm塞尺检查,其塞入面积应小于25%,边缘间隙不应大于0.8 mm。 (3)桁架结构杆件轴线交点错位的允许偏差不得大于3.0 mm,允许偏差不得大于4.0 mm。 检查数量:按构件数抽查10%,且不应少于3个,每个抽查构件按节点数抽查10%,且不应少于3个节点。 检验方法:尺量检查

(3)端部铣平及安装焊缝坡口施工质量验收标准见表2-31。

表 2-31　端部铣平及安装焊缝坡口施工质量验收标准

项　目	验收标准
主控项目	端部铣平的允许偏差应符合表2-32的规定。 检查数量:按铣平面数量抽查10%,且不应少于3个。 检验方法:用钢尺、角尺、塞尺等检查
一般项目	(1)安装焊缝坡口的允许偏差应符合表2-33的规定。 检查数量:按坡口数量抽查10%,且不应少于3条。 检验方法:用焊缝量规检查 (2)外露铣平面应防锈保护。 检查数量:全数检查。 检验方法:观察检查

表 2-32　端部铣平的允许偏差　　　　　　　　　　　(单位:mm)

项　目	允许偏差
两端铣平时构件长度	±2.0
两端铣平时零件长度	±0.5

续上表

项　目	允许偏差
平面的平面度	0.3
平面对轴线的垂直度	$l/1\,500$

表 2-33　安装焊缝坡口的允许偏差

项　目	允许偏差
坡口角度	±5°
钝边	±1.0 mm

(4)钢构件外形尺寸的质量验收标准见表 2-34。

表 2-34　钢构件外形尺寸的质量验收标准

项　目	验收标准
主控项目	钢构件外形尺寸主控项目的允许偏差应符合表 2-35 的规定。 检查数量:全数检查。 检验方法:用钢尺检查
一般项目	钢构件外形尺寸一般项目的允许偏差应符合《钢结构工程施工质量验收规范》(GB 50205—2001)的规定。 检查数量:按构件数量抽查 10%,且不应少于 3 件。 检查方法:参见《钢结构工程施工质量验收规范》(GB 50205—2001)

表 2-35　钢构件外形尺寸主控项目的允许偏差　　　　　(单位:mm)

项　目	允许偏差
单眉柱、梁、桁架受力支托(支承面)表面至第一个安装孔距离	±1.0
多节柱铣平面至第一个安装孔距离	±1.0
实腹梁两端最外侧安装孔距离	±3.0
构件连接处的截面几何尺寸	±3.0
柱、梁连接处的腹板中心线偏移	2.0
受压构件(杆件)弯曲矢高	$l/1\,000$,且不应大于 10.0

二、标准的施工方法

1. 钢零件及钢部件制作

钢零件及钢部件制作标准的施工方法见表 2-36。

表 2-36　钢零件及钢部件制作标准的施工方法

项　目	内　容
工艺流程	放样 →号料 →切割 →矫正和成型 →组装 →检查 →焊接 → 无损检验 →外形尺寸检验 →清理、编号 →喷砂、油漆 →验收
放样	(1)熟悉施工图、技术要求及设计说明,并逐个核对图纸之间的尺寸和方向等项目。特别应注意各部件之间的连接点、连接方式和尺寸是否一一对应。如有疑问,应与技术部门联系解决。 (2)准备好做样板、样杆的材料,一般可采用薄钢板和小扁钢。 (3)放样需用的工具:尺、石笔、粉线、划针、划规、铁皮剪等。 (4)量具必须经过计量部门的校验复核,合格后方可使用
号料	(1)号料前必须了解原材料的材质及规格,检查原材料的质量。不同材质的零件应分别号料,并依据先大后小的原则依次进行。 (2)样板、样杆上应用油漆写明加工号、构件编号、规格,同时标注上孔直径、工作线、弯曲线等各种加工符号,必要时打上冲眼作标记。 (3)放样和样板、样杆,如图 2-2 所示,允许偏差按表 2-37 的规定。 (4)应预留收缩量(包括现场焊接收缩量)及切割、铣端等需要的加工余量。 1)铣端余量:剪切后加工的一般每边加 3~4 mm,气割后加工的则每边加4~5 mm。 2)切割余量:自动气割割缝宽度 3 mm,手工气割割缝宽度为 4 mm(与钢板厚度有关)。 3)焊接收缩量根据构件的结构特点由工艺给出。 (5)主要受力构件和需要弯曲的构件,在号料时应按工艺规定的方向取料,弯曲件的外侧不应有冲样点和伤痕缺陷。 (6)号料时应做到有利于切割和保证零件质量。 (7)本次号料后的剩余材料应进行余料标识,包括余料编号,规格、材质及炉批号等,以便余料下次使用
切割	(1)下料画线以后的钢材,必须按其所需的形状和尺寸进行下料切割。常用的切割方法有机械切割、气割和等离子。 1)机械切割:使用剪切机、锯割机、砂轮切割机等机械设备,主要用于型材及薄钢板的切割。 2)气割:利用氧气—乙炔、丙烷、液化石油气等热源进行,主要用于中厚钢板及较大断面型钢的切割。 3)等离子切割:利用等离子弧焰流实现,主要用于不锈钢、铝、铜等金属的切割。

项　目	内　容
切割	（2）剪切时施工要点。 1）剪刀必须锋利,剪刀材料应为碳素工具钢和合金工具钢,发现损坏或者迟钝者需及时检修、磨砺或调换。 2）上下刀刃的间隙应根据板厚调节适当。 3）当一张钢板上排列许多个零件并有几条相交的剪切线时,应预先安排好合理的剪切程序来进行剪切。 4）应按剪板规程进行操作,需剪切的长度不能超过刀口长度。 5）材料剪切后的弯扭变形,必须进行矫正;剪切面粗糙或带有毛刺,必须磨光。 6）剪切过程中,切口附近的金属,因受剪力而发生挤压和弯曲,从而发生硬度提高,材料变脆的冷作硬化现象,重要的结构件和焊缝的接口位置,一定要用铣、刨或砂轮磨削等方法将硬化表面加工清除。 （3）锯切机械施工要点。 1）型钢应经过校直后方可进行锯切。 2）单件锯切的构件,先划出号料线,然后对线锯切。号料时,需留出锯槽宽度（锯槽宽度为锯条厚度加 0.5～1.0 mm）。成批加工的构件,可预先安装定位挡板进行加工。 3）加工精度要求较高的重要构件,应考虑预留适当的加工余量,以供锯切后进行端面精铣。 4）锯切时,应注意切割断面垂直度的控制。 （4）气割操作时施工要点。 1）气割前必须确认气割系统的设备和工具正常运转,确保安全。 2）气压应适当、稳定。 3）压力表、速度应计量准确、可靠。 4）轨道平直,机体行走平稳、无振动。 5）割具规格齐全、性能完好。 6）气割时依据割具特点、钢板厚度和环境等因素制定工艺参数。包括割嘴型号、气体压力、气割速度、预热火焰等。 7）气割前,应去除钢材表面污物、油垢等,割具的移动速度均匀,焰心尖端距割面的距离 2～5 mm。防止漏气、回火。 8）切割时应调节好氧气射流（风线）的形状,要求风线长、射力高和轮廓清晰。 9）为了防止气割变形,操作中应遵守下列程序: ①大型工件的切割,应先从短边开始; ②在钢板上切割不同尺寸的工件时,应靠边靠角,合理布置,先割大件,后割小件; ③在钢板上切割不同形状的工件时,应先割较复杂的,后割较简单的; ④窄长条形板的切割,采用两长边同时切割的方法,以防止产生旁弯（俗称马刀弯）
矫正和成型	（1）冷矫正和冷弯曲可以用压力机、胎具固定和千斤顶加压等方法矫正。 （2）采用热加工成型时,用火焰加热,加热温度控制在 900 ℃～1 000 ℃,对于低合金结构钢加热后应自然冷却

续上表

项　目	内　容
摩擦面加工	(1)采用高强度螺栓连接时,应对构件摩擦面进行加工处理。处理后的抗滑移系数应符合设计要求。加工工艺流程如下: 表面清理 → 喷丸 → 检验 → 摩擦系数验算 → 合格、验收 (2)摩擦面的处理一般结合钢构件表面处理方法一并进行,摩擦面处理完不用涂装。其处理方法有多种,经常使用的方法有喷砂(丸)法、砂轮打磨法、钢丝刷人工除锈等。 (3)经处理的摩擦面,出厂前应按批作抗滑移系数试验,最小值应符合设计的要求;出厂时应按批附3套与构件相同材质、相同处理方法的试件,由安装单位复验抗滑移系数。在运输过程中,试件摩擦面不得损伤。 (4)处理好的摩擦面,应采取防油污和损伤的保护措施
验收	按照各工序的主控项目和一般项目进行检查,符合标准规定后验收

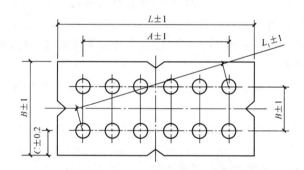

图 2-2　放样和样板、样杆允许偏差

表 2-37　放样和样板、样杆允许偏差　　　　　(单位:mm)

项　目	允许偏差
平行线距离和分段尺寸	±1.0
对角线差(L_1)	±1.0
宽度、长度(B、L)	±1.0
孔距(A)	±1.0
加工样板角度(C)	±2.0°

质量问题

钢材钢号不符合设计要求

质量问题表现

钢材保证达不到设计要求的刚度或强度,影响钢结构使用寿命。

质量问题原因

(1)施工人员对施工工程的特点了解不清楚,对有关规定理解不全面,错误选用钢材。

(2)施工单位未经设计同意,擅自代用钢材,以劣代优,以小代大。

(3)将不明材质的条料,随意用在正式工程上。

(4)钢材由于长时间在露天乱堆乱放,钢材上标记不清,材质不明,造成错乱。

(5)使用的钢材没有经过抽检复查。

质量问题预防

(1)根据钢结构特点选择其牌号和材质,并应保证抗拉强度、伸长值、屈服点、冷弯试验、冲击韧性合格和硫磷含量符合限值。对焊接结构尚应保证碳含量符合限值。

(2)抗震结构钢材的强屈比不应小于1.2,应有明显的屈服台阶;断后伸长率应大于20%;应有良好的焊接性。

(3)承重结构处于外露情况和低温环境时,其钢材性能尚应符合耐大气腐蚀和避免低温冷脆的要求。

(4)用于钢结构的钢材(型材、板材)外形、尺寸、重量及允许偏差,应符合有关国家标准要求。

(5)对进口钢材,商检不合格者不得使用。

(6)代用钢材必须征得设计部门同意方可使用。

(7)当对钢材质量有疑义时,应抽样复检,其试验结构符合国家标准和有关技术文件要求。

质量问题

切割长料时不一次连续切割完成,从而造成矫正工作量增大

质量问题表现

零件变形较大,收缩不均匀。

质量问题原因

切割长度大的零件时,不连续一次切割完成,这样做的后果是分二次切割的零件往往产生较大的变形,从而导致收缩不均匀。

质量问题

质量问题预防

(1)切割长料或长度较大的零件时,应一次切割完成,不宜分次进行。

(2)对于窄而薄长的板料,为防止产生较大变形,亦可考虑采用两台多头切割机从两侧同时切割;当无多头切割机时,可采取切割 1～2 m 长时预留 50～100 mm 段不切割,待全部切割完后再切割预留的未切割部分,这样可有效地减少变形,但要注意控制直线度。

2. 焊接空心球节点制作

焊接空心球节点制作标准的施工方法见表 2-38。

表 2-38 焊接空心球节点制作标准的施工方法

项　目	内　容
工艺流程	画线、放样 → 下料 → 加热 → 压制 → 检验 → 切坡口 → 组对 → 打底 → 打磨 → 埋弧焊 → 探伤 → 合格、涂装 → 标志入库
画线、放样	(1)板宽 B 的选择以所有球圆片相邻点相切计算,如图 2-3 所示,板长长度越长利用率越高。 (2)板宽按公式(2—5)计算: $$B=D_0+D_0(n-1)\sin 60°　　　　(2—5)$$ 式中　n——料的行数; 　　　D_0——下料直径; 　　　B——按板宽。 直径按公式(2—6),空心球下料尺寸计算,如图 2-4 所示。 $$D_0=2\sqrt{D\times H}　　　　(2—6)$$ 式中　D——球片中径等于球直径减一个壁厚; 　　　H——半球高,$D/2+h$,$h=5\sim10$ mm(切边余量); 　　　D_0——下料直径
下料	(1)切割宜在切割机上进行,也可手工气割,割规的尺寸必须一致,圆片周边光滑无缺口,去除毛刺。 (2)同种规格摆放整齐,不同材质的应当有明显标注,以便区别
加热	(1)在炉子内摆放时,应当将球片间隔开,以便加热均匀。温度应控制在金属的相变以内,一般为(770±30)℃。 (2)加温时间不宜过长,以球片温度一致为准
压制	(1)凹模的内孔直径应经试验确定,并综合考虑热胀冷缩和磨损。凹模外形应采用图 2-5 所示形式。

项　目	内　容
压制	凸模外径是球的内径,要求在专用机床上制作。表面应当圆滑,尺寸准确。上、下模具必须严格对中,中间的间隙应考虑板加热后的膨胀。 (2)压制速度应根据实际情况选择。 (3)检验,压制过程中要检测其外形和拉薄程度。合格后方可批量压制
切坡口	(1)在半球片的中心位置打定位孔,以使定位和焊接时通气。 (2)在自动切割机上切制坡口。坡口的角度为30°,中间加肋时可适当减小,如图2-6所示。 (3)切制面应当平滑,深割痕应当补焊后打磨
组对	(1)应在专用的胎具上通过定位孔来组对,中间保持1~2 mm间隙。用样板检查圆度和错边量。 (2)点焊点均匀布置,大于四处,每处长30~40 mm。必须按正规方法施焊
打底	(1)清除毛刺和污物后,用CO_2气体保护焊打底,打底厚度均匀无漏点。应当使球体自动匀速旋转,使焊接方向保持不变。 (2)用角向砂轮对焊口面进行打磨,并去除毛刺、飞溅
填充	(1)埋弧焊接在特制的专用机具上将球夹持并旋转,使焊接位置保持在上方一点,利用埋弧焊机进行最后施焊。 (2)严格执行埋弧焊接操作工艺
探伤	(1)超声波探伤,超差者应当气刨后打磨补焊。 (2)探伤判断原则按照国家标准《钢结构工程施工质量验收规范》(GB 50205—2001)的要求执行
合格、涂装	(1)外形检查、探伤合格后按设计要求进行涂装。 (2)涂装前应清除焊渣、飞溅、油污等。一般涂装无机富锌漆
标志、入库	(1)标志。用钢印打标准型号标记。 (2)带肋球应注明其位置,可打样冲眼注明

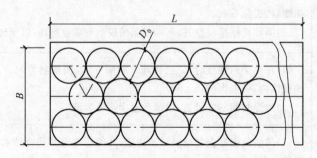

图2-3　焊接球下料布置

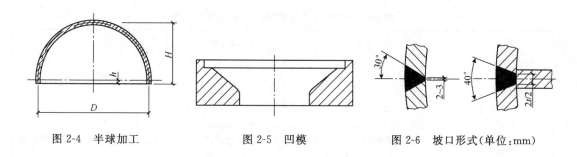

图 2-4　半球加工　　　　　图 2-5　凹模　　　　图 2-6　坡口形式(单位:mm)

质量问题

焊接球焊缝未进行无损检验

质量问题表现

焊接球焊缝有裂纹,网架结构的质量下降,可能导致重大质量和安全事故。

质量问题原因

焊接球焊缝制作,没按相关规定进行,没进行超声波探伤检验就直接使用。

质量问题预防

(1)焊接球焊缝必须进行无损检验,其质量应符合现行国家标准《钢结构工程施工质量验收规范》(GB 50205—2001)的要求。同规格成品球的焊缝以每 300 只为 1 批(不足 300 只的工程,按 1 批计),每批随机抽取 3 只,都符合质量标准时即为合格;如其中 1 只不合格,则加倍取样检验,当 6 只都符合质量标准时方可认为合格。超声波探伤检验或检查出厂合格证。

(2)焊接球节点必须按设计采用的钢管与球焊接成试件,进行单向轴心受拉和受压的承载力检验,检验结果必须符合附录一的规定。每个工程可取受力最不利的球节点以 600 只为 1 批,不足 600 只仍按 1 批计,每批取 3 只为 1 组随机抽检。用拉力、压力试验机或相应的加载试验装置。现场检查产品试验报告及合格证。对于安全等级为 1 级、跨度 40 m 以上公共建筑所采用的网架结构以及对质量有怀疑时,现场必须进行复验。试验时如出现下列情况之一者,即可判为球已达到极限承载能力而破坏:

1)当继续加荷而仪表的荷载读数却不上升时,该读数即为极限破坏值;

2)在 F-Δ 曲线(F—加荷重量;Δ—相应荷载下沿受力纵轴方向的变形)上取曲线的峰值为极限破坏值。

3. 螺栓球及附件制作

螺栓球及附件制作标准的施工方法见表 2-39。

表 2-39　螺栓球及附件制作标准的施工方法

项　目	内　容
螺栓球工艺流程	毛坯计算 ⟶ 下料 ⟶ 加热锻造成型 ⟶ 检查 ⟶ 基准孔加工 ⟶ 螺纹加工 ⟶ 标记 ⟶ 涂装、入库
毛坯计算	螺栓球的坯料为棒料,毛坯下料为净重的 1.3 倍左右,大批量生产可通过实验确定最佳系数,料坯的直径为球直径的 2/3 左右
下料	用机械方法按规定尺寸下料
加热与锻造	(1)加热温度应使钢材在 900 ℃~1 000 ℃温度范围内进行。 (2)锻压必须严格按照锻压工艺进行
检查	(1)尺寸应当符合螺栓球外形尺寸标准。 (2)成型后,不应有裂纹、褶皱、过烧
基准孔加工	在专用机床上加工基准面,并制成基准螺纹,为其他螺纹加工做基准
螺纹加工	(1)球螺纹孔加工在多维加工机床或专用的胎具上由车床加工。任何加工都必须保证加工精度。 (2)如图 2-7 所示打底孔,攻螺纹必须严格按照机加工工艺进行。底孔直径过大和螺纹有效深度不够是球加工的通病,应当避免
标记	(1)各孔的直径、螺纹精度、长度应符合设计要求。各孔相对位置、相交角度符合规范要求后,应在基准面上打下钢印以示标记。 (2)应当按设计要求编号进行标志
涂装和入库	(1)认真清除油污、毛刺。 (2)涂装刷漆应均匀,漆膜厚度应符合规定,螺纹内及接触面禁止涂漆。 (3)入库时应按规格和编号有序存放
封板、锥头、套筒	(1)材料,封板、锥头、套筒一般采用 Q235 或 Q345 钢。 (2)棒料直接或热轧制后机加工成形。 (3)封板、锥头、套筒加工工艺。 下料 ⟶ 加热 ⟶ 锻造成型 ⟶ 机加工 ⟶ 检验 ⟶ 包装、入库 (4)封板、锥头、套筒,如图 2-7 所示,其连接焊缝以及锥头的任何截面必须与连接的钢管等强,焊缝底部宽度可根据连接钢管壁厚取 2~5 mm。封板厚度应按实际受力大小计算决定,且不宜小于钢管外径的 1/5。锥头底板厚度不宜小于锥头底部内径 1/4。封板及锥头底部厚度可参见表 2-40。锥头底板外径应较套筒外接圆直径或螺栓头直径再加 1~2 mm,锥头底板孔径宜大于螺栓直径1 mm。锥头倾角宜取 30°~40°。 (5)套筒(六角形无纹螺母)外形尺寸应符合扳手开口系列,端部要求平整,内孔可比螺栓直径大 1 mm。并保证套筒任何截面均具有足够的抗压强度。 (6)销子或螺钉宜采用高强度钢材,如 40Cr。其直径可取螺栓直径的0.16~0.18倍,且不宜小于 3 mm。螺钉直径可采用 M5~M10

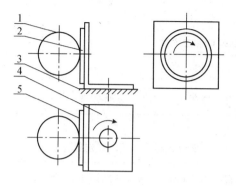

图 2-7　螺栓球加工夹具

1—螺栓球;2—定位销;3—刀架座;4—支座;5—角度盘

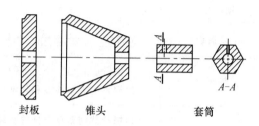

图 2-8　封板、锥头、套筒

表 2-40　封板或锥头底厚规格

螺纹规格	封板/锥头底厚度(mm)	螺纹规格	封板/锥头底厚度(mm)
M12、M14	12	M36~M42	30
M16	14	M45~M52	35
M20~M24	16	M56~M60	40
M27~M33	20	M64	45

质量问题

螺栓球成形后出现裂纹、褶皱、过烧

质量问题表现

螺栓球成形后出现裂纹、褶皱、过烧、使螺栓球力学性能降低,网架结构承载力和使用寿命下降,甚至会导致产生严重质量和安全事故。

质量问题原因

(1)加热温度未控制好,操作不善,如锻造温度过低,易出现裂纹及褶皱(叠痕);

(2)锻造温度过高,易出现过烧,使材质热脆,塑性下降。

(3)再者材质如含硫、磷量过大也易产生裂纹褶皱等现象。

质量问题预防

(1)螺栓球是网架杆件互相连接的重要受力部件,锻造时要加强作业中的温度和操作控制,加强成形后的检查,不准存在裂纹、褶皱及过烧等缺陷。

(2)认真检查,检查数量为每种规格抽查 10%,且不得少于 5 只。检查方法为用 10 倍放大镜观察和表面探伤。不符合要求的不得使用。

4. 杆件制作

杆件制作标准的施工方法见表 2-41。

表 2-41　杆件制作标准的施工方法

项　目	内　容
工艺流程	材料检验 → 放样 → 切制 → 检验 → 标志、验收
材料检验	(1)钢管应有出厂合格证明。 (2)钢管的力学性能和化学成分应根据设计要求和规范规定进行检验
放样	(1)螺栓球网架钢管杆件直端直接用刀具切制,坡口角度如图 2-9 所示。 (2)管截面不同,焊接要求不同,则坡口的形式也不同。管形零件通常是下出长度后再用样板画线再切坡口。 (3)管管相贯曲线作法:图 2-10 为管管相贯正视图、侧视图。大管直径为 D_1,小管直径为 D_2,管管相交角度为 B。A 角是小管某一母线在圆截面内与水平中心线的夹角。实际长度 L_2 按式(2—7)计算: $$L_2 = L_1 + (D_2/2 - D_2/2 \times \cos A)/\tan B + [D_1/2 - \sqrt{(D_1/2)^2 - (D_2/2 \times \sin A)^2)}]/\sin B$$ 或 $L_2 = L_1 + (D_2 - D_2 \times \cos A)/2\tan B + [D_1 - \sqrt{D_1^2 - (D_2 \times \sin A)^2}]/2\sin B$ 　　(2—7) 式中　L_1——基准长度。 不断地给出角 A 的值,就会得出所有母线相应长度值。放线时可按此放线。 通常小管接口处要求熔透焊,这时小管应当以内径数值代替 D_2 计算。但作样板时应以外径计算周长,在相对应的角度上放线。切割线应当在通过中心轴线平面内并偏转开坡口的角度
切制	(1)机床切制时,刀具角度应与坡口一致,并在磨损后及时打磨。 (2)保持刀口面锋利,切制后的管口不能卷边和有毛刺
检验	(1)检查钢管长度,坡口角度等尺寸应当按规定执行。 (2)坡口应当光滑,无毛刺
标志、验收	(1)对坡口毛刺、卷边可用砂轮进行打磨。 (2)加工合格后的钢管应当标明加工件号。 (3)相同规格摆放一起,并打捆以便运输

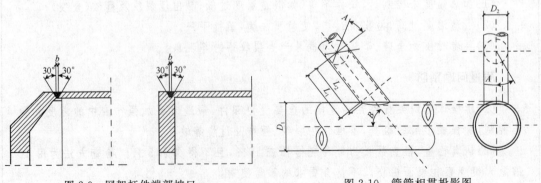

图 2-9　网架杆件端部坡口　　　　　　　　图 2-10　管管相贯投影图

5. 铸钢节点制作

铸钢节点制作标准的施工方法见表 2-42。

表 2-42　铸钢节点制作标准的施工方法

项　目	内　容
工艺流程	材料检验 → 制模、模型铸造 → 热处理 → 检验 → 标志、验收
材料检验	浇筑前后应对材料的化学成分、力学性能进行检验。应当符合一般工程用铸造碳素钢化学成分和力学性能有关规定
制模、模型铸造	(1)模型制作应严格按造型工艺要求执行。 (2)铸造应控制好浇筑温度、速度、冷却和起模等操作程序
热处理	(1)铸钢铸件成型后应进行回火处理,以消除内应力。 (2)浇筑帽口应用机械切除并打磨,不得用锤击方法。 (3)清砂可采用振动、喷砂、钢丝刷手工清砂等方法。内腔、表面砂粒应清除干净
检验	(1)铸件毛坯应当严格检查外形尺寸。 (2)对铸件进行探伤检查。 (3)标志、验收检验合格后进行涂装处理,标志入库
空间各种杆件连接中铸钢节点	空间各种杆件连接中铸钢节点,如图 2-11 和图 2-12 所示

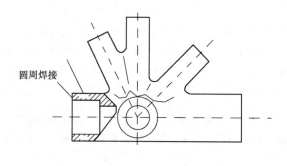

图 2-11　铸钢节点

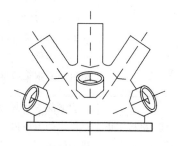

图 2-12　铸钢支座节点

6. H 型钢构件制作

H 型钢构件制作标准的施工方法见表 2-43。

表 2-43　H 型钢构件制作标准的施工方法

项　目	内　容
工艺流程	下料 → 拼装 → 焊接 → 矫正 → 二次下料 → 制孔 → 焊装其他零件 → 校正 → 打磨 → 检查 → 喷砂及涂装
下料	(1)下料应将钢板上的铁锈、油污清除干净,以保证切割质量。 (2)宜采用多头切割机多线同时下料,防止侧弯。 (3)应根据配料单规定的尺寸落料,并适当考虑机加工及焊接收缩量。 (4)开坡口,采用坡口倒角机或半自动切割机,坡口形式如图 2-13 所示。

续上表

项 目		内 容
下料		(5)确定构件长度和坡口角度,可在锯切机和端铣机上进行。坡口应当铣制,手工开坡口必须砂轮打磨。 (6)下料后,将割缝处的流渣清除干净,进行平整
拼装		(1)H型钢装配在专用平台上进行,装配前,应先将焊接区域内的氧化皮、铁锈等杂物清除干净;然后用石笔在翼缘板上放线,标明腹板位置,有拼接也应标明位置,将腹板翼缘板分别靠紧定位装置,检测各相关尺寸和角度,卡紧固定,如图2-14所示。 (2)点焊材质应与主焊缝材质相同,点焊长度50 mm左右,间距300 mm,焊高不大于6 mm,且不超过设计高度的2/3。为保证腹板与翼缘板的垂直,可用角钢临时焊接定位,如图2-13所示
焊接		(1)在专用胎具上截面呈倾斜放置,船形焊接。可用CO_2气体保护焊打底,再埋弧焊。也可直接用埋弧焊完成。 (2)工艺参数应参照工艺评定确定的数据,不得随意更改。 (3)焊接顺序。 打底一道 → 填充焊一道 → 翻身 → 碳弧气刨清根 → 反面打底 填充、盖面 → 翻身 → 正面填充、盖面焊 (4)具体焊接时应根据实际焊缝高度,确定填充焊的遍数,构件要勤翻身,防止构件产生扭曲变形。如果构件长度大于4 m,可采用分段施焊的方法。 (5)对于需要进行焊前预热或焊后热处理的焊缝,其预热温度或后热温度应符合国家现行有关标准的规定或通过工艺试验确定。预热区在焊道两侧,每侧宽度均应大于焊件厚度1.5倍以上,且不应小于100 mm;后热处理应在焊后立即进行,保温时间应根据板厚按每25 mm板厚0.5 h确定
矫正	机械矫正	应清除一切焊渣和杂物,磨平,在翼缘矫正机上进行。注意构件的规格应在矫正机规定的范围内。一般要求往返几次矫正。每次矫正量1～2 mm。局部可用压力机进行矫正
	火焰矫正	根据构件的变形情况,确定加热位置、形状和顺序。温度不易过高,通常在600 ℃～650 ℃。一般用来调整侧弯和扭曲
制孔		(1)应严格控制孔的相对位置和大小,尤其是高强度螺栓配孔。一般应用钻模定位,打孔要用摇臂钻,钻头应当符合规定。 (2)气割制孔应先打中心孔,并在圆周上打四个冲眼,作检查用。由样规控制切割
装焊其他零件		(1)应当利用定位线和样板组装零件,点焊后应按设计尺寸严格检查。 (2)焊接采用手工焊或CO_2保护焊
校正		(1)对于焊接变形,通常可以用冷压校正,利用卡栏和千斤顶进行机械校正。 (2)对于较大的变形或扭曲可用热变形处理,加工温度和停止时间应按操作规程进行

项 目	内 容
打磨	(1)坡口切割面应当进行砂轮打磨,去除焊渣和硬化层。 (2)H 型钢制作完成后,应当整体清除焊接遗留的焊渣、焊疤和飞溅等残留物
检查	(1)下列情况之一应进行表面检测: 1)外观检查发现裂纹时,应对该批中同类焊缝进行100%的表面检测; 2)外观检查怀疑有裂纹时,应对怀疑的部位进行表面探伤; 3)设计图纸规定进行表面探伤时; 4)检查员认为有必要时。 (2)对外形尺寸进行检查。 (3)磁粉探伤应符合现行国家标准《无损检测焊缝磁粉检测》(JB/T 6061—2007)的规定,渗透探伤应符合现行国家标准《无损检测焊缝磁粉检测》(JB/T 6062—2007)的规定。 (4)所有焊缝应冷却到环境温度后进行外观检查,HRB335、HRB400 的焊缝应以焊接完成24 h 后检查结果作为验收依据,RRB400 应以焊接完成48 h 后的检查结果作为验收依据。 (5)抽样检查的焊缝数如不合格率小于2%时,该批验收应定为合格;不合格率大于5%时,该批验收应定为不合格;不合格率为2%~5%时,应加倍抽检,且必须在原不合格部位两侧的焊缝延长线各增加一处,如在所有抽检中不合格率不大于3%时,该批验收应定为合格,大于3%时,该批验收应定为不合格。当批量验收不合格时,应对该批余下焊缝全数进行检查。当检查出一处裂纹缺陷时,应加倍抽检,如在加倍抽检焊缝中未检查出其他裂纹缺陷时,该批验收应定为合格,当检查出多处裂纹缺陷或加倍抽检又发现裂纹缺陷时,应对该批余下焊缝的全数进行检查。 (6)无损检测。无损检测应在外观检查合格后进行。设计要求全焊透的焊缝,其内部缺陷的检验应符合下列要求: 1)一级焊缝应进行100%检验,其合格等级应为现行国家标准《钢焊缝手工超声波探伤方法及探伤结果分级》(GB/T 11345—1989)级检验的Ⅱ级及Ⅱ级以上。 2)二级焊缝应进行抽检,抽检比例应不小于20%,其合格等级为现行国家标准《钢焊缝手工超声波探伤方法及探伤结果分级》(GB/T 11345—1989)级检验的Ⅲ级及Ⅲ级以上。 3)全焊透的三级焊缝可不进行无损检测。 4)局部探伤的焊缝,有不允许的缺陷时,应在缺陷两端的延伸部位增加探伤长度,增加长度不应小于焊缝长度的10%,且不应小于200 mm;当仍有不允许的缺陷时,应对该焊缝百分之百地进行探伤检查。 5)验收合格后才能进行包装。包装应保护构件不受损伤,零件不变形,不损坏,不散失。 6)所有查出的不合格部位应当按规定进行补修至检查合格。 (7)喷砂及涂装。 1)清理毛刺、焊渣、飞溅物等。 2)对技术要求的或摩擦面进行喷砂处理。 3)根据涂装工艺进行底漆和面漆涂装,对焊接范围和摩擦面应进行保护,不涂装

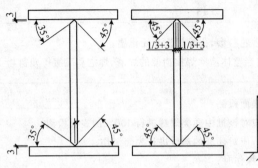

图 2-13 焊接 H 型钢全熔透和半熔透焊
缝坡口角度(单位:mm)

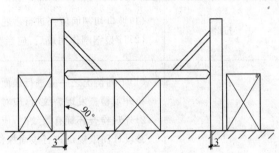

图 2-14 组装平台示意图(单位:mm)

7. 箱形、十字形构件制作

箱形、十字形构件制作标准的施工方法见表 2-44。

表 2-44 箱形、十字形构件制作标准的施工方法

项 目	内 容
工艺流程	(1)箱型构件制作工艺流程。 材料检验 → 施工详图 → 下料拼装 → 板料整平 → 平台组装 → 点焊 → 检查、吊运 → 埋弧焊接 → 无损检验 → 校正外形尺寸 → 端部坡口 → 清理、喷砂和油漆 → 验收 (2)十字形字柱制作工艺流程。 材料检验 → 施工详图 → 放样、下料 → 组装 H 型钢、T 型钢 → 矫正 → H 型钢、T 型钢铣端、钻孔 → 组装十字柱 → 焊接十字柱 → 矫正 → 十字头铣端 → 组装零件板、焊接 → 清理、涂装和标志
材料检验	(1)所有材料应当具有出厂合格证明。 (2)按设计要求和规范对材料进行检验并合格
施工详图	(1)根据图纸绘制详图。将箱形构件每块板的形状、尺寸、坡口等应明确表示。 (2)箱形构件加工工艺,根据图纸要求制定箱形构件加工工艺方案
箱形构件制作	箱形构件制作标准的施工方法见表 2-45
十字柱制作	十字柱制作标准的施工方法见表 2-46

表 2-45 箱形构件制作标准的施工方法

· 项 目	内 容
下料拼接	(1)放样:应按照图纸尺寸及加工工艺要求增加加工余量(加工余量包括端铣余量和焊接收缩余量)。以下发的钢板配料表为依据,在板材上进行放样、画线。放样前应将钢材表面锈蚀、污垢清除干净。 (2)下料:对箱体的四块主板(为防止马刀形)采用多头自动切割机下料,对箱体

项　目	内　容
下料拼接	上其他零件的厚度大于 12 mm 以上者采用半自动切割机切制,薄板可采用剪床下料。气割后应清除熔渣和飞溅物。 (3)开坡口:根据坡口形式采用半自动切割机或倒边机进行开坡口。坡口一般为全熔透和半熔透两种形式。坡口切制后应当检查坡口面粗糙程度及角度,超差处应当用规定的焊条补焊后打磨平整
板料整平	(1)已下好的或拼接的条料应当在组装前整平,最好采用专用机械校正,用调直机或液压设备整平。 (2)手工火焰矫正时温度不得超过 650 ℃。Q345 以上材料热调整时,不能用水冷却
平台组装、点焊、吊运、埋弧焊接	(1)箱体在组装前应对工艺隔板进行铣端面,其目的是保证箱形的方正和定位以及防止焊接变形。 (2)箱体组装:组装前应将焊接区域范围的氧化皮、油污等杂物清除干净;箱体组装点焊时应严格按照焊接工艺规程进行,不得随意在焊接区域以外的母材上引弧。 1)将箱体的三面组装成槽形。先在装配平台上将一箱体的主板放好,再将工艺隔板及加劲肋装配在上面,工艺隔板一般距离主板两端头 200 mm,间隔为 1 000～1 500 mm,如图 2-15 所示。此主板当箱形构件截面大于 800 mm×800 mm 时,可选择任一板,但小于此截面时,组成箱形构件加劲肋将三面焊接,而另一面不焊,这时应考虑与隔板焊接的面做为主板。 2)组装成槽形。可将工艺隔板、加劲肋与主板焊接,将两边侧板装正,固定,正式点焊成槽形。在内部焊接时可用 CO_2 保护焊或手工电弧焊焊接,如图 2-16 所示。 3)焊接后对焊缝进行检查或探伤。外形变形应及时调整。 4)组装箱体盖板。前道工序检查合格后方可组装,四条主焊缝的焊接应严格按照焊工艺的要求施焊,焊接采用 CO_2 保护焊打底,埋弧焊盖面;在焊缝的两端应设置引弧和引出板,切除后应打磨平整,不得用锤击落。 (3)对于板厚大于 50 mm 的碳素钢板或板厚大于 36 mm 的低合金板,焊接前应进行预热,焊后应进行后热。预热温度应控制在 100 ℃～150 ℃,预热区在焊道两侧,宽度大于板厚的两倍,且不应小于 100 mm;后热处理应在焊后立即进行,保温时间应根据板厚按每 25 mm 板厚 0.5 h 确定。 (4)高层钢结的箱形柱与横梁连接部位,柱内设加劲板,箱形为全封闭型,在组装焊接过程中,每块加劲板四周有三边能用手工焊接,在最后一块柱面板封焊后,加劲板周边缺一条焊缝,为此必须用熔嘴电渣焊补上。为了达到对称焊接控制变形的目的,一般留两条焊缝用电渣焊对称施焊
无损检验	用超声波无损探伤
矫正、端头坡口	(1)箱体组焊完毕后,如有扭曲或马刀弯变形,应进行火焰矫正或机械矫正。箱体扭曲的机械矫正方法为:将箱体的一端固定而另一端施加反扭矩的方法矫正,如图 2-17 所示。对箱体端头要求开坡口者在矫正之后才进行坡口的开制。 (2)箱体其他零件的组装焊接

项　目	内　容
清理、喷砂、涂装	(1)清理毛刺、焊渣、飞溅物等。 (2)对技术要求的或摩擦面进行喷砂处理。 (3)根据涂装工艺进行底漆和面漆涂装,对焊接范围和摩擦面应进行保护,不涂装
验收	(1)按质量验收标准进行检查。 (2)做好验收记录

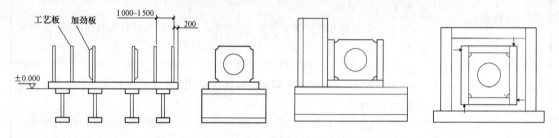

图 2-15　箱体组装(单位:mm)　　　图 2-16　箱体组装成槽形　　图 2-17　箱体扭曲矫正

表 2-46　十字柱制作标准的施工方法

项　目	内　容
下料、开坡口	(1)下料:按照图纸尺寸及加工工艺要求增加的加工余量,采用多头切割机进行下料,以防止零件产生马刀弯。对于部分小块零件则采用半自动切割机或手工下料。 (2)开坡口:根据腹板厚度的不同,按规范采用不同的坡口形式。采用半自动切割机或刨边机切制。所有的飞溅、污物需消除干净
H 型钢和 T 型钢部件的制作	(1)H 型钢的制作。 1)组装:坡口开制完成,零件检查合格后,在专用胎具上组装成 H 型钢。组装时,利用直角尺将翼缘板的中心线和腹板的中心线重合,点焊固定。组装完成后,内加一些临时固定板,以控制腹板与翼缘板的垂直度和相对位置,并起到防变形的作用,如图 2-18 所示。 2)焊接:H 型钢的焊接采用 CO_2 打底,埋弧自动焊填充、盖面。焊接应及时调整和翻身,减少变形。 3)矫正:H 型钢焊接完成后,采用翼缘矫正机以其进行矫直和翼缘矫平,保证翼缘和腹板的垂直度。对于扭曲变形,则采用火焰加热和机械加压同时进行的方式矫正。火焰温度不得超过 650 ℃。 (2)T 型钢的制作。 1)通常情况下仍采用先组焊成 H 型钢,然后从中间剖开,形成 2 个 T 型钢。切割时,在中间和两端可预留 50 mm 不割断,待冷却后再切割。切割后进行矫正及坡口的开制,如图 2-19 所示。 2)H 型钢、T 型钢矫正完成后,对 H 型钢、T 型钢进行铣端

续上表

项　目	内　容
组装十字柱及工艺隔板	(1)工艺隔板的制作:在十字柱组装前,要先制作好工艺隔板,以方便十字柱的装配和定位。工艺隔板与构件的接触面要求铣端,边与边之间必须保证成90°直角,以保证十字柱截面的垂直度,如图2-20所示。 (2)首先检查需装配的H型钢和T型钢是否矫正合格,其外形尺寸是否达到要求,对接范围是否干净,然后开始组装十字柱。 (3)将H型钢放到装配平台上,把工艺隔板装配到相应的位置。将T型钢放到H型钢上,利用工艺隔板进行初步定位,对于无工艺隔板而有翼缘加劲板的十字柱,先采用工艺隔板进行初步定位,然后用直角尺和卷尺检查外形尺寸合格后,将加劲板装配好,待十字柱焊接完成后,将临时工艺隔板去除,如图2-21所示。 (4)利用直角尺和卷尺检查十字柱端面的对角线尺寸和垂直度以及端面的平整度,对不满足要求的进行调整。经检查合格后,点焊固定
焊接	(1)劲性十字柱的焊接,采用CO_2气体保护焊进行。焊接前尽量将十字柱底面垫平。 (2)焊接时要求从中间向两边双面对称同时焊接,以避免因焊接造成弯曲和扭曲变形
矫正	(1)焊接完成后,检查十字柱是否产生变形。 (2)如发生变形,则用压力机进行机械矫正或采用火焰矫正,火焰矫正时,加热温度控制在650℃。扭曲变形矫正时,一端固定,另一端采用液压千斤顶进行矫正,如图2-22所示
十字头铣端	矫正完成后,对十字柱的上部进行铣端,保证长度(注意应含对接时收缩量)
组装零件板、焊接	(1)将牛腿等零件按图点焊在柱上。 (2)焊接零件板,用手工焊将零件焊在柱上,焊接时注意保证相对位置和角度
清理、涂装和标志	(1)制孔、去除杂物、临时板,清理毛刺、焊渣、飞溅物等。 (2)对技术要求的部位或摩擦面进行喷砂处理。 (3)打磨清理,涂装,标志。对焊接范围和摩擦面应进行保护,不涂装

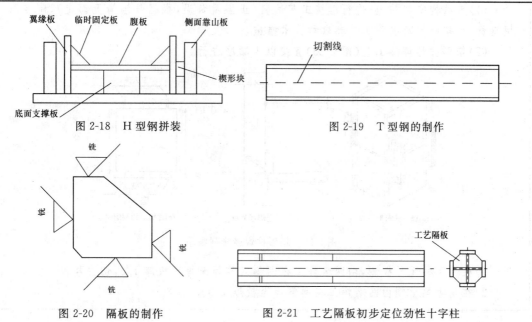

图 2-18　H型钢拼装

图 2-19　T型钢的制作

图 2-20　隔板的制作

图 2-21　工艺隔板初步定位劲性十字柱

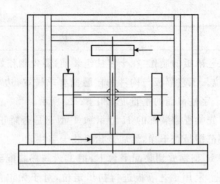

图 2-22　液压千斤顶矫正

箱形、十形、H 形柱焊接变形较大

质量问题表现

箱形、十形、H 形焊接过程及焊后垂直度超差,导致柱的承载力和稳定性下降。

质量问题原因

(1)焊接工艺参数不准确,焊接工艺不合理。

(2)焊接过程跟踪校正不及时。

质量问题预防

(1)钢结构安装前,应进行焊接工艺试验(正温及负温,根据气温情况而定),制定所用钢材、焊接材料及有关工艺参数和技术措施。

(2)箱形柱柱焊接工艺(图 2-23)宜按以下顺序进行。

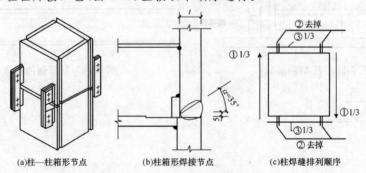

(a)柱—柱箱形节点　　(b)柱箱形焊接节点　　(c)柱焊缝排列顺序

图 2-23　箱形柱焊缝排列顺序

1)在上下柱无耳板侧,由两名焊工在两侧对称等速焊至板厚 1/3,切去耳板。

2)在切去耳板侧由两名焊工在两侧焊至板厚 1/3。

质量问题

3)由两名焊工分别承担相邻两侧两面焊接,即一名焊工在一面焊完一层后,立即转过90°接着焊另一面,而另一面焊工在对称侧以相同的方式保持对称同步焊接,直至完毕。

4)两层之间焊道接头应相互错开,两名焊工焊接的焊道接头每层也应错开。

(3)十形、H形柱柱焊接工艺按以下顺序进行。

1)先由两名焊工对称等速度焊两翼缘板,遇到耳板停弧,接头处上下层间要错开,待三层焊完后,割去耳板,接着焊至坡口加强高度为止。

2)腹板为K形坡口,由1名焊工焊接,注意清根,对十字腹板焊接(如图2-24),焊后仍出现超声波探伤盲区,要求焊工应认真焊接,以防焊接不透。

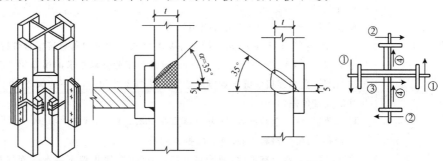

(a)柱柱十字翼板节点　(b)柱十字翼板焊接节点　(c)柱十字腹板焊接节点　(d)翼板、腹板焊接排列顺序

图 2-24　十字翼板柱焊缝排列顺序(单位:mm)

第二节　钢结构焊接工程施工

一、施工质量验收标准

1. 钢结构焊接工程

(1)钢结构焊接工程施工质量验收标准见表 2-47。

表 2-47　钢结构焊接工程施工质量验收标准

项　目	验　收　标　准
主控项目	(1)焊条、焊丝、焊剂、电渣焊熔嘴等焊接材料与母材的匹配应符合设计要求及国家现行行业标准《建筑钢结构焊接技术规程》(JGJ 81—2002)的规定。焊条、焊剂、药芯焊丝、熔嘴等在使用前,应按其产品说明书及焊接工艺文件的规定进行烘焙和存放。 　　检查数量:全数检查。 　　检验方法:检查质量证明书和烘焙记录。 　　(2)焊工必须经考试合格并取得合格证书。持证焊工必须在其考试合格项目及其认可范围内施焊。 　　检查数量:全数检查。 　　检验方法:检查焊工合格证及其认可范围、有效期。 　　(3)施工单位对其首次采用的钢材、焊接材料、焊接方法、焊后热处理等,应进行焊接工艺评定,并应根据评定报告确定焊接工艺。 　　检查数量:全数检查。

项　目	验收标准
主控项目	检验方法:检查焊接工艺评定报告。 (4)设计要求全焊透的一、二级焊缝应采用超声波探伤进行内部缺陷的检验。超声波探伤不能对缺陷作出判断时,应采用射线探伤。其内部缺陷分级及探伤方法应符合现行国家标准《钢焊缝手工超声波探伤方法和探伤结果分级》(GB/T 11345—1989)或《金属熔化焊接接头射线照相》(GB/T 3323—2005)的规定。 焊接球节点网架焊缝、螺栓球节点网架焊缝及圆管T、K、Y形节点相关线焊缝其内部缺陷分级及探伤方法应分别符合国家现行标准《钢结构超声波振探伤及质量分析法》(JG/T 203—2007)、《建筑钢结构焊接技术规程》(JGJ 81—2002)的规定。 一级、二级焊缝的质量等级及缺陷分级应符合表2-48的规定。 检查数量:全数检查。 检验方法:检查超声波或射线探伤记录。 (5)T形接头、十字接头、角接接头等要求熔透的对接和角对接组合焊缝,其焊脚尺寸不应小于$t/4$[图2-25(a)、(b)、(c)]设计有疲劳验算要求的吊车梁或类似构件的腹板与上翼缘连接焊缝的焊脚尺寸为$t/2$[图2-25(d)],且不应大于10 mm,焊脚尺寸的允许偏差为0~4 mm。 检查数量:资料全数检查;同类焊缝抽查10%,且不应少于3条。 检验方法:观察检查,用焊缝量规抽查测量。 (6)焊缝表面不得有裂纹、焊瘤等缺陷。一级、二级焊缝不得有表面气孔、夹渣、弧坑裂纹、电弧擦伤等缺陷,且一级焊缝不得有咬边、未焊满、根部收缩等缺陷。 检查数量:每批同类构件抽查10%,且不应少于3件;被抽查构件中,每一类型焊缝按条数抽查5%,且不应少于1条;每条检查1处,总抽查数不应少于10处。 检验方法:观察检查或使用放大镜、焊缝量规和钢尺检查,当存在疑义时,采用渗透或磁粉探伤检查
一般项目	(1)对于需要进行焊前预热或焊后热处理的焊缝,其预热温度或后热温度应符合国家现行有关标准的规定或通过工艺试验确定。预热区在焊道两侧,每侧厚度均应大于焊件厚度的1.5倍以上,且不应小于100 mm;后热处理应在焊后立即进行,保温时间应根据板厚按每25 mm板厚1 h确定。 检查数量:全数检查。 检验方法:检查预、后热施工记录和工艺试验报告。 (2)二级、三级焊缝外观质量标准应符合表2-49的规定。三级对接焊缝应按二级焊缝标准进行外观质量检验。 检查数量:每批同类构件抽查10%,且不应少于3件;被抽查构件中,每一类型焊缝按条数抽查5%,且不应少于1条;每条检查1处,总抽查数不应少于10处。 检验方法:观察检查或使用放大镜、焊缝量规和钢尺检查。 (3)焊缝尺寸允许偏差应符合表2-50的规定。 检查数量:每批同类构件抽查10%,且不应少于3件;被抽查构件中,每种焊缝按条数各抽查5%,但不应少于1条;每条检查1处,总抽查数不应少于10处。 检验方法:用焊缝量规检查。 对接焊缝及完全熔透组合焊缝尺寸允许偏差应符合表2-50的规定。 (4)焊成凹形的角焊缝,焊缝金属与母材间应平缓过渡;加工成凹形的角焊缝,不得在其表面留下切痕。

续上表

项　目	验收标准
一般项目	检查数量:每批同类构件抽查 10％,且不应少于 3 件。 检验方法:观察检查。 (5)焊缝感观应达到:外形均匀、成型较好,焊道与焊道、焊道与基本金属间过渡较平滑,焊渣和飞溅物基本清除干净。 检查数量:每批同类构件抽查 10％,且不应少于 3 件;被抽查构件中,每种焊缝按数量各抽查 5％,总抽查处不应少于 5 处。 检验方法:观察检查

表 2-48　一、二级焊缝质量等级及缺陷分级

焊缝质量等级		一级	二级
内部缺陷超声波探伤	评定等级	Ⅱ	Ⅲ
	检验等级	B 级	B 级
	探伤比例	100％	20％
内部缺陷射线探伤	评定等级	Ⅱ	Ⅲ
	检验等级	AB 级	AB 级
	探伤比例	100％	20％

注:探伤比例的计数方法应按以下原则确定:

①对工厂制作焊缝,应接每条焊缝计算百分比,且探伤长度应不小于 200 mm,当焊缝长度不足 200 mm 时,应对整条焊缝进行探伤;

②对现场安装焊缝,应按同一类型、同一施焊条件的焊缝条数计算百分比,探伤长度应不小于 200 mm,并应不少于 1 条焊缝。

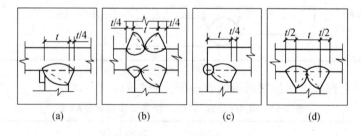

| (a) | (b) | (c) | (d) |

图 2-25　焊脚尺寸

表 2-49　二级、三级焊缝外观质量标准　　　　　　　　　(单位:mm)

项　目	允许偏差	
缺陷类型	二级	三级
未焊满(指不足设计要求)	≤0.2+0.02t,且≤1.0	≤0.2+0.04t,且≤2.0
	每 100.0 焊缝内缺陷总长≤25.0	

项　目	允许偏差	
缺陷类型	二级	三级
根部收缩	$\leqslant 0.2+0.02t$,且$\leqslant 1.0$	$\leqslant 0.2+0.04t$,且$\leqslant 2.0$
	长度不限	
咬边	$\leqslant 0.05t$,且$\leqslant 0.5$;连续长度$\leqslant 100$,两侧咬边总长度$\leqslant$总抽查长度的10%	$\leqslant 0.1t$,且$\leqslant 1.0$,长度不变
弧坑裂纹	—	允许存在个别长度$\leqslant 5.0$的弧坑裂纹
电弧擦伤	—	允许存在个别电弧擦伤
接头不良	缺口深度$0.05t$,且$\leqslant 0.5$	缺口深度$0.1t$,且$\leqslant 20.0$
	每1 000.0焊缝不应超过1处	
表成夹渣	—	深$\leqslant 0.2t$,长$\leqslant 0.5t$,且$\leqslant 20.0$
表面气孔	—	每50.0焊缝长度内允许直径$\leqslant 0.4t$,且$\leqslant 3.0$的气孔2个,孔距$\geqslant 6$倍孔径

注:表内 t 为连接处较薄的板厚。

表 2-50　对接焊缝及完全熔透组合焊缝尺寸允许偏差　　　　（单位:mm）

序号	项　目	图　例	允许偏差	
			一、二级	三级
1	对接焊缝余高 C		$B<20$:$0\sim 3.0$ $B\geqslant 20$:$0\sim 4.0$	$B<20$:$0\sim 4.0$ $B\geqslant 20$:$0\sim 5.0$
2	对接焊缝错边 d		$d<0.15t$,且$\leqslant 2.0$	$d<0.15t$,且$\leqslant 3.0$

(2)焊钉(栓钉)焊接工程施工质量验收标准见表 2-51。

表 2-51　焊钉(栓钉)焊接工程施工质量验收标准

项　目	验收标准
主控项目	(1)施工单位对其采用的焊钉和钢材焊接应进行焊接工艺评定,其结果应符合设计要求和国家现行有关标准的规定。瓷环应按其产品说明书进行烘焙。 检查数量:全数检查。 检验方法:检查焊接工艺评定报告和烘焙记录。 (2)焊钉焊接后应进行弯曲试验检查,其焊缝和热影响区不应有肉眼可见的裂纹。 检查数量:每批同类构件抽查 10%,且不应少于 10 件。被抽查构件中,每件检查焊钉数量的 1%,但不应少于 1 个。 检验方法:焊钉弯曲 30°后用角尺检查和观察检查

续上表

项　目	验收标准
一般项目	焊钉根部焊脚应均匀,焊脚立面的局部未熔合或不足 360°的焊脚应进行修补。 检查数量:按总焊钉数量抽查 1%,且不应少于 10 个。 检验方法:观察检查

2. 紧固件连接工程

(1)普通紧固件连接施工质量验收标准见表 2-52。

表 2-52　普通紧固件连接施工质量验收标准

项　目	验收标准
主控项目	(1)普通螺栓作为永久性连接螺栓时,当设计有要求或对其质量有疑义时,应进行螺栓实物最小拉力载荷复验,试验方法见表 2-4,其结果应符合现行国家标准《紧固件机械性能螺栓、螺钉和螺柱》(GB/T 3098.1—2010)的规定。 检查数量:每一规格螺栓抽查 8 个。 检验方法:检查螺栓实物复验报告。 (2)连接薄钢板采用的自攻钉、拉铆钉、射钉等,其规格尺寸应与被连接钢板相匹配,其间距、边距等应符合设计要求。 检查数量:按连接节点数抽查 1%,且不应少于 3 个。 检验方法:观察和尺量检查
一般项目	(1)永久性普通螺栓紧固应牢固、可靠,外露螺纹不应少于 2 扣。 检查数量:按连接节点数抽查 10%,且不应少于 3 个。 检验方法:观察和用小锤敲击检查。 (2)自攻螺钉、钢拉铆钉、射钉等与连接钢板应紧固密贴,外观排列整齐。 检查数量:按连接节点数抽查 10%,且不应少于 3 个。 检验方法:观察或用小锤敲击检查

(2)高强度螺栓连接施工质量验收标准见表 2-53。

表 2-53　高强度螺栓连接施工质量验收标准

项　目	验收标准
主控项目	(1)钢结构制作和安装单位应按表 2-4 的规定分别进行高强度螺栓连接摩擦面的抗滑移系数试验和复验,现场处理的构件摩擦面应单独进行摩擦面抗滑移系数试验。其结果应符合设计要求。 检查数量:见表 2-4。 检验方法:检查摩擦面抗滑移系数试验报告和复验报告。 (2)高强度大六角头螺栓连接副终拧完成 1 h 后、48 h 内应进行终拧扭矩检查,检查结果应符合表 2-4 的规定。 检查数量:按节点数抽查 10%,且不应少于 10 个;每个被抽查节点按螺栓数抽查 10%,且不应少于 2 个。

续上表

项 目	验收标准
主控项目	检验方法:见表 2-4。 (3)扭剪型高强度螺栓连接副终拧后,除因构造原因无法使用专用扳手终拧掉梅花头者外,未在终拧中拧掉梅花头的螺栓数不应大于该节点螺栓数的 5%。对所有梅花头未拧掉的扭剪型高强度螺栓连接副应采用扭矩法或转角法进行终拧并作标记,且按《钢结构工程施工质量验收规范》(GB 50205—2001)第 6.3.2 条的规定进行终拧扭矩检查。 检查数量:按节点数抽查 10%,但不应少于 10 个节点,被抽查节点中梅花头未拧掉的扭剪型高强度螺栓连接副全数进行终拧扭矩检查。 检验方法:观察检查及表 2-4 的规定
一般项目	(1)高强度螺栓连接副的施拧顺序和初拧、复拧扭矩应符合设计要求和国家现行行业标准《钢结构高强度螺栓连接技术规程》(JGJ 82—2011)的规定。 检查数量:全数检查资料。 检验方法:检查扭矩扳手标定记录和螺栓施工记录。 (2)高强度螺栓连接副终拧后,螺栓螺纹外露应为 2~3 扣,其中允许有 10% 的螺栓螺纹外露 1 扣或 4 扣。 检查数量:按节点数抽查 5%,且不应少于 10 个。 检验方法:观察检查。 (3)高强度螺栓连接摩擦面应保持干燥、整洁,不应有飞边、毛刺、焊接飞溅物、焊疤、氧化铁皮、污垢等,除设计要求外,摩擦面不应涂漆。 检查数量:全数检查。 检验方法:观察检查。 (4)高强度螺栓应自由穿入螺栓孔。高强度螺栓孔不应采用气割扩孔,扩孔数量应征得设计同意,扩孔后的孔径不应超过 $1.2d$(d 为螺栓直径)。 检查数量:被扩螺栓孔全数检查。 检验方法:观察检查及用卡尺检查。 (5)螺栓球节点网架总拼完成后,高强度螺栓与球节点应紧固连接,高强度螺栓拧入螺栓球内的螺纹长度不应小于 $1.0d$(d 为螺栓直径),连接处不应出现有间隙、松动等未拧紧情况。 检查数量:按节点数抽查 5%,且不应少于 10 个。 检验方法:普通扳手及尺量检查

二、标准的施工方法

1. 手工电弧焊焊接施工
手工电弧焊焊接施工标准的施工方法见表 2-54。

表 2-54　手工电弧焊焊接施工标准的施工方法

项　目	内　容
工艺流程	制订焊接工艺 → 反变形、收缩量确定 → 检查构件 → 加装引弧板、引出板及垫板 → 预热处理 → 调整工艺参数 → 焊接 → 焊后处理 → 交验
制订焊接工艺	(1)焊接工艺文件。 1)施工前应由焊接技术责任人员根据焊接工艺评定结果编制焊接工艺文件,并向有关操作人员进行技术交底,施工中应严格遵守工艺文件的规定。 2)焊接工艺文件应包括下列内容: ①焊接方法或焊接方法的组合; ②母材的牌号、厚度及其他相关尺寸; ③焊接材料型号、规格; ④焊接接头形式、坡口形状及尺寸允许偏差; ⑤夹具、定位焊、衬垫的要求; ⑥焊接电流、焊接电压、焊接速度、焊接层次、清根要求、焊接顺序等焊接工艺参数规定; ⑦预热温度及层间温度范围; ⑧后热、焊后消除应力处理工艺; ⑨检验方法及合格标准; ⑩其他必要的规定。 (2)焊接参数的选择。 1)焊条直径的选择,焊条直径主要根据焊件厚度选择见表 2-55。多层焊的第一层以及非水平位置焊接时,焊条直径应选小一点。 2)焊接电流的选择,主要根据焊条直径选择电流,方法有两种: ①查表 2-56; ②有近似的经验按式(2—8)估算: $$I=(30\sim55)\phi \tag{2—8}$$ 式中　ϕ——焊条直径(mm); 　　　I——焊接电流(A)。 注:焊角焊缝时,电流要稍大些。打底焊时,特别是焊接不是单向焊双面成形焊道时,使用的焊接电流要小;填充焊时,通常用较大的焊接电流;盖面焊时,为防止咬边和获得较美观的焊缝,使用的电流稍小些。 碱性焊条选用的焊接电流比酸性焊条小 10% 左右。不锈钢焊条比碳钢焊条选用电流小 20% 左右。焊接电流初步选定后,要通过试焊调整。 3)电弧电压主要取决于弧长。电弧长,则电压高;反之则低。在焊接过程中,一般希望弧长始终保持一致,并且尽量使用短弧焊接。所谓短是指弧长为焊条直径的 0.5～1.0 倍。 (3)焊接工艺参数的选择,应在保证焊接质量条件下,采用大直径焊条和大电流焊接,以提高劳动生产率。 (4)坡口底层焊道宜采用不大于 4.0 mm 的焊条,底层根部焊道的最小尺寸应适宜,以防产生裂纹。

项 目	内 容
制订焊接工艺	(5)在承受动载荷情况下,焊接接头的焊缝余高 c 应趋于零,在其他工作条件下,c 值可在 0～3 mm 范围内选取。 (6)焊缝在焊接接头每边的覆盖宽度一般为 2～4 mm
反变形、焊接收缩量确定	(1)控制焊接变形,可采取反变形措施,其反变形参考见表 2-57。 (2)对反变形的构件,应事先在胎具上进行压制,通过试验检验其变形量正确与否,成功后再大批制作。 (3)焊接后在焊缝处发生冷却收缩,其值可参考表 2-58
检查构件	(1)对构件外形尺寸、坡口角度、组装外形进行检查,符合后进行定位焊。 (2)定位焊必须由持相应合格证的焊工施焊,所用焊接材料应与正式施焊相当。定位焊焊缝应与最终焊缝有相同的质量要求。钢衬垫的定位焊宜在接头坡口内焊接,定位焊焊缝厚度不宜超过设计焊缝厚度的 2/3,定位焊焊缝长度宜大于 40 mm,间距 500～600 mm,并应填满弧坑。定位焊预热温度应高于正式施焊预热温度。当定位焊焊缝上有气孔或裂纹时,必须清除后重焊。 (3)对于非密闭的隐蔽部位,应按施工图的要求进行涂层处理后,方可进行组装;对刨平顶紧的部位,必须经质量部门检验合格后才能施焊。 (4)施焊前,焊工应检查焊接部位的组装和表面清理的质量,如不符合要求,应修磨补焊合格后方能施焊。坡口组装间隙超过允许偏差规定时,可在坡口单侧或两侧堆焊、修磨使其符合要求,但当坡口组装间隙超过较薄板厚度 2 倍或大于 20 mm 时,不应用堆焊方法增加构件长度和减少组装间隙。 (5)焊条在使用前应按产品说明书规定的烘焙时间和烘焙温度进行烘焙。低氢型焊条烘干后必须存放在保温箱(筒)内,随用随取。焊条由保温箱取出后放置时间超过 4 h 时,应重新烘干再用,但焊条烘干次数不宜超过 2 次
预热处理	(1)除电渣焊、气电立焊外,HPB235、HRB335 匹配相应强度级别的低氢型焊接材料并采用中等热输入进行焊接时,板厚与最低预热温度要求应符合表2-59的规定 (2)实际工程结构施焊时的预热温度,应满足下列规定: 1)根据焊接接头的坡口形式和实际尺寸、板厚及构件拘束条件确定预热温度。焊接坡口角度及间隙增大时,应相应提高预热温度。 2)根据熔敷金属的扩散氢含量确定预热温度。扩散氢含量高时应适当提高预热温度。当其他条件不变时,使用超低氢型焊条打底预热温度可降低25 ℃～50 ℃。 3)根据焊接时热输入的大小确定预热温度。当其他条件不变时,热输入增大 5 kJ/cm,预热温度可降低 25 ℃～50 ℃。 4)根据接头热传导条件选择预热温度。在其他条件不变时,T 形接头应比对接接头的预热温度高 25 ℃～50 ℃。但 T 形接头两侧角焊缝同时施焊时应按对接接头确定预热温度。 5)根据施焊环境温度确定预热温度。操作地点环境温度低于常温时(高于 0 ℃),应提高预热温度 15 ℃～25 ℃。 (3)预热方法及层间温度控制方法应符合下列规定: 1)焊前预热及层间温度的保持宜采用电加热器、火焰加热器等加热,并采用专用

续上表

项　目	内　容
预热处理	的测温仪器测量； 　2)预热的加热区域应在焊接坡口两侧,宽度应各为焊件施焊处厚度 1.5 倍以上,且不小于 100 mm;预热温度宜在焊件反面测量,测温点应在离电弧经过前的焊接点各方向不小于 75 mm 处;当用火焰加热器预热时正面测温应在加热停止后进行
安装引弧板、引出板和垫板	(1)T 形接头、十字接头、角接接头和对接接头主焊缝两端,必须配置引弧和引出板,其材质应和被焊接母材相同,坡口形式应与被焊焊缝相同,禁止使用其他材质的材料充当引弧板和引出板. 　(2)手工电弧焊引出长度应大于 25 mm。其引弧板和引出板宽度应大于50 mm,长度宜为板厚的 1.5 倍且不小于 30 mm,厚度应不小于 6 mm
焊接	焊接施工标准的施工方法见表 2-60
交验	(1)下例情况之一应进行表面检测: 　1)外观检查发现裂纹时,应对该批中同类焊缝进行 100% 的表面检测; 　2)外观检查怀疑有裂纹时,应对怀疑的部位进行表面探伤; 　3)设计图纸规定进行表面探伤时; 　4)检查员认为有必要时。 　(2)磁粉探伤应符合现行国家标准《无损检测焊缝磁粉检测》(JB/T 6061—2007)的规定,渗透探伤应符合现行国家标准《无损检测焊缝渗透检测》(JB/T 6062—2007)的规定。 　(3)所有焊缝应冷却到环境温度后进行外观检查,HRB335、HRB400 的焊缝应以焊接完成 24 h 后检查结果作为验收依据,RRB400 钢应以焊接完成 48 h 后的检查结果作为验收依据。 　(4)抽样检查的焊缝数如不合格率小于 2% 时,该批验收应定为合格;不合格率大于 5% 时,该批验收应定为不合格;不合格率为 2%～5% 时,应加倍抽检,且必须在原不合格部位两侧的焊缝延长线各增加一处,如在所有抽检中不合格率不大于 3% 时,该批验收应定为合格,大于 3% 时,该批验收应定为不合格。当批量验收不合格时,应对该批余下焊缝全数进行检查。当检查出一处裂纹缺陷时,应加倍抽查,如在加倍抽检焊缝中未检查出其他裂纹缺陷时,该批验收应定为合格,当检查出多处裂纹缺陷或加倍抽查又发现裂纹缺陷时,应对该批余下焊缝的全数进行检查。 　(5)无损检测应在外观检查合格后进行。设计要求全焊透的焊缝,其内部缺陷的检验参见本章"第一节　钢结构构件制作"中相关要求

表 2-55　焊条直径选择

焊条厚度(mm)	<2	2	3	4～6	6～12	>12
焊件直径(mm)	1.6	2	3.2	3.2～4	4～5	5～6

表 2-56　焊接电流选择

焊条直径(mm)	1.6	2.0	3.2	4.0	5.0	5.8
焊接电流(A)	25~40	40~60	100~130	160~210	200~270	260~300

表 2-57　焊接反变形参考数值

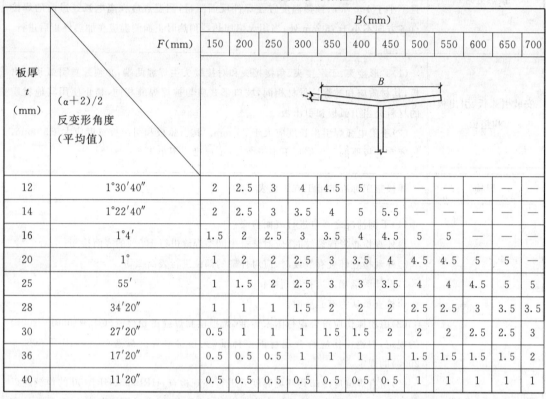

板厚 t (mm)	(α+2)/2 反变形角度 (平均值)	B(mm)											
		150	200	250	300	350	400	450	500	550	600	650	700
12	1°30′40″	2	2.5	3	4	4.5	5	—	—	—	—	—	—
14	1°22′40″	2	2.5	3	3.5	4	5	5.5	—	—	—	—	—
16	1°4′	1.5	2	2.5	3	3.5	4	4.5	5	5	—	—	—
20	1°	1	2	2	2.5	3	3.5	4	4.5	4.5	5	—	—
25	55′	1	1.5	2	2.5	3	3	3.5	4	4	4.5	5	5
28	34′20″	1	1	1	1.5	2	2	2	2.5	2.5	3	3.5	3.5
30	27′20″	0.5	1	1	1	1.5	1.5	2	2	2	2.5	2.5	3
36	17′20″	0.5	0.5	0.5	1	1	1	1	1.5	1.5	1.5	1.5	2
40	11′20″	0.5	0.5	0.5	0.5	0.5	0.5	0.5	1	1	1	1	1

表 2-58　焊接收缩量

结构类型	焊件特征和板厚	焊缝收缩量(mm)
钢板对接	各种板厚	长度方向每米焊缝0.7。 宽度方向每个接口1.0
实腹结构及焊接 H 型钢	断面高小于 1 000 mm 且板厚 D 小于 25 mm	四条纵焊缝每米共缩0.6,焊透梁高收缩1.0。 每对加劲焊缝,梁的长度收缩0.3
	断面高小于 1 000 mm 且板厚 D 大于 25 mm	四条纵焊缝每米共缩1.4,焊透梁高收缩1.0。 每对加劲焊缝,梁的长度收缩0.7
	断面高大于 1 000 mm 的各种板厚	四条纵焊缝每米共缩0.2,焊透梁高收缩1.0。 每对加劲焊缝,梁的长度收缩0.5
格构式结构	屋架、托架、支架等轻型桁架	接头焊缝每个接口为1.0。 搭接贴角焊缝每米0.5
	实腹柱及重型桁架	搭接贴角焊缝每米0.25
圆筒形结构	板厚 D 小于等于 16 mm	直焊缝每个接口周长收缩1.0。 环焊缝每个接口周长收缩1.0
	板厚 D 大于 16 mm	直焊缝每个接口周长收缩2.0。 环焊缝每个接口周长收缩2.0

表 2-59 常用结构钢材最低预热温度要求

钢材牌号	接头最厚部件的板厚 t(mm)				
	$t<25$	$25{\leqslant}t{\leqslant}40$	$40<t{\leqslant}60$	$60<t{\leqslant}80$	$t>80$
Q235	—	—	60 ℃	80 ℃	100 ℃
Q295、Q345	—	60 ℃	80 ℃	100 ℃	140 ℃

注:本表适应条件:
①接头形式为坡口对接,根部焊道,一般拘束度。
②热输入约为 15~25 kJ/cm。
③采用低氢型焊条,熔敷金属扩散氢含量(甘油法):E4315、E4316 不大于 8 mL/100 g;E5015、E5016、E5515、E5516 不大于 6 mL/100g;E6015、E6016 不大于 4 mL/100 g。
④一般拘束度,指一般角焊缝和坡口焊缝的接头未施加限制收缩变形的刚性固定,也未处于结构最终封闭安装或局部返修焊接条件下而具有一定自由度。
⑤环境温度为常温。
⑥焊接接头板厚不同时,应按厚板确定预热温度;焊接接头材质不同时,按高强度、高碳当量的钢材确定预热温度。

表 2-60 焊接施工标准的施工方法

项 目	内 容
基本要求	(1)在约束焊道上施焊,应连续进行;如因故中断,再焊时应对已焊的焊缝局部做预热处理。 (2)不应在焊缝以外的母材上打火、引弧。 (3)采用多层焊时,应将前一道焊缝表面清理干净后再继续施焊。 (4)焊接完成后,应用火焰切割去除引弧板和引出板,并修磨平整。不得用锤击落引弧板和引出板。焊接时不得使用药皮脱落或焊芯生锈的焊条。 (5)焊接完毕,焊工应清理焊缝表面的熔渣及两侧的飞溅物,检查焊缝外观质量。检查合格后应在工艺规定的焊缝及部位打上焊工钢印
焊接变形构件矫正的规定	因焊接而变形的构件,可用机械(冷矫)的方法进行矫正,并应符合以下规定: (1)碳素结构钢在环境温度低于-16 ℃、低合金结构钢在环境温度低于-12 ℃时,不应进行冷矫正和冷弯曲。碳素结构钢和低合金结构钢在加热矫正时,加热温度不应超过 900 ℃。低合金结构钢在加热后应自然冷却; (2)当零件采用热加工成型时,加热温度应控制在 900 ℃~1 000 ℃;碳素结构钢和低合金结构钢在温度下降到 700 ℃和 800 ℃之前,应结束加工;低合金结构钢应自然冷却
焊后消氢处理的规定	当要求进行焊后消氢处理时,应符合下列规定: (1)消氢处理的加热温度应为 200 ℃~250 ℃,保温时间应依据工件板厚按每 25 mm 板厚不小于 0.5 h,且总保温时间不得小于 1 h 确定; (2)达到保温时间且应缓冷到常温; (3)焊接后进行焊缝检查,要求没有焊接缺陷后送专职检验

质量问题

焊缝表面缺陷

质量问题表现

(1)焊缝成形不良。不良的焊缝成形表现在焊喉不足、增高过大、焊脚尺寸不足或过大等。图 2-26 为各种不同表现形式的示意图。

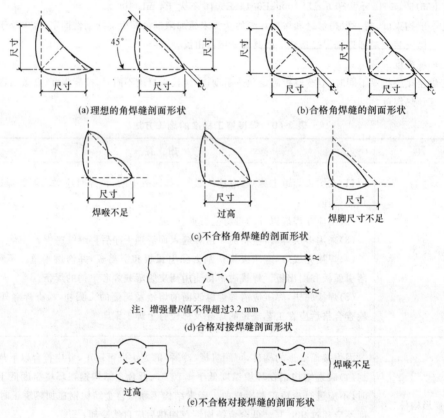

(a)理想的角焊缝剖面形状　　　　　(b)合格角焊缝的剖面形状

焊喉不足　　　　过高　　　　焊脚尺寸不足

(c)不合格角焊缝的剖面形状

注: 增强量R值不得超过3.2 mm
(d)合格对接焊缝剖面形状

过高　　　　焊喉不足

(e)不合格对接焊缝的剖面形状

图 2-26　焊缝剖面形状

注:焊缝或单个焊道的凸度。不得超过该焊缝或焊道表面宽度的 7％＋0.06 in(1.5 mm)

(2)咬边,咬边处会造成应力集中,降低结构承受动荷能力和使疲劳强度降低,图 2-27 为咬边缺陷示意图。

(3)焊瘤,熔化金属流淌到焊缝以外未熔化的母材上,图 2-28 为焊瘤缺陷示意图。

(4)夹渣,焊缝中存在熔渣或其他非金属夹杂物。

(5)未焊透,焊缝与母材质金属之间或焊缝层间的局部未熔合,如图 2-29 为未焊透缺陷示意图。

质量问题

(6)气孔,焊缝表面和内部存在近似圆球形成洞形的空穴,如图 2-30 为气孔缺陷示意图。

(7)裂纹、焊部位出现裂缝。

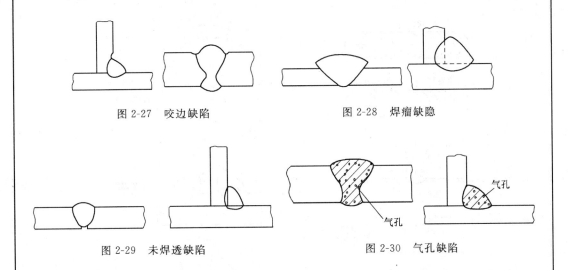

图 2-27 咬边缺陷   图 2-28 焊瘤缺隐

图 2-29 未焊透缺陷   图 2-30 气孔缺陷

质量问题原因

(1)焊缝成形不良的原因:操作不熟练、焊接电流过大或过小;焊接坡口不正确。

(2)咬边的原因:电流太大;电弧过长或运条角度不当;焊接位置不当。

(3)气孔产生的原因有以下两方面。

1)焊接材料方面:焊条或焊剂受潮或未按规定要求烘干;焊条药皮变质或剥落;焊芯锈蚀;焊丝清理不干净;气体保护焊时保护气体纯度低,杂质含量高;气焊时乙炔气中杂质和水分含量过高等。

2)焊接工艺方面:手工电弧焊时焊接电流过大,造成焊条发红而降低保护效果;电弧长度过长;电源电压波动过大,造成电弧不稳定燃烧;气体保护焊时喷嘴结构不合理,保护气体流量过小,挺度不够或受环境气流干扰,影响保护效果;气焊时火焰调整不当,焊炬摆动幅度过大,频率快,焊丝添加不均匀等。

(4)夹渣产生的原因:焊接材料质量不好,熔渣太稠;焊件上或坡口内有锈蚀或其他杂质未清理干净;各层熔渣在焊接过程中未彻底清除;电流太小,焊速太快;运条不当。

(5)焊瘤产生的原因:焊条质量不好;运条角度不当;焊接位置及焊接规范不当。

(6)未焊透产生的原因:焊接电流太小,焊接速度太快;坡口角度太小,焊条角度不当;焊条有偏心;焊件上有锈蚀等未清理干净的杂质。

(7)裂纹,裂纹的产生原因有:

质量问题

1) 主要是由于焊接金属含氢量较高所致,氢的来源有多种途径,如焊条中的有机物、结晶水,焊接坡口和它的附近黏有水分、油污及来自空气中的水分等,如图 2-31 所示;

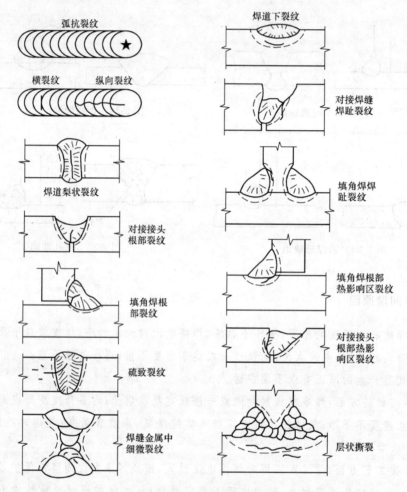

弧抗裂纹

横裂纹　纵向裂纹

焊道梨状裂纹

对接接头根部裂纹

填角焊根部裂纹

硫致裂纹

焊缝金属中细微裂纹

焊道下裂纹

对接焊缝焊趾裂纹

填角焊焊趾裂纹

填角焊根部热影响区裂纹

对接接头根部热影响区裂纹

层状撕裂

图 2-31　焊接接头裂纹种类

2) 焊接接头的约束力较大,例如厚板焊接时接头固定不牢、焊接顺序不当等均有可能产生较大的约束应力而导致裂纹的发生;

3) 母材碳当量较高,冷却速度较快,热影响区硬化从而导致裂纹的发生。焊道下梨状裂纹是常见的高温裂纹的一种,主要发生在埋弧焊或二氧化碳气体保护焊中,手工电弧焊则很少发生。焊道下梨状裂纹的产生原因主要是焊接条件不当,如电压过低、电流过高,在焊缝冷却收缩时使焊道的断面形状呈现梨形。

质量问题

质量问题预防

(1)焊缝成形不良和咬边。

1)可以用车削、打磨、铲或碳弧气刨等方法清除多余的焊缝金属或部分母材,清除后所存留的焊缝金属或母材不应有割痕或咬边。清除焊缝不合格部分时,不得过分损伤母材。

2)修补焊接前,应先将待焊接区域清理干净。

3)修补焊接时所用的焊条直径要略小,一般不宜大于直径 4 mm。

(2)焊瘤。正确对焊瘤的修补一般是用打磨的方法将其打磨光顺,并尽可能使焊口处于平焊位置进行焊接,正确选择焊接规范,正确掌握运条方法。

(3)夹渣的防御及治理方法有以下几种。

1)严格清理母材坡口及其附近表面的脏物、氧化渣,彻底清理前一焊道的熔渣,防止外来夹渣混入。

2)选择中等的焊接电流,使熔池达到一定温度,防止焊缝金属冷却过快,以使熔渣充分淳出。

3)熟练掌握操作技术,正确运条,始终保持熔池清晰可见,促进熔渣与铁水良好分离。

4)气焊时采用中性焰,操作中应用焊丝将熔渣拨出熔池。

5)采用工艺性能良好的焊条,有利于防止夹渣的产生。

(4)防止未焊透(图2-32)产生的措施有控制接头坡口尺寸,彻底清理焊根,选择合适的焊接电流和焊接速度。例如单面焊双面成形的对接接头,其组对间隙一般应等于焊条直径,钝边高度为焊条直径的1/2左右。在焊接质量标准中,双面焊或加垫板的单面焊中是不允许未焊透缺陷存在的。对于不加垫板的单面焊,允许的未焊透缺陷与焊缝的重要程度有关。重要焊缝不允许单面未焊透缺陷;较重要的焊缝允许存在的未焊透深度不得超过母材厚度的10%~15%(随焊缝级别而定),并不得超过 2 mm,未焊透长度应小于或等于同级焊缝所允许的夹渣总长;一般焊缝未焊透深度应小于母材厚度的20%,并且不超过 3 mm,长度也应小于允许的夹渣总长。

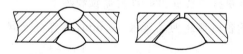

图2-32 未焊透

(5)气孔。

1)不得使用药皮开裂、剥落、变质、偏心或焊芯严重锈蚀的焊条。

2)焊条和焊剂使用前,应按规定要求进行烘烤。一般酸性焊条烘烤温度为150 ℃~200 ℃,保温 1 h;碱性焊条烘烤温度为350 ℃~400 ℃,保温 2 h;烘干后放在100 ℃~

150 ℃的焊条保温筒内,随用随取。应当指出的是要严格按照焊条说明书的要求进行焊条烘烤,不能以较低的烘干温度、较长的烘烤时间来代替,也不宜重复烘干。

3)焊接前,应对焊丝、母材的坡口及其两侧进行清理,彻底除去油污、水分、锈斑等脏物。

4)选用合适的焊接电流和焊接速度,采用短弧焊接。预热可减慢熔池的冷却速度,有利于气体的充分逸出,避免产生气孔缺陷。

5)焊接时应避免风吹雨淋等恶劣环境的影响。室外进行气体保护焊时要设置挡风罩。焊接管子时,要注意管内穿堂风的影响。

6)进行气体保护焊时,要注意气体的纯度和含水量必须符合有关标准的规定。将二氧化碳气瓶倒置一段时间后,能从瓶阀内放出气瓶中的残存水,降低二氧化碳气体中的含水量;在气路系统中装设干燥器能降低保护气体或乙炔中的含水量。

7)碳素钢气焊时应选用中性焰,操作时要熟练、协调。

(6)低温裂纹。

1)选用低氢或超低氢焊条或其他焊接材料。

2)对焊条或焊剂等进行必要的烘焙,使用时注意保管。

3)焊前,应将焊接坡口及其附近的水分、油污、铁锈等杂质清理干净。

4)选择正确的焊接顺序和焊接方向,一般长构件焊接时最好采用由中间向两端对称施焊的方法。

5)进行焊前预热及后热控制冷却速度,以防止热影响区硬化。

(7)高温裂纹。高温裂纹,选择适当的焊接电压、焊接电流;焊道的成形一般控制在宽度与高度之比为1:1.4较适宜。弧坑裂纹也是高温裂纹的一种,其产生原因主要是弧坑处的冷却速度过快,弧坑处的凹形未充分填满所致。防止措施是安装必要的引弧板和引出板,在焊接因故中断或在焊缝终端应注意填满弧坑。焊接裂纹的修补措施如下:

1)通过超声波或磁粉探伤检查出裂纹的部位和界限。

2)沿焊接裂纹界限各向焊缝两端延长 50 mm,将焊缝金属或部分母材用碳弧气刨等刨去。

3)选择正确的焊接规范、焊接材料以及采取预热、控制层间温度和后热等工艺措施进行补焊。

2. 埋弧自动焊焊接施工

埋弧自动焊焊接施工标准的施工方法见表2-61。

表 2-61 埋弧自动焊焊接施工标准的施工方法

项 目	内 容
工艺流程	工艺流程同"手工电弧焊焊接施工工艺流程"
制订焊接工艺	(1)焊接电流的选择,埋弧焊熔池深度决定于焊接电流。 有近似的经验按式(2—9)估算: $$H = K \cdot I \qquad (2—9)$$ 式中 H——熔深(mm); 　　　I——焊接电流(A); 　　　K——系数,决定于电流种类、极性和焊丝直径等,一般取 0.01(直流正接)或 0.011(直流反接、交流)。 (2)埋弧自动焊工艺参数。 1)不同直径焊丝适用的焊接电流范围见表 2-62。 2)电弧电压要与焊接电压匹配,参见表 2-63。 3)不开坡口留间隙双面焊工艺参数见表 2-64
反变形、收缩量确定	(1)施焊前,焊工应检查焊接部位的组装和表面清理的质量,如不符合要求,应修磨补焊合格后方能施焊。坡口允许间隙超过允许偏差时,可在坡口单侧或两侧堆焊、修磨使其符合要求,但当坡口组装间隙超过较薄板厚度的 2 倍或大于 20 mm 时,不应用堆焊方法解决。 (2)控制焊接变形,可采取反变形措施,其反变形参考见表 2-57 (3)焊接收缩量表见表 2-58
检查构件	(1)施焊前,应复核焊接件外形尺寸、接头质量和焊接区域的坡口、间隙、钝边等的情况,发现不符合要求时,应修整。 (2)构件摆放应当平整、贴实。定位焊接应与原焊接材料相同,并由焊接工按工艺要求操作
加装引弧板、引出板及垫板	定位焊必须由持相应合格证的焊工施焊,所用焊接材料应与正式施焊相当。定位焊焊缝应与最终焊缝有相同的质量要求。钢衬垫的定位焊宜在接头坡口内焊接,定位焊焊缝厚度不宜超过设计焊缝厚度的 2/3,定位焊缝长度宜大于 40 mm,间距 500～600 mm,并应填满弧坑。定位焊预热温度应高于正式施焊预热温度。当定位焊焊缝上有气孔或裂纹时,必须清除重焊
按工艺文件要求进行焊前预热	(1)板厚与最低预热温度要求宜符合表 2-65 的规定。实际操作时,尚应符合下列规定: 1)根据焊接接头的坡口形式和实际尺寸、板厚及构件约束条件确定预热温度。焊接坡口角度及间隙增大时,应相应提高预热温度。 2)根据接头热传导条件选择预热温度。在其他条件不变时,T 形接头应比对接接头的预热温度高 25 ℃～50 ℃。但 T 形接头两侧角焊缝同时施焊时应按对接接头确定预热温度。 3)根据施焊环境温度确定预热温度。操作地点环境温度低于常温(高于 0 ℃),应提高预热温度 15 ℃～25 ℃。 (2)对于非密闭的隐蔽部位,应按施工图的要求进行涂层处理后方可进行组装;对刨平顶紧的部位,必须经质量部门检验合格后才能施焊

项　目	内　容
焊接	(1)不应在焊缝以外的母材上打火引弧。 (2)厚度 12 mm 以下板材,可不开坡口,采用双面焊,正面焊电流稍大,熔深达 65%～70%,反面达 40%～55%。厚度大于 12～20 mm 的板材,单面焊后,背面清根,再进行焊接。厚度较大板,开坡口焊,一般采用手工打底焊。 (3)在组装好的构件上施焊,应严格按焊接工艺规定的参数以及焊接顺序进行,以控制焊后构件变形。 (4)在约束焊道上施焊,应连续进行;如因故中断,再焊时应对已焊的焊缝局部做预热处理。 (5)采用多层焊时,应将前一道焊缝表面清理干净后再继续施焊。 (6)T 形接头、十字接头、角接接头和对接接头主焊缝两端,必须配置引弧板引出板,其材质应和被焊母材相同,坡口形式应与被焊焊缝相同,禁止其他材料充当。 (7)非手工电弧焊焊缝引出板宽度应大于 80 mm,长度宜为板厚的 2 倍且不小于 100 mm,厚度应不小于 10 mm。 (8)填充层总厚低于母材表面 1～2 mm,稍凹,不得熔化坡口边。 (9)盖面层使焊缝对坡口熔宽每边(3±1)mm,调整焊速,使余高为 0～3 mm。 (10)焊接完成后,应用火焰切割引弧板和引出板,不得锤击
交验	参见"手工电弧焊接施工"的相关内容
矫正、清理、涂装	(1)因焊接而变形的构件,可用机械(冷矫)或在严格控制温度条件下加热(热矫)的方法进行矫正。 (2)碳素结构钢在环境温度低于 -16 ℃、低合金结构钢在环境温度低于 -12 ℃ 时,不应进行冷矫正和冷弯曲。碳素结构钢和低合金结构钢在加热矫正时,加热温度不应超过 900 ℃。低合金结构钢在加热后应自然冷却。 (3)当零件采用热加工成型时,加热温度应控制在 900 ℃～1 000 ℃;碳素结构钢和低合金结构钢在温度下降到 700 ℃ 和 800 ℃ 之前,应结束加工;低合金结构钢应自然冷却

表 2-62　不同直径焊丝适用的焊接电流范围表

焊丝直径(mm)	2	3	4	5	6
电流密度(A/mm²)	63～125	50～85	40～63	35～50	28～42
焊接电流(A)	200～400	350～600	500～800	700～1 000	820～1 200

表 2-63　电弧电压与焊接电流的配合

焊接电流(A)	600～700	700～850	850～1 000	1 000～1 200
电弧电压(V)	36～38	38～40	40～42	42～44

注:焊丝直径 5 mm,交流。

表 2-64　不开坡口留间隙双面焊工艺参数

焊件厚度 (mm)	装配间隙 (mm)	焊接电源 (A)	焊接电压(V)		焊接速度 (m/h)
			交流	直流反接	
10~12	2~3	750~800	34~36	32~34	32
14~16	3~4	775~825	34~36	32~34	30
18~20	4~5	800~850	36~40	34~36	25
22~24	4~5	850~900	38~42	36~38	23
26~28	5~6	900~950	38~42	36~38	20
30~32	6~7	950~1 000	40~44	38~40	16

注：焊剂431，焊丝直径5 mm。两面采用同一工艺参数，第一次在焊剂垫上施焊。

表 2-65　板厚与最低预热温度

钢材牌号	接头最厚部位的板厚 t(mm)				
	$t<25$	$25 \leqslant t \leqslant 40$	$40<t \leqslant 60$	$60<t \leqslant 80$	<80
Q235	—	—	60 ℃	80 ℃	100 ℃
Q295、Q345	—	60 ℃	80 ℃	100 ℃	140 ℃

质量问题

钢结构焊缝焊后出现裂纹

质量问题表现

结构强度降低，应力会高度集中，结构容易破坏，常见的裂纹有结晶裂纹、液化裂纹、再热裂纹、氢致延迟裂纹等。

质量问题原因

(1)焊件和焊接材料的化学成分不当，含碳量、碱当量过高或硫、磷成分过高或分布不均匀。或焊件刚度大，焊接顺序和方法不当，限制了焊件的自由胀缩，由于拘束应力作用产生裂纹。

(2)焊件厚度大，未进行预热。

(3)在低温下焊接，运条速度太快，坡口组对间隙太小，填充金属较薄，强度低，焊缝冷却太快，未进行焊后缓冷，产生过大的应力，也易产生裂纹。

(4)组对定位点焊数量太少，或在强制变形下定位焊接，使焊缝应力过大，而引起焊缝裂纹。

(5)由于焊件构造不当或焊接规范选用不合理，造成各种缺陷，引起严重应力集中，而导致产生裂纹。

质量问题

(6)或在雨季、冬季焊接未采用防雨雪措施,使处于高温焊缝突然骤冷,导致焊缝淬硬、冷脆而产生裂纹。

(7)由于坡口加工和组对工艺不合理等系列通病、缺陷的存在,在焊接过程中未认真检查,产生综合性的累计破坏作用,最后也会发展成恶性裂纹等。

质量问题预防

(1)对重要结构必须有经焊接专家认可的焊接工艺,施工过程中有焊接工程师做现场指导。

(2)结晶裂纹:限制焊缝金属碳、硫含量,在焊接工艺上调整焊缝形状系数,减小深度比,减小热输入,采取预热措施,减少焊件约束度。

(3)液化裂纹:减少焊接热输入,限制母材与焊缝金属的碳、硫、磷含量,提高锰含量,减少焊缝熔透深度。

(4)再热裂纹:防止未焊透、咬边、定位焊或正式焊的凹陷弧坑,减小约束度,避免应力集中,降低残余应力,尽量减少工件的刚度,合理预热和焊后热处理,延长后热时间,预防再热裂纹产生。

(5)氢致延迟裂纹:选择合理的焊接规范及热输入,改善焊缝及热影响区组织状态。焊前预热,控制层间温度及焊后缓慢冷却或后热,加快氢分子逸出。焊前认真清除焊丝及坡口的油锈、水分,焊条严格按规定温度烘干,低氢型焊条 300 ℃~350 ℃保温 1 h,酸性焊条 100 ℃~150 ℃保温 1 h,焊剂 200 ℃~250 ℃保温 2 h。

(6)焊后及时热处理,可清除焊接内应力及降低接头焊缝的含氢量。对板厚超过25 mm 和抗拉强度在 500 MPa 以上钢材,应选用碱性低氢焊条或低氢的焊接方法,如气体保护焊,选择合理的焊接顺序,减小焊接内应力,改进接头设计,减小约束度,避免应力集中。

(7)凡需预热的构件,焊前应在焊道两侧各 100 mm 范围内均匀预热,板厚超过30 mm,且有淬硬倾向和约束度较大的低合金结构钢的焊接,必要时可进行后热处理。常用预热温度,当普通碳素结构钢板厚≥50 mm、低合金结构钢板厚≥36 mm 时,预热及层间温度应控制在 70 ℃~100 ℃(环境温度 0 ℃以上)。低合金结构钢的后热处理温度为 200 ℃~300 ℃,后热时间为每 30 mm 板厚 1 h。

3. CO_2 气体保护焊施工

CO_2 气体保护焊施工标准的施工方法见表 2-66。

表 2-66　CO_2 气体保护焊施工标准的施工方法

项 目	内 容
工艺流程	制订焊接工艺 → 检查构件 → 加装引弧板、引出板及垫板 → 调整 工艺参数 → 焊接 → 交验 → 清理、涂装

续上表

项 目	内 容
制订焊接工艺	根据构件尺寸、坡口、焊接环境、焊接要求制定焊接工艺
检查构件	(1)检查构件外形及坡口尺寸并合格。 (2)施焊前,焊工应复核焊接件的接头质量和焊接区域的坡口、间隙、钝边等的处理情况。当发现有不符合要求时,应修整合格后方可施焊。焊接连接组装允许偏差值见表2-67的规定。 (3)施焊前,焊工应检查焊接部位的组装和表面清理的质量,如不符合要求,应修磨补焊合格后才能施焊。坡口允许间隙超过允许偏差时,可在坡口单侧或两侧堆焊、修磨使其符合要求,但当坡口组装间隙超过较薄板厚度的2倍或大于20 mm时,不应用堆焊方法解决。 (4)定位焊必须由持相应合格证的焊工施焊,所用焊接材料应与正式施焊相当。定位焊焊缝应与最终焊缝有相同的质量要求。钢衬垫的定位焊宜在接头坡口内焊接,定位焊焊缝厚度不宜超过设计焊缝厚度的2/3,定位焊焊缝长度宜大于40 mm,间距500~600 mm,并应填满弧坑。定位焊预热温度应高于正式施焊预热温度。当定位焊焊缝上有气孔或裂纹时,必须清除后重焊
加装引弧板、引出板及垫板	(1)T形接头、十字接头、角接接头和对接接头主焊缝两端,必须配置引弧板引出板,其材质应和被焊母材相同,坡口形式应与被焊焊缝相同,禁止其他材料充当。 (2)气体保护电弧焊缝引出长度应大于25 mm。其引弧板和引出板宽度应大于50 mm,长度宜为板厚的1.5倍且不小于30 mm,厚度应不小于6 mm
调整焊接工艺参数	(1)焊前应对焊丝仔细清理,去除铁锈和油污等杂质。 (2)焊丝直径的选择,根据板厚的不同选择不同的直径,为减少杂质含量,尽量选择直径较大的焊丝见表2-68。 (3)常用焊接电流和电弧电压的范围见表2-69。
焊接	(1)对于非密闭的隐蔽部位,应按施工图的要求进行涂层处理后方可进行组装;对刨平顶紧的部位,必须经质量部门检验合格后才能施焊。 (2)二氧化碳气体保护焊必须采用直流反接。 (3)打底焊层高度不超过4 mm,填充焊时焊枪横向摆动,使焊道表面下凹,且高度低于母材表面1.5~2 mm;盖面焊时焊接熔池边缘应超过坡口棱边0.5~1.5 mm,防止咬边。 (4)不应在焊缝以外的母材上打火、引弧。 (5)半自动焊时,焊速不超过0.5 m/min。 (6)焊接前应按工艺文件的要求调整焊接电流、电弧电压、焊接速度、送丝速度等参数,合格后方可正式施焊。 (7)焊毕自检、校正。 (8)构件焊接后的变形,应进行成品矫正,成品矫正应采用热矫正,加热温度不宜大于650 ℃,构件矫正允许偏差值应符合表2-70的要求。 (9)对焊缝外观进行检查有无裂纹及其他焊接缺陷。 (10)打上焊工号、交检

项 目	内 容
交验	参见"手工电弧焊焊接施工标准的施工方法"的相关内容
清理、涂装	(1)凡构件上的焊瘤、飞溅、毛刺、焊疤等均应清除干净,要求平的焊缝应将焊缝余高磨平。 (2)焊接完成后,应用火焰切割引弧板和引出板,不得锤击。 (3)清理焊接残余物。对构件表面及焊道进行清理,宜采用喷砂方法。 (4)按涂装工艺进行涂敷

表 2-67 焊接连接组允许偏差

项 目		允许偏差(mm)	连接示意图
对接间隙 a		±1.0	
边缘高差(mm)	4<t≤8	1.0	
	8<t≤20	2.0	
	20<t≤40	t/10 但不大于 3.0	
	t>40	t/10 但不大于 4.0	
坡口	坡口角度 α	±5°	
	钝边 P	±1.0	
搭接	长度 L	±5.0	
	间隙 a	1.0	
顶接间隙 a		1.0	

表 2-68 焊丝直径的选择

线材厚度(mm)	≤4	>4
焊丝直径(mm)	φ0.5~φ1.2	φ1.0~φ2.5

表 2-69 常用焊接电流和电弧电压的范围

焊丝直径(mm)	短路过渡		细颗粒过渡	
	电流(A)	电压(V)	电流(A)	电压(V)
0.5	—	—	—	—
0.6	30~60	16~18	—	—
0.8	30~70	17~19	—	—
1.0	50~100	18~21	160~400	25~38

续上表

焊丝直径(mm)	短路过渡		细颗粒过渡	
	电流(A)	电压(V)	电流(A)	电压(V)
1.2	70~120	18~22	200~500	26~40
1.6	90~150	19~23	—	—
2.0	140~200	20~24	200~600	27~40
2.5	—		300~700	28~42
3.0			200~800	32~44

注:最大值电弧电压有时只有1~2 V之差,要仔细调整

表 2-70 矫正允许偏差值

项 目	允许偏差(mm)
柱底板平面度	5.0
桁架、腹杆弯曲	$l/1\,500$ 且不大于5.0,梁不准下挠
桁架、腹杆扭曲	$H/250$ 且不大于5.0
牛腿翘曲	当牛腿长度≤1 000 时为2 当牛腿长度>1 000 时为3

质量问题

自保护焊接缺陷导致对结构的影响

质量问题表现

自保护焊接缺陷主要包括气孔及焊坑、卷入熔渣、熔合不佳、焊道成形不佳、飞溅、咬边、焊瘤、裂纹等缺陷。可能会导致部分结构断裂的风险。

质量问题原因

(1)气孔及焊坑产生的原因有:电弧电压不合适;焊丝干伸长过短;焊丝受潮;钢板上有大量的锈蚀涂料;焊枪的倾斜角度不对;特种横向焊接速度过快。

(2)卷入熔渣产生的原因有:电弧电压过低;持枪的姿势和方法不正确;焊丝干伸长过长。

(3)熔合不佳产生原因:电流过低;焊接速度过慢;电弧电压过高;持枪姿势不对;坡口形状不当。

质量问题

(4)焊道成形不佳产生原因:持枪不熟练;坡口面内的融接方法不当;因焊嘴磨损致使焊丝干伸长发生变化;焊丝突出的长度产生了变化。

(5)飞溅产生原因:电弧电压不稳定;干伸长过长;焊接电流过低;焊枪的倾斜角度不当或过大;焊丝吸潮;焊枪不佳。

质量问题预防

(1)为防止气孔及焊坑,在焊接过程应注意:将电弧电压调整到合适值;保持在30~50 mm;焊接前在250 ℃~350 ℃温度下烘1 h;将待焊区域的锈及其他妨碍焊接的杂质清除干净;向前进方向倾斜70 ℃~90 ℃;调整速度。

(2)为防止卷入熔渣的产生应注意:电弧电压要适当;应熟练掌握持枪的姿势和方法;一般应保持在30~50 mm范围内;提高焊接速度;每道焊缝焊完后,应彻底清除熔渣;在进行打底焊时,电压要适当,持枪姿势、方法要正确;应近似于手工电弧焊的坡口形状;保持平衡,加快焊接速度。

(3)为防止熔合不佳带来的影响应注意:特别要提高加工过的焊道一侧的电流;稍微加快焊接速度;将电弧电压调至适当处;熟练掌握持枪姿势和方法;接近于手工电弧焊时的坡口形状。

(4)为了防止焊道成形不佳,焊接过程中应注意:焊接速度要均衡,横向摆动要小,宽度要保持一定;要熟悉融接要领;更换新的焊嘴;焊丝的突出要保持一定。

(5)为防止飞溅的产生,焊接中应注意:将电弧电压调整好;一般保持在30~50 mm范围内;电流调整合适;尽可能保持接近于垂直的角度状态,避免过大或过小的倾斜;焊接前在250 ℃~350 ℃高温下烘干1 h;调整焊枪内的控制线路、进给机构及导管电缆的内部情况。

4. 电渣焊施工

电渣焊施工标准的施工方法见表2-71。

表 2-71 电渣焊施工标准的施工方法

项 目	内 容
工艺流程	焊前准备 → 检查钢构件 → 确定焊接工艺 → 焊接施工 → 自检 → 专职检查 → 验收
焊前准备	(1)焊前准备,熔嘴需经烘干(100 ℃~150 ℃)×1 h 焊剂如受潮也须烘干(150 ℃~350 ℃)×1 h。检查熔嘴钢管内部是否通顺、导电夹持部分及待焊构件坡口是否有锈、油污、水分等有害物质,以免焊接过程中产生停顿、飞溅或焊缝的缺陷。 (2)电渣焊和气电立焊在环境温度为 0 ℃以上时施焊可不进行预热

项　目	内　容
钢构件检查	(1)施焊前,检查组装间隙的尺寸,装配缝隙应保持在 1 mm 以下,当缝隙大于 1 mm 时,应采取措施进行修整和补救。 (2)检查焊接部位的清理情况,焊接断面及附近的油污、铁锈和氧化物等污物必须清除干净。 (3)焊道两端应按工艺要求设置引弧板和熄弧板。 (4)用马蹄形卡具及楔子安装、卡紧水冷铜成形块(如采用永久性钢垫块则应焊于母材上),检查其与母材是否贴合,以防止熔渣和熔融金属流失使过程不稳定甚至被迫中断。检查水流出入成形块是否通畅,管道接口是否牢固,以防止冷却水断流而成形块与焊缝熔合
确定焊接工艺	(1)应当根据实际情况进行试焊后调整焊接工艺参数。 (2)焊接后进行检测合格后确定焊接工艺方案
按合理焊接顺序进行焊接	(1)安装管状熔嘴并调整对中,熔嘴下端距引弧板底面距离一般为 15～25 mm。 (2)焊接电流的选择可按式(2—10)进行计算: $$I = K \cdot F \qquad (2-10)$$ 式中　I——平均焊接电流(A); 　　　F——管状熔嘴截面积(mm^2); 　　　K——比例系数,一般取 5～7。 (3)在保证焊透的情况下,电压尽可能低一些。焊接电压一般可在 35～55 V 之间选取。 (4)引弧时,电压应比正常焊接过程中的电压高 3～8 V,渣池形成后恢复正常焊接电压。 (5)引弧,采用短路引弧法,焊丝伸出长度约为 30～40 mm,伸出长度太小时,引弧的飞溅物易造成熔嘴端部堵塞,太大时焊丝易爆断,过程不能稳定进行。 (6)焊接速度可在 1.5～3 m/h 的范围内选取。 (7)常用的送丝速度范围为 200～300 m/h,造渣过程中选取 200 m/h 为宜。 (8)渣池深度通常为 35～55 mm。 (9)焊接启动时,慢慢投入少量焊剂,一般为 35～50 g,焊接过程中应逐渐少量添加焊剂。 (10)焊接过程中,应随时检查熔嘴是否在焊道的中心位置上,严禁熔嘴和焊丝过偏。 (11)焊接电压随焊接过程而变化,焊接过程中随时注意调整电压。 (12)焊接过程中注意随时检查焊件的炽热状态,一般约在 800 ℃(樱红色)以上时熔合良好;当不足 800 ℃时,应适当调整焊接工艺参数,适当增加渣池内总热量。 (13)当焊件厚度小于 16 mm 时,应在焊件外部安装铜散热板或循环水散热器。 (14)熔嘴电渣焊不作焊前预热和焊后热处理,只是引弧前对引弧器加热 100 ℃左右。 (15)焊接:应按预定参数调整电流、电压,随时应检测渣池深度,渣池深度不够或电流过大时,电压下降,可随时添加少量焊剂。随时观测母材红热区不超出成形块宽度以外,以免熔宽过大。随时控制冷却水温在 50 ℃～60 ℃,水流量应保持稳定。

项 目	内 容
按合理焊接顺序进行焊接	(16)焊缝收尾时应适当减小焊接电压,并断续送进焊丝,将焊缝引到熄弧板上收尾。 (17)熄弧:熔池必须引出到被焊母材的顶端以外,熄弧时应逐步减少送丝速度与电流,并采取焊丝滞后停送填补弧坑的措施以避免裂纹、减少收缩。 (18)因焊接而变形的构件,可用机械(冷矫)或在严格控制温度的条件下采用加热(热矫)的方法进行矫正。 1)普通低合金结构钢冷矫时,工作地点的温度不得低于−16 ℃;热矫时,其温度值应控制在750 ℃～900 ℃之间。 2)普通碳素结构钢冷矫时工作地点温度不得低于−20 ℃;热矫时的温度不得超过900 ℃。 3)同一部位加热矫正不得超过2次,并应缓慢冷却,不得用水骤冷
自检	(1)焊接后进行自检,焊缝外观成形应光滑,不得有未熔合、裂纹等缺陷;当板厚小于30 mm时,压痕、咬边深度不得大于0.5 mm;板厚大于或等于30 mm时,压痕、咬边深度不得大于1.0 mm。 (2)焊接完毕,焊工应清理焊缝表面的熔渣及两侧的飞溅物,检查焊缝外观质量。检查合格后应在工艺规定的焊缝及部位打上焊工钢印
专职检查	专职检验员检查,超声波探伤检查
验收	(1)验收资料齐全。 (2)焊缝探伤检验报告合格

질량문제 **质量问题**

焊缝尺寸不符合要求

质量问题表现

焊接表面不美观、焊缝尺寸不符合要求包括焊缝外形高低不平、焊波宽窄不齐、焊缝增高量过大或过小、焊缝宽度太宽或太窄、焊缝和母材之间的过渡不平滑等,如图2-34所示。焊缝连接强度达不到要求,易损坏。

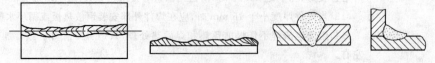

(a)焊波宽窄不齐   (b)焊缝高低不平   (c)焊缝与母材过渡不良   (d)焊脚尺寸相差过大

图2-33 焊缝尺寸不符合要求

质量问题

质量问题原因

(1)焊接坡口角度不当或装配间隙不均匀。

(2)焊接参数选择不当。

(3)运条速度或操作不当以及焊条角度掌握不合适等。

质量问题预防

对尺寸过小的焊缝应加焊到所要求的尺寸;坡口角度要合适,装配间隙要均匀;正确地选择焊接参数;焊条电弧焊操作人员要熟练地掌握运条速度和焊条角度,以获得成形美观的焊缝。焊缝外观精度检验标准见表 2-72。

表 2-72　焊缝外观精度检验标准

序号	名称	图例	标准允许偏差	备注
1	角焊缝的尺寸 ΔS		$0 \leqslant \Delta S \leqslant 3$ mm	肉眼检查的同时,对过大或过小的部位采用量规测量。发生局部过大或过小,如果缝全长均良好,仍可以作为合格
2	角焊缝的余高 Δa		$0 \leqslant \Delta a \leqslant 3$ mm	—
3	对接焊缝的余高 h		焊缝宽度　　　余高 h $B < 15$ mm　　　$h \leqslant 3$ mm 15 mm$\leqslant B < 25$ mm　$h \leqslant 4$ mm 25 mm$\leqslant B$ $h \leqslant 4B/25$(mm) 且 0.5 mm 以上	—
4	T 形对接焊缝的余高 e	$a=t/4(t \leqslant 40$ mm$)$ $a=10$ mm$(t > 40$ mm$)$	$0 \leqslant e \leqslant 5$ mm	规定余高的最小值 $t/4$,并小于 10 mm,以此规定误差
5	咬口 e		$e \leqslant t/20$ 且 $e \leqslant 0.5$ mm	—

质量问题

续上表

序号	名称	图例	标准允许偏差	备注
6	焊缝表面不整齐 e	$e_2=B_1-B_2$ 150 mm 25 mm	焊缝表面凹凸的高低差 e_1： 焊缝长度在 25 mm 范围内为 2.5 mm； 焊缝宽度不齐 e_2； 焊缝长度在 150 mm 范围内≤5 mm	—
7	表面气孔		对于全焊透焊接接头：不允许； 对于部分焊透、填角焊接头： 焊缝长度在 1 m 以下：不超过 3 个； 焊缝长度超过 1 m：每米允许到 3 个	分散的小直径气孔不需要修补
8	螺栓焊后高度 ΔL	$L+\Delta L$	$-2\ \mathrm{mm} \leqslant \Delta L \leqslant 2\ \mathrm{mm}$	螺栓倾斜时，在螺杆中心线测量螺栓长度

注：t 为焊件厚度。

5. 焊钉焊接施工

焊钉焊接施工标准的施工方法见表 2-73。

表 2-73 焊钉焊接施工标准的施工方法

项 目	内 容
工艺流程	画线定位 → 清理焊接区域 → 试验及检验 → 调整工艺参数 → 焊前检验 → 正式焊接 → 检验 → 验收
画线定位	(1)按施工图纸在构件上画线定位。 (2)放出十字线后以便于瓷环摆放
清理焊接区域	(1)所有焊接区域都应清理干净，不应有漆及水渍。 (2)栓钉和瓷环都应干燥，否则应进行烘焙
试验及检验	施焊前，必须对不同材质、不同规格、不同厂家、不同批号生产的栓钉，采用不同型号的焊机及焊枪进行严格的与现场同条件的工艺参数试验。根据"标准工艺焊接参数"及增、减 10% 电流值分别施焊 3 组，确定最佳参数，按最佳参数做 2 组正式试件，进行静力拉伸、反复弯曲及拉弯试验

右上角：续上表

项　目		内　容
调整工艺参数		经工艺试验合格的参数,方可在工程中使用。其焊接能量的大小与焊接的电压、电流及时间乘积成正比。为保证栓钉焊电弧的稳定,要靠调整焊接电流和通电时间来控制和改变焊接能量
焊前检验		(1)放线、抽检栓钉及瓷环,进行烘干。潮湿时焊件也需烘干。 (2)每天正式焊接前做两个试件,弯45°检查合格后,方可正式施焊
正式焊接	栓焊过程	栓焊过程,如图2-34所示
	操作步骤	(1)把栓钉放在焊枪的夹持装置中,在规定位置放上相应的保护瓷环,把栓钉插入瓷环内并与母材接触。 (2)按动电源开关,栓钉自动提升,激发电弧。 (3)焊接电流增大,使栓钉端部和母材局部表面熔化。 (4)设定的电弧燃烧时间到达后,将栓钉自动压入母材。 (5)切断电流,熔化金属凝固,并使焊枪保持不动
	栓钉端部的处理	冷却后,栓钉端部表面形成均匀的环状焊缝余高,敲碎并清除保护环
	操作要点	(1)焊枪要与焊接面呈90°角,瓷环就位,焊枪夹住栓钉并放入瓷环压实。 (2)扳动焊枪开关,电流通过引弧剂产生电弧,在控制时间内栓钉融化,随枪下压,回弹、弧断,焊接完成。 (3)提枪后,用小锤敲掉瓷环
	穿透焊采用的方法	(1)非镀锌板可直接焊接。 (2)镀锌板用乙炔氧焰在栓钉焊位置烘烤,敲击双面除锌后焊接。 (3)采用螺旋钻开孔
	注意事项	(1)应根据现场实际情况、不同季节、不同电缆线长,调整工艺参数。 (2)栓钉焊接应由有实践经验的焊工操作,保证焊接质量
检验		(1)检查焊钉规格和排列尺寸位置合格。 (2)在工程中栓焊的检验是通过打弯试验进行,即用锤敲击栓钉头部使其弯曲30°后,观察其焊接部位有无裂纹,若无裂纹为合格
施工作业要点		(1)正式焊接前试焊1个焊钉,用榔头敲击使剪力钉弯曲大约30°角,无肉眼可见裂纹方可开始正式焊接,否则应修改施工工艺。 (2)每天从焊接完的焊钉中每根梁上任选两个敲弯成30°角,检查是否合格 如果有不饱满的或修补过的焊钉,要弯曲15°角检验。敲击方向应从焊缝不饱满一侧进行。 (3)弯曲后的焊钉如果合格,可保留现有状态使用

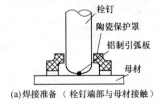
(a)焊接准备（栓钉端部与母材接触）

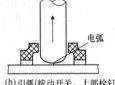
(b)引弧(按动开关,上部栓钉产生引导电弧)

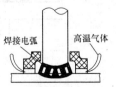
(c)焊接(强电流使栓钉端与一部分母材加热熔化)

图 2-34

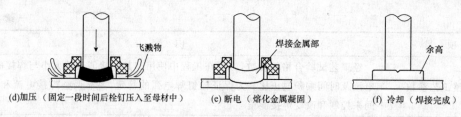

(d)加压（固定一段时间后栓钉压入至母材中）　（e)断电（熔化金属凝固）　（f)冷却（焊接完成）

图 2-34　栓焊全过程

角焊缝焊脚尺寸过大

质量问题表现

构件产生翘曲、变形和较大的焊接收缩应力，从而导致对连接质量的影响。

质量问题原因

角焊缝焊接，不按设计要求，随意施焊，使焊脚尺寸过大。

质量问题预防

角焊缝的焊脚尺寸应按施工图纸中规定施焊，不得随意加大焊脚尺寸，并应符合下列要求：

（1）角焊缝的焊脚尺寸 h_f(mm) 不得小于 $1.5\sqrt{t}$，t(mm) 为较厚焊件厚度（当采用低氢型碱性焊缝施焊时，t 可采用较薄焊件的厚度）。但对埋弧自动焊，最小焊脚尺寸可减小 1 mm；对 T 形连接的单面角焊缝，应增加 1 mm。当焊件厚度等于或小于 4 mm 时，则最小焊脚尺寸应与焊件厚度相同。

（2）角焊缝的焊脚尺寸不宜大于较薄焊件厚度的 1.2 倍，如图 2-35（a）所示（钢管结构除外），但板件（厚度为 t）边缘的角焊缝最大焊脚尺寸，尚应符合下列要求如图 2-35（b）所示。圆孔或槽孔内的角焊缝焊脚尺寸尚不宜大于圆孔直径或槽孔短径的 1/3。

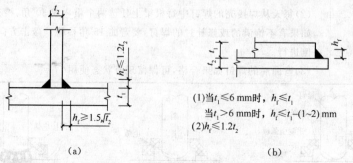

（a）　　　　　　　　　　　（b）

图 2-35　角焊缝的最大焊脚尺寸

    (3)角焊缝的两焊脚尺寸一般为相等。当焊件的厚度相差较大且等焊脚尺寸不能符合本条第(1)、(2)款要求时,可采用不等焊脚尺寸,与较薄焊件接触的焊脚边应符合上述第(2)条的要求;与较厚焊件接触的焊脚边应符合上述第(1)条的要求。

    (4)侧面角焊缝或正面角焊缝的计算长度不得小于 $8h_f$ 和 40 mm。

    (5)侧面角焊缝的计算长度不宜大于 $60h_f$,当大于上述数值时,其超过部分在计算中不予考虑。若内力沿侧面角焊缝全长分布时,其长度不受此限。

焊接时不注意选择焊条直径导致生产效率降低

质量问题表现

    焊缝没有完全熔合,焊缝成形不好,焊缝应力增大。

质量问题原因

    (1)焊接时不注意根据焊件的层数(遍数)、厚度、接头形式(坡口)、焊缝的位置等选择不同直径的焊条,为图省事,一条焊缝采用同一直径的焊条。

    (2)应采用大直径焊条的位置采用小焊条。

质量问题预防

    (1)对焊条直径的正确选择为保证坡口根部焊透,在进行多层焊时,第一层(遍)焊缝及定位焊,应选用较小直径(3.2 mm)的焊条。

    (2)在焊接过程中,大厚度的多层焊缝,第一层用小直径焊条焊接,这样可以保证根部熔透,可以减少焊缝横向收缩应力;以后各层及无坡口的对接焊缝,为提高生产效率,应尽量选用较大直径焊条,但用过粗的焊条会产生未焊透或焊缝成形不良等缺陷。

    (3)接头形式和焊缝空间处在不同位置,所用焊条直径同样会不尽相同。如搭接和T形接头焊缝用的焊条直径可大些;平焊时所用焊条的直径也可大些;立焊时所用焊条的直径最大不超过 5 mm;横焊和仰焊时的焊条直径宜小些,所用焊条的直径一般不超过 4 mm,这可以形成较小的熔池,减少熔化金属下淌和便于操作。焊件厚度与焊条直径的对应关系可参照表 2-74 选择。

表 2-74　焊条直径与焊件厚度的关系

焊件厚度(mm)	≤2	3~4	5~12	>12
焊条直径(mm)	2	3.2	4~5	≥5

6. 高强度螺栓连接施工

高强度螺栓连接施工标准的施工方法见表 2-75。

表 2-75　高强度螺栓连接施工标准的施工方法

项　目	内　容
工艺流程	高强度螺栓轴力、扭矩系数试验 → 连接件摩擦系数试验 → 检查 → 连接面 → 清除浮锈、飞刺与油污 → 安装构件就位 → 临时螺栓固定 → 校正钢柱达到预留偏差值 → 紧固临时螺栓,冲孔,检查缝隙 → 安装高强度螺栓 → 初拧、终拧 → 采用转角法做出标记 → 检查验收
高强度螺栓轴力、扭矩系数试验	(1)高强度螺栓检验及复验见表 2-4 的相关内容。 (2)螺栓球网架用高强度螺栓。 1)高强度螺栓的性能等级应按螺纹规格分别选用。对于 M12～M36 的高强度螺栓,其性能等级为 10.9 s;对于 M39～M64 的高强度螺栓,其性能等级为 9.8 s。 2)高强度螺栓应进行拉力载荷试验,试验结果应符合规定。 3)螺纹规格为(M39～M64)×4 的高强度螺栓可用硬度试验代替拉力载荷试验。常规硬度值为 32～37 HRC,如对试验有争议时,应进行芯部硬度试验,其硬度值应不低于 28 HRC。如对硬度试验有争议时,应进行螺栓实物的拉力载荷试验
连接件摩擦系数试验	连接件摩擦系数试验见表 2-4 的相关内容
检查连接面,清除浮锈、飞刺与油污	(1)检查构件连接面,高强度螺栓接头的摩擦面加工可采用喷砂、抛丸和砂轮打磨方法。处理后的抗滑移系数应符合设计要求。 (2)摩擦面表面浮锈已经清除无飞刺与油污
安装构件就位,临时螺栓固定	(1)安装构件并用临时螺栓固定。 (2)高强度螺栓连接安装时,在每个节点上应穿入的临时螺栓和冲钉数量,由安装时可能承担的荷载计算确定,并应符合下列规定: 1)不得少于安装总数的 1/3。 2)不得少于两个临时螺栓。 3)冲钉穿入数量不宜多于螺栓孔的 30%
校正钢柱达到预留偏差值	对钢柱作校正测量,符合允许偏差值
安装高强度螺栓	(1)高强度螺栓应能自由穿入螺孔内,严禁用榔头强行打入或用扳手强行拧入。一组高强度螺栓宜按同一方向穿入螺孔内。 (2)不得用高强度螺栓兼做临时螺栓,以防损伤螺纹引起扭矩系数的变化。 (3)高强度螺栓的安装应在结构构件中心位置调整后进行,其穿入方向应以施工方便为准,并力求一致。 (4)高强度螺栓应自由穿入螺栓孔。高强度螺栓孔不应采用气割扩孔,扩孔数量应按设计要求的规定,扩孔后的孔径不应超过 1.2d(d 为螺栓直径)。 (5)高强度螺栓的拧紧分为初拧、终拧。对于大型节点分为初拧、复拧、终拧。

续上表

项 目	内 容
安装高强度螺栓	(6)工地储存高强度螺栓时,应放在干燥、通风、防雨、防潮的仓库内,并不得损伤螺纹和沾染脏物。连接副入库应按包装箱上注明的规格、批号分类存放。安装时,要按使用部位,领取相应规格、数量、批号的连接副,当天没有用完的螺栓,必须装回干燥、洁净的容器内,妥善保管并尽快使用完毕,不得乱放、乱扔。 (7)使用前应进行外观检查,表面油膜正常无污物的方可使用。 (8)使用开包时应核对螺栓的直径、长度。 (9)使用过程中不得雨淋,不得接触泥土、油污等脏物
初拧、终拧	(1)高强度螺栓的紧固是用专门扳手拧紧螺母,使螺杆内产生要求的拉力。 (2)大六角头高强度螺栓一般用两种方法拧紧,即扭矩法和转角法。 1)扭矩法初拧用定扭矩扳手,以终拧扭矩的30%～50%进行,使接头各层钢板达到充分密贴,再用电动扭剪型扳手把梅花头拧掉,使螺栓杆达到设计要求的轴力。对于板层较厚,板叠较多,安装时发现连接部位有轻微翘曲的连接接头等原因使初拧的板层达不到充分密贴时应增加复拧,复拧扭矩和初拧扭矩相同或略大。 2)转角法也分初拧和终拧二次进行。初拧用定扭矩扳手以终拧扭矩的30%～50%进行。使接头各层钢板达到充分密贴,再在螺母和螺栓杆上面通过圆心画一条直线,然后用扭矩扳手转动螺母一个角度,使螺栓达到终拧要求。转动角度的大小在施工前由试验统计确定。 3)一个接头上的高强度螺栓,应从螺栓群中部开始安装,逐个拧紧。初拧、复拧、终拧都应从螺栓群中部开始向四周扩展逐个拧紧,每拧一遍均应用不同颜色的油漆做上标记,防止漏拧。 4)接头如有高强度螺栓连接又有电焊连接时,是先紧固还是先焊接应按设计要求规定的顺序进行,设计无规定时,按先紧固后焊接(即先栓后焊)的施工工艺顺序进行,先终拧完高强度螺栓再焊接焊缝。 5)高强度螺栓的紧固顺序从刚度大的部位向不受约束的自由端进行,同一节点内从中间向四周,以使板间密贴。 6)初拧和终拧都应当进行登记并填表
检查	(1)大六角头高强度螺栓检查内容: 1)扭矩检查应在螺栓终拧1 h以后、24 h之前完成; 2)用小锤(0.3 kg)敲击法对高强度螺栓进行普查,以防漏拧; 3)对每个节点螺栓数的10%,但不少于一个进行扭矩检查。根据高强度螺栓拧紧的方法分为扭矩法检查和转角法检查; 4)检查发现有不符合规定的,应再扩大检查10%,如仍有不合格者,则整个节点的高强度螺栓应重新拧紧。 (2)大六角头高强度螺栓施工质量应有下列原始检查验收记录:高强度螺栓连接副复验数据、抗滑移系数试验数据、初拧扭矩、终拧扭矩、扭矩扳手检查数据和施工质量检查验收记录等。 (3)扭剪型高强度螺栓施工质量应有下列原始检查验收记录:高强度螺栓连接副复验数据、抗滑移系数试验数据、初拧扭矩、扭矩扳手检查数据和施工质量检查验收记录等。

续上表

项　目	内　容
检查	(4)扭剪型高强度螺栓终拧检查,以目测尾部梅花头拧断为合格。尾部梅花头未被拧掉者应按扭矩法或转角法检验
验收	全部检查完毕后,对资料进行核对,完全无误后进行验收

7. 普通紧固件连接施工

普通紧固件连接施工标准的施工方法见表 2-76。

表 2-76　普通紧固件连接施工标准的施工方法

项　目	内　容
操作工艺	准备工作 ⟶ 普通紧固件准备 ⟶ 最小拉力载荷复验 ⟶ 施工 ⟶ 质量验收
准备工作	(1)安装前检查。 1)构件已经安装调校完毕。 2)高空作业时应有可靠的操作平台或施工吊篮。需严格遵守《建筑施工高处作业安全技术规范》(JGJ 80—1991)的规定。 3)被连接件表面应清洁、干燥,不得有油、污垢。 (2)普通紧固件准备。 1)普通螺栓作为永久性连接时,应符合下列要求: ①螺栓头和螺母下面应放置平垫圈,以增大承压面积,但不得垫两个或两个以上,更不得用大螺母替代; ②每个螺栓拧紧后,外露螺纹不应少于两扣; ③对于设计有防松动的螺栓、锚固螺栓应采用有防松动装置的螺母、双螺母或加弹簧垫圈。必要时应破坏外露螺纹以防止松动; ④对于承受动荷载或重要部位的螺栓连接,应按设计要求放置弹簧垫圈,弹簧垫圈应设置在螺母一侧; ⑤对于工字钢、槽钢等角肢面上安装时应配备具有相同倾斜面的垫圈,以保证螺栓副受力与其轴线一致; 2)螺栓间距可参见表 2-77 的规定。 (3)设计有要求时应对螺栓进行最小拉力载荷复验
施工	(1)检查结构安装的整体尺寸合格。 (2)节点的螺栓孔应自由穿过螺栓,孔不合格应当铰刀扩孔或补焊后施钻,不允许气割扩孔。 (3)每个节点的螺栓应全部装齐。 (4)螺栓的紧固次序应从中间开始,对称向两边进行,对于大型接头应采用复拧以保证接头内各个螺栓均匀受力
质量验收	(1)自攻钉、拉铆钉、射钉等其规格尺寸应与被连接钢板相匹配,其间距、边距等应符合设计要求。 (2)对于永久性普通螺栓连接,自攻钉、拉铆钉、射钉等与钢板的连接,用小锤敲击检查,要求无松动、颤动和偏移,声音干脆。 (3)各节点紧固件排列位置和方向应保持一致,其外观尺寸应按规定进行检查

表 2-77　螺栓的最大、最小容许间距

项　目	位置和方向		最大容许间距 （两者取较小值）	最小容许间距
中心间距	外排		$8d_0$ 或 $12t$	$3d_0$
	任意方向 中间排	构件受压力	$12d_0$ 或 $18t$	
		构件受拉力	$16d_0$ 或 $24t$	
中心至构件 边缘的距离	顺内力方向		$4d_0$ 或 $8t$	$2d_0$
	垂直内 力方向	切割边		$1.5d_0$
		轧制边　高强度螺栓		$1.2d_0$
		轧制边　其他螺栓或铆钉		

注：1. d_0 为螺栓的孔径，t 为外层较薄板的厚度。

2. 钢板边缘与刚性构件（如角钢、槽钢等）相连的螺栓或铆钉的最大间距，可按中间排的数值采用。

3. 螺栓孔不得采用气割扩孔。对于精制螺栓（A、B 级螺栓），螺栓孔必须钻孔成型，同时必须是 I 类孔，应具有 H12 的精度，孔壁表面粗糙度 R_a 不应大于 12.5 μm。

第三节　钢结构安装工程

一、施工质量验收标准

1. 钢构件预拼装工程

钢构件预拼装工程施工质量验收标准见表 2-78。

表 2-78　钢构件预拼装工程施工质量验收标准

项　目	验收标准
主控项目	高强度螺栓和普通螺栓连接的多层板叠，应采用试孔器进行检查，并应符合下列规定： （1）当采用比孔公称直径小 1.0 mm 的试孔器检查时，每组孔的通过率不应小于 85%； （2）当采用比螺栓公称直径大 0.3 mm 的试孔器检查时，通过率应为 100%。 检查数量：按预拼装单元全数检查。 检验方法：采用试孔器检查
一般项目	预拼装的允许偏差应符合表 2-79 的规定。 检查数量：按预拼装单元全数检查。 检验方法：见表 2-79

表 2-79　钢构件预拼装的允许偏差　　　　　（单位：mm）

构件类型	项　目		允许偏差	检验方法
多节柱	预拼装单元总长		±5.0	用钢尺检查
	预拼装单元弯曲矢高		$l/1\,500$,且不应大于10.0	用拉线和钢尺检查
	接口错边		2.0	用焊缝量规检查
	预拼装单元柱身扭曲		$h/200$,且不应大于5.0	用拉线、吊线和钢尺检查
	顶紧面至任一牛腿距离		±2.0	
梁、桁架	跨度最外两端安装孔或两端支承面最外侧距离		+5.0 −10.0	用钢尺检查
	接口截面错位		2.0	用焊缝量规检查
	拱度	设计要求起拱	$±l/5\,000$	用拉线和钢尺检查
		设计未要求起拱	$l/2\,000$ 0	
	节点处杆件轴线错位		4.0	画线后用钢尺检查
管构件	预拼装单元总长		±5.0	用钢尺检查
	预拼装单元弯曲矢高		$l/1\,500$,且不应大于10.0	用拉线和钢尺检查
	对口错边		$t/10$,且不应大于3.0	用焊缝量规检查
	坡口间隙		+2.0 −1.0	
构件平面总体预拼装	各楼层柱距		±4.0	用钢尺检查
	相邻楼层梁与梁之间距离		±3.0	
	各层间框架两对角线之差		$H/2\,000$,且不应大于5.0	
	任意两对角线之差		$\sum H/2\,000$,且不应大于8.0	

2.单层钢结构安装工程

(1)基础和支承面施工质量验收标准见表 2-80。

表 2-80　基础和支承面施工质量验收标准

项　目	验收标准
主控项目	(1)建筑物的定位轴线、基础轴线和标高、地脚螺栓的规格及其紧固应符合设计要求。 检查数量：按柱基数抽查10%,且不应少于3个。 检验方法：用经纬仪、水准仪、全站仪和钢尺现场实测。 (2)基础顶面直接作为柱的支承面和基础顶面预埋钢板或支座作为柱的支承面时,其支承面、地脚螺栓(锚栓)位置的允许偏差应符合表 2-81 的规定。

续上表

项　目	验收标准
主控项目	检查数量:按柱基数抽查 10%,且不应少于 3 个。 检验方法:用经纬仪、水准仪、全站仪、水平尺和钢尺实测。 (3)采用坐浆垫板时,坐浆垫板的允许偏差应符合表 2-82 的规定。 检查数量:资料全数检查。按柱基数抽查 10%,且不应少于 3 个。 检验方法:用水准仪、全站仪、水平尺和钢尺现场实测。 (4)采用杯口基础时,杯口尺寸的允许偏差应符合表 2-83 的规定。 检查数量:按基础数抽查 10%,且不应少于 4 处。 检验方法:观察及尺量检查
一般项目	地脚螺栓(锚栓)尺寸的偏差应符合表 2-84 的规定。地脚螺栓(锚栓)的螺纹应受到保护。 检查数量:按柱基数抽查 10%,且不应少于 3 个。 检验方法:用钢尺现场实测

表 2-81　支承面、地脚螺栓(锚栓)位置的允许偏差　　　　　(单位:mm)

项　目		允许偏差
支承面	标高	±30
	水平度	$l/1\,000$
地脚螺栓(锚栓)	螺栓中心偏移	5.0
预留孔中心偏移		10.0

表 2-82　坐浆垫板的允许偏差　　　　　(单位:mm)

项　目	允许偏差
顶面标高	0.0 −3.0
水平度	$l/1\,000$
位置	20.0

表 2-83　杯口尺寸的允许偏差　　　　　(单位:mm)

项　目	允许偏差
底面标高	0.0 −5.0
杯口深度 H	±5.0
杯口垂直度	$H/100$,且不应大于 10.0
位置	10.0

表 2-84　地脚螺栓(锚栓)尺寸的允许偏差　　　　　　(单位:mm)

项　目	允许偏差
螺栓(锚栓)露出长度	+30.0 0.0
螺纹长度	+30.0 0.0

(2)安装和较正施工质量验收标准见表 2-85。

表 2-85　安装和较正施工质量验收标准

项　目	验收标准
主控项目	(1)钢构件应符合设计要求和《钢结构工程施工质量验收规范》(GB 50205—2001)的规定。运输、堆放和吊装等造成的钢构件变形及涂层脱落,应进行矫正和修补。 检查数量:按构件数抽查 10%,且不应少于 3 个。 检验方法:用拉线、钢尺现场实测或观察。 (2)设计要求顶紧的节点,接触面不应少于 70% 紧贴,且边缘最大间隙不应大于0.8 mm。 检查数量:按节点数抽查 10%,且不应少于 3 个。 检验方法:用钢尺及 0.3 mm 和 0.8 mm 厚的塞尺现场实测。 (3)钢屋(托)架、桁架、梁及受压杆件的垂直度和侧向弯曲矢高的允许偏差应符合表 2-86 的规定。 检查数量:按同类构件数抽查 10%,且不应少于 3 个。 检验方法:用吊线、拉线、经纬仪和钢尺现场实测。 (4)单层钢结构主体结构的整体垂直度和整体平面弯曲的允许偏差应符合表2-87的规定。 检查数量:对主要立面全部检查。对每个所检查的立面,除两列角柱外,尚应至少选取一列中间柱。 检验方法:采用经纬仪、全站仪等测量
一般项目	(1)钢柱等主要构件的中心线及标高基准点等标记应齐全。 检查数量:按同类构件数抽查 10%,且不应少于 3 件。 检验方法:观察检查。 (2)当钢桁架(或梁)安装在混凝土柱上时,其支座中心对定位轴线的偏差不应大于 10 mm;当采用大型混凝土屋面板时,钢桁架(或梁)间距的偏差不应大于10 mm。 检查数量:按同类构件数抽查 10%,且不应少于 3 榀。 检验方法:用拉线和钢尺现场实测。 (3)钢柱安装的允许偏差应符合表 2-88 的规定。 检查数量:按钢柱数抽查 10%,且不应少于 3 件。 检验方法:见表 2-88。

项　　目	验收标准
一般项目	(4)钢吊车梁或直接承受动力荷载的类似构件,其安装的允许偏差应符合表2-89的规定。 　　检查数量:按钢吊车梁数抽查10%,且不应少于3榀。 　　检验方法:见表2-89。 　(5)檩条、墙架等次要构件安装的允许偏差应符合表2-90的规定。 　　检查数量:按同类构件数抽查10%,且不应少于3件。 　　检验方法:见表2-90。 　(6)钢平台、钢梯、栏杆安装应符合现行国家标准《固定式钢梯及平台安全要求 第1部分:钢直梯》(GB 4053.1—2009)、《固定式钢及平台安全要求 第2部分:钢斜梯》(GB 4053.2—2009)、《固定式钢梯及平台安全要求 第3部分:工业防护栏杆及钢平台》(GB 4053.3—2009)的规定。钢平台、钢梯和防护栏杆安装的允许偏差应符合表2-91的规定。 　　检查数量:按钢平台总数抽查10%,栏杆、钢梯按总长度各抽查10%,但钢平台木应少于1个,栏杆不应少于5 m,钢梯不应少于1跑。 　　检验方法:见表2-91。 　(7)现场焊缝组对间隙的允许偏差应符合表2-92的规定。 　　检查数量:按同类节点数抽查10%,且不应少于3个。 　　检验方法:尺量检查 　(8)钢结构表面应干净,结构主要表面不应有疤痕、泥沙等污垢。 　　检查数量:按同类构件数抽查10%,且不应少于3件。 　　检验方法:观察检查

表 2-86　钢屋(托)架、桁架、梁及受压杆件垂直度和侧向弯曲矢高的允许偏差

(单位:mm)

项　　目	允许偏差		图　　例
跨中的垂直度	$h/250$,且不应大于 15.0		
侧向弯曲矢高 f	$l \leqslant 30$ m	$l/1\,000$,且不应大于 10.0	
	30 m$<l\leqslant$60 m	$l/1\,000$,且不应大于 30.0	
	$l>60$ m	$l/1\,000$,且不应大于 50.0	

表 2-87 整体垂直度和整体平面弯曲的允许偏差 （单位：mm）

项 目	允许偏差	图 例
主体结构的整体垂直度	$H/1\,000$，且不应大于 25.0	
主体结构的整体平面弯曲	$L/1\,500$，且不应大于 25.0	

表 2-88 单层钢结构中柱子安装的允许偏差 （单位：mm）

项 目			允许偏差	图 例	检验方法
柱脚底座中心线对定位轴线的偏移			5.0		用吊线和钢尺检查
柱基准点标高	有吊车梁的柱		$+3.0$ -5.0		用水准仪检查
	无吊车梁的柱		$+5.0$ -8.0		
弯曲矢高			$H/1\,200$，且不应大于 15.0	—	用经纬仪或拉线和钢尺检查
柱轴线垂直度	单层柱	$H\leqslant10\ \text{m}$	$H/1\,000$		用经纬仪或吊线和钢尺检查
		$H>10\ \text{m}$	$H/1\,000$，且不应大于 25.0		
	多节柱	单节柱	$H/1\,000$，且不应大于 10.0		
		柱全高	35.0		

表 2-89 钢吊车梁安装的允许偏差 （单位：mm）

项 目		允许偏差	图 例	检验方法
梁的跨中垂直度 Δ		$h/500$		用吊线和钢尺检查
侧向弯曲矢高		$l/1\,500$，且不应大于 10.0	—	
垂直上拱矢高		10.0		
两端支座中心位移 Δ	安装在钢柱上时，对牛腿中心的偏移	5.0		用拉线和钢尺检查
	安装在混凝土柱上时，对定位轴线的偏移	5.0		
吊车梁支座加劲板中心与柱子承压加劲板中心的偏移 Δ_1		$t/2$		用吊线和钢尺检查
同跨间内同一横截面吊车梁顶面高差 Δ	支座处	10.0		用经纬仪、水准仪和钢尺检查
	其他处	15.0		
同跨间内同一横截面下挂式吊车梁底面高差 Δ		10.0		
同列相邻两柱间吊车梁顶面高差 Δ		$l/1\,500$，且不应大于 10.0		用水准仪和钢尺检查

项　目		允许偏差	图　例	检验方法
相邻两吊车梁接头部位 △	中心错位	3.0		用钢尺检查
	上承式顶面高差	1.0		
	下承式底面高差	1.0		
同跨间任一截面的吊车梁中心跨距 △		±10.0		用经纬仪和光电测距仪检查;跨度小时,可用钢尺检查
轨道中心对吊车梁腹板轴线的偏移 △		$t/2$		用吊线和钢尺检查

表 2-90　檩条、墙架等次要构件安装的允许偏差　　　　　　（单位:mm）

项　目		允许偏差	检验方法
墙架立柱	中心线对定位轴线的偏移	10.0	用钢尺检查
	垂直度	$H/1\,000$,且不应大于 10.0	用经纬仪或吊线和钢尺检查
	弯曲矢高	$H/1\,000$,且不应大于 15.0	用经纬仪或吊线和钢尺检查
抗风桁架的垂直度		$h/250$,且不应大于 15.0	用吊线和钢尺检查
檩条、墙梁的间距		±5.0	用钢尺检查
檩条的弯曲矢高		$l/750$,且不应大于 12.0	用拉线和钢尺检查
墙梁的弯曲矢高		$l/750$,且不应大于 10.0	用拉线和钢尺检查

注:1. H 为墙架立柱的高度。

　　2. h 为抗风桁架的高度。

　　3. l 为檩条或墙梁的长度。

表 2-91 钢平台、钢梯和防护栏杆安装的允许偏差

项 目	允许偏差	检验方法
平台高度	±15.0	用水准仪检查
平台梁水平度	$l/1\,000$,且不应大于 20.0	用水准仪检查
平台支柱垂直度	$H/1\,000$,且不应大于 15.0	用经纬仪或吊线和钢尺检查
承重平台梁侧向弯曲	$l/1\,000$,且不应大于 10.0	用拉线和钢尺检查
承重平台梁垂直度	$h/250$,且不应大于 15.0	用吊线和钢尺检查
直梯垂直度	$l/1\,000$,且不应大于 15.0	用吊线和钢尺检查
栏杆高度	±15.0	用钢尺检查
栏杆立柱间距	±15.0	用钢尺检查

表 2-92 现场焊缝组对间隙的允许偏差 （单位:mm）

项 目	允许偏差
无垫板间隙	+3.0 0.0
有垫板间隙	+3.0 −2.0

3.多层及高层钢结构安装工程

(1)基础和支承面施工质量验收标准见表 2-93。

表 2-93 基础和支承面施工质量验收标准

项 目	验收标准
主控项目	(1)建筑物的定位轴线、基础上柱的定位轴线和标高、地脚螺栓(锚栓)的规格和位置、地脚螺栓(锚栓)紧固应符合设计要求。当设计无要求时,应符合表 2-94 的规定。 检查数量:按柱基数抽查 10%,且不应少于 3 个。 检验方法:采用经纬仪、水准仪、全站仪和钢尺实测。 (2)多层建筑以基础顶面直接作为柱的支承面,或以基础顶面预埋钢板或支座作为柱的支承面时,其支承面、地脚螺栓(锚栓)位置的允许偏差应符合表 2-81 的规定。 检查数量:按柱基数抽查 10%,且不应少于 3 个。 检验方法:用经纬仪、水准仪、全站仪、水平尺和钢尺实测。 (3)多层建筑采用坐浆垫板时,坐浆垫板的允许偏差应符合表 2-82 的规定。 检查数量:资料全数检查。按柱基数抽查 10%,且不应少于 3 个。 检验方法:用水准仪、全站仪、水平尺和钢尺实测。 (4)当采用杯口基础时,杯口尺寸的允许偏差应符合表 2-83 的规定。 检查数量:按基础数抽查 10%,且不应少于 4 处。 检验方法:观察及尺量检查

项　目	验收标准
一般项目	地脚螺栓(锚栓)尺寸的允许偏差应符合表 2-84 的规定。地脚螺栓(锚栓)的螺纹应受到保护。 检查数量:按柱基数抽查 10%,且不应少于 3 个。 检验方法:用钢尺现场实测

表 2-94　建筑物的定位轴线、基础上柱的定位轴线和标高、

地脚螺栓(锚栓)的允许偏差　　　　　(单位:mm)

项　目	允许偏差	图例
建筑物定位轴线	$L/20\,000$,且不应大于 3.0	
基础上柱的定位轴线	1.0	
基础上柱底标高	±2.0	基准点
地脚螺栓(锚栓)位移 Δ	2.0	

(2)安装和校正施工质量验收标准见表 2-95。

表 2-95　安装和校正施工质量验收标准

项　目	验收标准
主控项目	(1)钢构件应符合设计要求和《钢结构工程施工质量验收规范》(GB 50205—2001)的规定。运输、堆放和吊装等造成的钢构件变形及涂层脱落,应进行矫正和修补。 检查数量:按构件数抽查 10%,且不应少于 3 个。 检验方法:用拉线、钢尺现场实测或观察。 (2)柱子安装的允许偏差应符合表 2-96 的规定。 检查数量:标准柱全部检查;非标准柱抽查 10%,且不应少于 3 根。 检验方法:用全站仪或激光经纬仪和钢尺实测。

续上表

项　目	验收标准
主控项目	(3)设计要求顶紧的节点,接触面不应少于70％紧贴,且边缘最大间隙不应大于0.8 mm。 　　检查数量:按节点数抽查10％,且不应少于3个。 　　检验方法:用钢尺及0.3 mm和0.8 mm厚的塞尺现场实测。 　　(4)钢主梁、次梁及受压杆件的垂直度和侧向弯曲矢高的允许偏差应符合《钢结构工程施工质量验收规范》(GB 50205—2001)中有关钢屋(托)架允许偏差的规定。 　　检查数量:按同类构件数抽查10％,且不应少于3个。 　　检验方法:用吊线、拉线、经纬仪和钢尺现场实测。 　　(5)多层及高层钢结构主体结构的整体垂直度和整体平面弯曲的允许偏差应符合表2-97的规定。 　　检查数量:对主要立面全部检查。对每个所检查的立面,除两列角柱外,尚应至少选取一列中间柱。 　　检验方法:对于整体垂直度,可采用激光经纬仪、全站仪测量,也可根据各节柱的垂直度允许偏差累计(代数和)计算。对于整体平面弯曲,可按产生的允许偏差累计(代数和)计算
一般项目	(1)钢结构表面应干净,结构主要表面不应有疤痕、泥沙等污垢。 　　检查数量:按同类构件数抽查10％,且不应少于3件。 　　检验方法:观察检查。 　　(2)钢柱等主要构件的中心线及标高基准点等标记应齐全。 　　检查数量:按同类构件数抽查10％,且不应少于3件。 　　检验方法:观察检查。 　　(3)钢构件安装的允许偏差应符合表2-98的规定。 　　检查数量:按同类构件或节点数抽查10％。其中柱和梁各不应少于3件,主梁与次梁连接节点不应少于3个,支承压型金属板的钢梁长度不应少于5 m。 　　检验方法:见表2-98。 　　(4)主体结构总高度的允许偏差应符合表2-99的规定。 　　检查数量:按标准柱列数抽查10％,且不应少于4列。 　　检验方法:采用全站仪、水准仪和钢尺实测。 　　(5)当钢构件安装在混凝土柱上时,其支座中心对定位轴线的偏差不应大于10 mm;当采用大型混凝土屋面板时,钢梁(或桁架)间距的偏差不应大于10 mm。 　　检查数量:按同类构件数抽查10％,且不应少于3榀。 　　检验方法:用拉线和钢尺现场实测。 　　(6)多层及高层钢结构中钢吊车梁或直接承受动力荷载的类似构件,其安装的允许偏差应符合表2-89的规定。 　　检查数量:按钢吊车梁数抽查10％,且不应少于3榀。 　　检验方法:见表2-89。 　　(7)多层及高层钢结构中檩条、墙架等次要构件安装的允许偏差应符合表2-90的规定。 　　检查数量:按同类构件数抽查10％,且不应少于3件。 　　检验方法:见表2-90。

项　目	验收标准
一般项目	（8）多层及高层钢结构中钢平台、钢梯、栏杆安装应符合现行国家标准《固定式钢梯及平台安全要求第 1 部分》(GB 4053.1—2009)、《固定式钢梯及平台安全要求第 2 部分》(GB 4053.2—2009)、《固定式钢梯及平台安全要求第 3 部分：工业防护栏杆及钢平台》(GB 4053.3—2009)的规定。钢平台、钢梯和防护栏杆安装的允许偏差应符合表 2-91 的规定。 检查数量：按钢平台总数抽查 10％，栏杆、钢梯按总长度各抽查 10％，但钢平台不应少于 1 个，栏杆不应少于 5 m，钢梯不应少于 1 跑。 检验方法：见表 2-91。 （9）多层及高层钢结构中现场焊缝组对间隙的允许偏差符合表2-92的规定。 检查数量：按同类节点数抽查 10％，且不应少于 3 个。 检验方法：尺量检查

表 2-96　柱子安装的允许偏差　　　　　　　　（单位：mm）

项　目	允许偏差	图　例
底层柱柱底轴线对定位轴线偏移 Δ	3.0	
柱子定位轴线	1.0	
单节柱的垂直度	$h/1\,000$，且不应大于 10.0	

表 2-97　整体垂直度和整体平面弯曲的允许偏差　　　（单位：mm）

项　目	允许偏差	图　例
主体结构的整体垂直度	$(H/2\,500+10.0)$，且不应大于 50.0	

续上表

项　目	允许偏差	图　例
主体结构的整体 平面弯曲	$L/1\,500$,且不应大于 10.0	

表 2-98　多层及高层钢结构中构件安装的允许偏差　（单位:mm）

项　目	允许偏差	图　例	检验方法
上、下柱连接处 的错口 △	3.0		用钢尺检查
同一层柱的各柱 顶高度差 △	5.0		用水准仪检查
同一根梁两端顶 面的高差 △	$l/1\,000$, 且不应大 于 10.0		用水准仪检查
主梁与次梁表面 的高差 △	±2.0		用直尺和钢尺检查
压型金属板在钢梁 上相邻列的错位 △	15.00		用直尺和 钢尺检查

表 2-99　多层及高层钢结构主体结构总高度的允许偏差　　　　（单位：mm）

项　　目	允许偏差	图　　例
用相对标高控制安装	$\pm \sum(\Delta_h + \Delta_z + \Delta_w)$	
用设计标高控制安装	$H/1\,000$，且不应大于 30.0 $-H/1\,000$，且不应小于 -30.0	

注：1. Δ_h 为每节柱子长度的制造允许偏差。

　　2. Δ_z 为每节柱子长度受荷载后的压缩值。

　　3. Δ_w 为每节柱子接头焊缝的收缩值。

4. 钢网架结构安装工程

（1）支承面顶板和支承垫块施工质量验收标准见表 2-100。

表 2-100　支承面顶板和支承垫块施工质量验收标准

项　　目	验收标准
主控项目	（1）钢网架结构支座定位轴线的位置、支座锚栓的规格应符合设计要求。 检查数量：按支座数抽查 10%，且不应少于 4 处。 检验方法：用经纬仪和钢尺实测。 （2）支承面顶板的位置、标高、水平度以及支座锚栓位置的允许偏差应符合表 2-101 的规定。 检查数量：按支座数抽查 10%，且不应少于 4 处。 检验方法：用经纬仪、水准仪、水平尺和钢尺实测。 （3）支承垫块的种类、规格、摆放位置和朝向，必须符合设计要求和国家现行有关标准的规定。橡胶垫块与刚性垫块之间或不同类型刚性垫块之间不得互换使用。 检查数量：按支座数抽查 10%，且不应少于 4 处。 检验方法：观察和用钢尺实测。 （4）网架支座锚栓的紧固应符合设计要求。 检查数量：按支座数抽查 10%，且不应少于 4 处。 检验方法：观察检查
一般项目	支座锚栓尺寸的允许偏差应符合表 2-87 的规定。支座锚栓的螺纹应受到保护。 检查数量：按支座数抽查 10%，且不应少于 4 处。 检验方法：用钢尺实测

表 2-101　支承面顶板、支座锚栓位置的允许偏差　　　　（单位：mm）

项　　目		允许偏差
支承面顶板	位置	15.0
	顶面标高	0 -3.0
	顶面水平度	$l/1\,000$
支座锚栓	中心偏移	± 5.0

(2)总拼与安装施工质量验收标准见表 2-102。

表 2-102　总拼与安装施工质量验收标准

项　目	验收标准
主控项目	(1)小拼单元的允许偏差应符合表 2-103 的规定。 检查数量:按单元数抽查 5%,且不应少于 5 个。 检验方法:用钢尺和拉线等辅助量具实测。 (2)中拼单元的允许偏差应符合表 2-104 的规定。 检查数量:全数检查。 检验方法:用钢尺和辅助量具实测。 (3)对建筑结构安全等级为一级,跨度 40 m 及以上的公共建筑钢网架结构,且设计有要求时,应按下列项目进行节点承载力试验,其结果应符合以下规定: 1)焊接球节点应按设计指定规格的球及其匹配的钢管焊接成试件,进行轴心拉、压承载力试验,其试验破坏荷载值大于或等于 1.6 倍设计承载力为合格; 2)螺栓球节点应按设计指定规格的球最大螺栓孔螺纹进行抗拉强度保证荷载试验,当达到螺栓的设计承载力时,螺孔、螺纹及封板仍完好无损为合格。 检查数量:每项试验做 3 个试件。 检验方法:在万能试验机上进行检验,检查试验报告。 (4)钢网架结构总拼完成后测量其挠度值,且所测的挠度值不应超过相应设计值的 1.15 倍。 检查数量:跨度 24 m 及以下钢网架结构测量下弦中央一点;跨度 24 m 以上钢网架结构测量下弦中央一点及各向下弦跨度的四等分点。 检验方法:用钢尺和水准仪实测
一般项目	(1)钢网架结构安装完成后,其节点及杆件表面应干净,不应有明显的疤痕、泥沙和污垢。螺栓球节点应将所有接缝用油腻子填嵌严密,并应将多余螺孔封口。 检查数量:按节点及杆件数抽查 5%,且不应少于 10 个节点。 检验方法:观察检查。 (2)钢网架结构安装完成后,其安装的允许偏差应符合表 2-105 的规定。 检查数量:除杆件弯曲矢高按杆件数抽查 5%外,其余全数检查。 检验方法:见表 2-105

表 2-103　小拼单元的允许偏差　　　　（单位:mm）

项　目		允许偏差
节点中心偏移		2.0
焊接球节点与钢管中心的偏移		1.0
杆件轴线的弯曲矢高		$L_1/1\ 000$,且不应大于 5.0
锥体型小拼单元	弦杆长度	±2.0
	锥体高度	±2.0
	上弦杆对角线长度	±3.0

续上表

项 目		允许偏差
平面桁架型小拼单元	跨长 ≤24 m	+3.0 −7.0
	跨长 >24 m	+5.0 −10.0
	跨中高度	±3.0
	跨中拱度 设计要求起拱	±L/5 000
	跨中拱度 设计未要求起拱	+10.0

注:1. L_1 为杆件长度。

    2. L 为跨长。

表 2-104　中拼单元的允许偏差　　　　　　　　　　（单位:mm）

项 目		允许偏差
单元长度≤20 m, 拼接长度	单跨	±10.0
	多跨连续	±5.0
单元长度>20 m, 拼接长度	单跨	±20.0
	多跨连续	±10.0

表 2-105　钢网架结构安装的允许偏差　　　　　　　　（单位:mm）

项 目	允许偏差	检验方法
纵向、横向长度	$L/2\ 000$,且不应大于 30.0 $-L/2\ 000$,且不应小于 −30.0	用钢尺实测
支座中心偏移	$L/3\ 000$,且不应大于 30.0	用钢尺和经纬仪实测
周边支承网架相邻支座高差	$L/400$,且不应大于 15.0	用钢尺和水准仪实测
支座最大高差	30.0	
多点支承网架相邻支座高差	$L_1/800$,且不应大于 30.0	

注:1. L 为纵向、横向长度。

    2. L_1 为相邻支座间距。

5. 压型金属板工程

(1)压型金属板制作施工质量验收标准见表 2-106。

表 2-106　压型金属板制作施工质量验收标准

项 目	验收标准
主控项目	(1)压型金属板成型后,其基板不应有裂纹。 检查数量:按计件数抽查 5%,且不应少于 10 件。 检验方法:观察和用 10 倍放大镜检查。 (2)有涂层、镀层压型金属板成型后,涂、镀层不应有肉眼可见的裂纹、剥落和擦痕等缺陷。 检查数量:按计件数抽查 5%,且不应少于 10 件。 检验方法:观察检查

续上表

项　目	验收标准
一般项目	(1)压型金属板的尺寸允许偏差应符合表2-107的规定。 检查数量:按计件数抽查5%,且不应少于10件。 检验方法:用拉线和钢尺检查。 (2)压型金属板成型后,表面应干净,不应有明显凹凸和皱褶。 检查数量:按计件数抽查5%,且不应少于10件。 检验方法:观察检查。 (3)压型金属板施工现场制作的允许偏差应符合表2-108的规定。 检查数量:按计件数抽查5%,且不应少于10件。 检验方法:用钢尺、角尺检查

表 2-107　压型金属板的尺寸允许偏差　　　　(单位:mm)

项　目		允许偏差
波距		±2.0
波高	压型钢板 截面高度≤70	±1.5
	压型钢板 截面高度>70	±2.0
侧向弯曲	在测量长度 l_1 的范围内	20.0

注: l_1 为测量长度,指板长扣除两端各0.5 m后的实际长度(小于10 m)或扣除后任选的10 m长度。

表 2-108　压型金属板施工现场制作的允许偏差　　　　(单位:mm)

项　目		允许偏差
压型金属板的覆盖宽度	截面高度≤70	+10.0 −2.0
	截面高度>70	+6.0 −2.0
板长		±9.0
横向剪切偏差		6.0
泛水板、包角板尺寸	板长	±6.0
	折弯面宽度	±3.0
	折弯面夹角	2°

(2)压型金属板安装施工施工质量验收标准见表2-109。

表 2-109　压型金属板安装施工施工质量验收标准

项　目	验收标准
主控项目	(1)压型金属板、泛水板和包角板等应固定可靠、牢固,防腐涂料涂刷和密封材料敷设应完好,连接件数量、间距应符合设计要求和国家现行有关标准规定。 检查数量:全数检查。

项　目	验收标准
主控项目	检验方法:观察检查及尺量。 　(2)压型金属板应在支承构件上可靠搭接,搭接长度应符合设计要求,且不应小于表 2-110 所规定的数值。 　检查数量:按搭接部位总长度抽查 10%,且不应少于 10 m。 　检验方法:观察和用钢尺检查。 　(3)组合楼板中压型钢板与主体结构(梁)的锚固支承长度应符合设计要求,且不应小于 50 mm,端部锚固件连接应可靠,设置位置应符合设计要求。 　检查数量:沿连接纵向长度抽查 10%,且不应少于 10 m。 　检验方法:观察和用钢尺检查
一般项目	(1)压型金属板安装应平整、顺直,板面不应有施工残留物和污物。檐口和墙面下端应呈直线,不应有未经处理的错钻孔洞。 　检查数量:按面积抽查 10%,且不应少于 10 m²。 　检验方法:观察检查。 　(2)压型金属板安装的允许偏差应符合表 2-111 的规定。 　检查数量:檐口与屋脊的平行度:按长度抽查 10%,且不应少于 10 m。其他项目:每 20 m 长度应抽查 1 处,不应少于 2 处。 　检验方法:用拉线、吊线和钢尺检查

表 2-110　压型金属板在支承构件上的搭接长度　　　　　　　　　(单位:mm)

项　目		搭接长度
截面高度＞70		375
截面高度≤70	屋面坡度＜1/10	250
	屋面坡度≥1/10	200
墙面		120

表 2-111　压型金属板安装的允许偏差　　　　　　　　　(单位:mm)

项　目		允许偏差
屋面	檐口与屋脊的平行度	12.0
	压型金属板波纹线对屋脊的垂直度	$L/800$,且不应大于 25.0
	檐口相邻两块压型金属板墙部错位	6.0
	压型金属板卷边板件最大波浪高	4.0
墙面	墙板波纹线的垂直度	$H/800$,且不应大于 25.0
	墙板包角扳的垂直度	$H/800$,且不应大于 25.0
	相邻两块压塑金属板的下端错位	6.0

注:1. L 为屋面半坡或单坡长度。

　　2. H 为墙面高度。

6.结构涂装工程

(1)钢结构防腐涂料涂装施工质量验收标准见表 2-112。

表 2-112　钢结构防腐涂料涂装施工质量验收标准

项　目	验收标准
主控项目	(1)涂装前钢材表面除锈应符合设计要求和国家现行有关标准的规定。处理后的钢材表面不应有焊渣、焊疤、灰尘、油污、水和毛刺等。当设计无要求时,钢材表面除锈等级应符合表 2-113 的规定。

续上表

项　目	验收标准
主控项目	检查数量:按构件数抽查 10%,且同类构件不应少于 3 件。 检验方法:用铲刀检查和用现行国家标准《涂覆涂料前钢材表面处理》(GB/T 8923.1—2011)规定的图片对照观察检查。 (2)涂料、涂装遍数、涂层厚度均应符合设计要求。当设计对涂层厚度无要求时,涂层干漆膜总厚度:室外应为 150 μm;室内为 125 μm,其允许偏差为—25 μm。每遍涂层干漆膜厚度的允许偏差为—5 μm。 检查数量:按构件数抽查 10%,且同类构件不应少于 3 件。 检验方法:用干漆膜测厚仪检查。每个构件检测 5 处,每处的数值为 3 个相距 50 mm测点涂层干漆膜厚度的平均值
一般项目	(1)构件表面不应误涂、漏涂,涂层不应脱皮和返锈等。涂层应均匀、无明显皱皮、流坠、针眼和气泡等。 检查数量:全数检查。 检验方法:观察检查。 (2)当钢结构处在有腐蚀介质环境或外露且设计有要求时,应进行涂层附着力测试,在检测处范围内,当涂层完整程度达到 70% 以上时,涂层附着力达到合格质量标准的要求。 检查数量:按构件数抽查 1%,且不应少于 3 件。每件测 3 处。 检验方法:按照现行国家标准《漆膜附着力测定法》(GB 1720—1979)或《色漆和清漆漆膜的划格试验》(GB/T 9286—1998)执行。 (3)涂装完成后,构件的标志、标记和编号应清晰完整。 检查数量:全数检查。 检验方法:观察检查

表 2-113　各种底漆或防锈漆要求最低的除锈等级

涂料品种	除锈等级
油性酚醛、醇酸等底漆或防锈漆	St2
高氯化聚乙烯、氯化橡胶、氯磺化聚乙烯、环氧树脂、聚氨酯等底漆或防锈漆	Sa2
无机富锌、有机硅、过氯乙烯等底漆	Sa2 $\frac{1}{2}$

(2)钢结构防火涂料涂装施工质量验收标准见表 2-114。

表 2-114　钢结构防火涂料涂装施工质量验收标准

项　目	验收标准
主控项目	(1)防火涂料涂装前,钢材表面除锈及防锈底漆涂装应符合设计要求和国家现行有关标准的规定。 检查数量:按构件数抽查 10%,且同类构件不应少于 3 件。 检验方法:表面除锈用铲刀检查和用现行国家标准《涂覆涂料前钢材表面处理》(GB 8923.1—2011)规定的图片对照观察检查。底漆涂装用干漆膜测厚仪检查。每个构件检测 5 处,每处的数值为 3 个相距 50 mm测点涂层干漆膜厚度的平均值。 (2)钢结构防火涂料的黏结强度、抗压强度应符合国家现行标准《钢结构防火涂料应用技术规程》(CECS 24—1990)的规定。检验方法应符合现行国家标准《建筑构件耐火试验方法》(GB 9978—2008)的规定。

项　目	验收标准
主控项目	检查数量：每使用100 t或不足100 t薄涂型防火涂料应抽检一次黏结强度；每使用500 t或不足500 t厚涂型防火涂料应抽检一次粘结强度和抗压强度。 检验方法：检查复检报告。 (3)薄涂型防火涂料的涂层厚度应符合有关耐火极限的设计要求。厚涂型防火涂料涂层的厚度，80%及以上面积应符合有关耐火极限的设计要求，且最薄处厚度不应低于设计要求的85%。 检查数量：按同类构件数抽查10%，且均不应少于3件。 检验方法：用涂层厚度测量仪、测针和钢尺检查。测量方法应符合国家现行标准《钢结构防火涂料应用技术规程》(CECS 24—1990)的规定及《钢结构工程施工质量验收规范》(GB 50205—2001)附录 F。 (4)薄涂型防火涂料涂层表面裂纹宽度不应大于 0.5 mm；厚涂型防火涂料涂层表面裂纹宽度不应大于 1 mm。 检查数量：按同类构件数抽查10%，且均不应少于3件。 检验方法：观察和用尺量检查
一般项目	(1)防火涂料涂装基层不应有油污、灰尘和泥砂等污垢。 检查数量：全数检查。 检验方法：观察检查。 (2)防火涂料不应有误涂、漏涂，涂层应闭合无脱层、空鼓、明显凹陷、粉化松散和浮浆等外观缺陷，乳突已剔除。 检查数量：全数检查。 检验方法：观察检查

二、标准的施工方法

1. 单层钢结构安装

单层钢结构安装标准的施工方法见表 2-115。

表 2-115　单层钢结构安装标准的施工方法

项　目		内　容
工艺流程		轴线复测 → 基础复测 → 构件中心及标高检查 → 安装钢柱、校正 → 钢柱的安装柱间梁安装 → 吊车梁、平台及屋面结构安装 → 检查、验收
轴线复测	基础和支承面	钢结构安装前，土建部门已做完基础，为确保钢结构安装质量，进场后首先要求土建部门提供建筑物轴线、标高及其轴线基准点、标高水准点，依次进行复测轴线及标高。
	复测方法	根据建筑物平面不同采取不同的方法。 (1)矩形建筑物的验线宜选用直角坐标法。 (2)任意形状建筑物的验线宜选用极坐标法。 (3)平面控制点距欲测点距离较长，量距困难或不便量距时，宜选用角度(方向)交汇法。 (4)平面控制点距欲测点距离不超过所用钢尺全长，且场地量距条件较好时，宜选用距离交汇法。 (5)使用光电测距仪验线时，宜选用极坐标法

项　目		内　容
轴线复测	验线部位	定位依据桩位及定位条件。 (1)建筑物平面控制图、主轴线及其控制桩。 (2)建筑物高程控制网及±0.000 高程线。 (3)控制网及定位放线中的最弱部位。 (4)建筑物平面控制网测角、边长相对误差见表 2-116
基础复测		(1)根据测量控制网对基础轴线、标高进行技术复核。如预埋的地脚螺栓一般是土建完成的对其轴线、标高等进行检查,对超标的必须采取补救措施。如加大柱底板尺寸,在柱底板按实际螺栓位置重新钻孔(或设计认可的其他措施)。 (2)检查地脚螺栓外露部分的情况,若有弯曲变形、螺牙损坏的,应修复,如图2-36所示
构件中心及标高检查		(1)将柱子的就位轴线弹测在柱基表面。 (2)对柱基标高进行找平。 (3)混凝土柱基标高浇筑一般预留 50~60 mm(与钢柱底设计标高相比),在安装时用钢板或提前采用坐浆承板找平。 (4)当采用钢垫板做支承板时,钢垫板的面积应根据基础混凝土的抗压强度、柱脚底板下二次灌浆前柱底承受的荷载和地脚螺栓的紧固拉力计算确定。垫板与基础面和柱底面的接触应平整、紧密。 (5)采用坐浆承板时应采用无收缩砂浆,柱子吊装前砂浆垫块的强度应高于基础混凝土强度一个等级,且砂浆垫块应有足够的面积以满足承载的要求。 (6)钢垫板面积应根据基础混凝土的抗压强度、柱脚底板下细石混凝土二次浇灌前柱底承受的荷载和地脚螺栓(锚栓)的紧固拉力计算确定。 (7)垫板应设置在靠近地脚螺栓(锚栓)的柱脚底板加劲板或柱肢下,每根地脚螺栓(锚栓)侧应设 1~2 组垫板,每组垫板不得多于 5 块。垫板与基础面和柱底面的接触应平整、紧密。当采用成对斜垫板时,其叠合长度不应小于垫板长度的 2/3。二次浇灌混凝土前,垫板间应焊接固定
安装钢柱、校正		(1)单层钢结构安装工程施工时对于柱子、柱间支撑和吊车梁一般采用单件流水法吊装。可一次性将柱子安装并校正后再安装柱间支撑、吊车梁等构件。此种方法尤其适合履带起重机操作。对于采用汽车式起重机时,考虑到移动不便,可以以 2~3 个轴线为一个单元进行作业。 (2)屋盖系统吊装通常采用"节间综合法",即将一个节间全部安装完,形成空间刚度单元,以此为基准,再展开其他单元的安装
钢柱的安装		(1)钢柱的刚性较好,吊装时为了便于校正最好采用一点吊装法。对大型钢柱,根据起重机配备和现场条件确定,可单机、二机、三机吊装等。 (2)进行柱子竖直度校正宜在清晨进行,柱子初步固定后,其偏差结果必须用正倒镜法测定,与正倒镜平均值相比不得超过工程允许偏差。 (3)钢柱的安装方法。 1)旋转法:钢柱摆放时,柱脚在基础边,起重机边起钩边回转,使柱子绕柱脚旋转立起,如图 2-37 所示。

项　目	内　容
钢柱的安装	2)滑行法:单机或双机抬吊钢柱时起重机只起钩,使钢柱脚滑行而将其吊起。为减少柱脚与地面的摩阻力,需要在柱脚下铺设滑行道,如图 2-38 所示。 3)递送法:双机或三机抬吊,其中一台为副机,吊点在钢柱下面,起吊时配合主机起钩,随着主机的起吊,副机要行走或回转,在递送过程中,副机承担了一部分荷重,将钢柱脚递送到柱基础上面,如图 2-39 所示。 (4)杯口柱吊装时的注意事项。 1)在吊装前先将杯底清理干净。 2)操作人员在钢柱吊至杯口上方后,各自站好位置,稳住柱脚并将其插入杯口。 3)在柱子降至杯底时停止落钩,用撬棍用力使其中线对准杯底中线,然后缓慢将柱子落至底部。 4)拧紧柱脚螺栓。 (5)双机或多机抬吊的注意事项。 1)尽量选用同类型起重机。 2)根据起重机的能力,对起吊点进行荷载分配。 3)各起重机的荷载不宜超过其相应起重能力的 80%。 4)多机抬吊时,注意柱子运动或倾斜角度变化造成各机起重力的变化,严禁超载。 5)信号指挥准确、有效。 (6)钢柱校正:柱基标高调整,对准纵横十字线,柱身垂偏。 1)柱基标高调整。根据钢柱实长,柱底平整度,钢牛腿顶部与柱底的距离,重点要保证钢牛腿顶部标高值,来确定基础标高的调整数值。 2)纵横十字线。钢柱底部制作时在柱底板侧面打上通过安装中心的互相垂直的四个点,用三个点与基础面十字线对准即可。 (7)柱身垂偏校正采用缆风绳校正,用两台呈 90°的经纬仪检查校正,拧紧螺栓。缆风松开后再校正并适当调整。 (8)柱脚按设计要求焊接固定
柱间梁安装	高强度螺栓初拧、终拧(或按设计要求焊接),参见高强度螺栓连接施工标准的施工方法相关内容
吊车梁、平台及屋面结构安装	吊车梁、平台及屋面结构安装标准的施工方法见表 2-117

表 2-116　建筑物平面控制网主要技术指标

等级	适用范围	测角中的误差(″)	边长相对中的误差
1	钢结构超高层连续程度高的建筑	±9	1/24 000
2	框架、高层连续程度一般的建筑	±12	1/15 000
3	一般建筑	±24	1/8 000

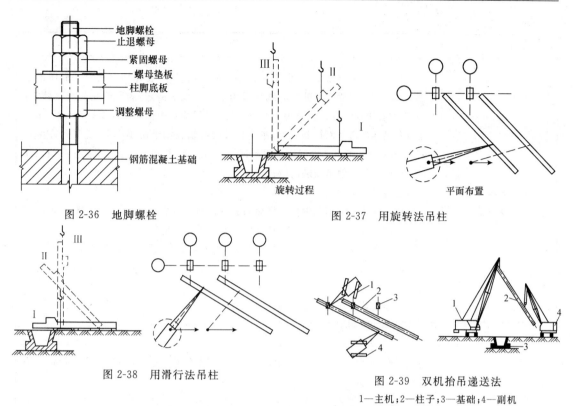

图 2-36　地脚螺栓　　　　　　　图 2-37　用旋转法吊柱

图 2-38　用滑行法吊柱　　　　　　图 2-39　双机抬吊递送法
1—主机；2—柱子；3—基础；4—副机

表 2-117　吊车梁、平台及屋面结构安装标准的施工方法

项　目	内　容
吊车梁安装	（1）钢吊车梁的安装，屋盖吊装之前，可采用单机吊、双机抬吊，利用柱子做拔设滑轮组（柱子经计算设缆风），另一端用起重机抬吊，一端为防止吊车梁碰牛脚，要用溜绳拉出一段距离，才能顺利起吊。 （2）屋盖吊装之后，最佳方案是利用屋架端头或柱顶栓滑轮组来抬吊吊车梁，这种方法都要对屋架绑扎位置或柱顶通过验算而定。 （3）吊车梁就位后均应对标高、纵横轴线（包括直线度和轨距）和垂直度进行调整。 （4）钢吊车梁安装一般采用工具式吊耳或捆绑法进行吊装。在进行安装以前应将吊车梁的分中标记引至吊车梁的端头，以利于吊装时按柱牛腿的定位轴线临时定位
吊车梁的校正	（1）校正包括标高调整、纵横轴线和垂直度的调整。注意钢吊车梁的校正必须在结构形成刚度单元以后才能进行。 （2）用经纬仪将柱子轴线投到吊车梁牛腿面等高处，根据图纸计算出吊车梁中心线到该轴线的理论长度 $L_{理}$。 （3）每根吊车梁测出两点，用钢尺和弹簧秤校核这两点到柱子轴线的距离 $L_{实}$，看 $L_{实}$ 是否等于 $L_{理}$，以此对吊车梁纵轴线进行校正。 （4）当吊车梁纵横轴线误差符合要求后，复查吊车梁跨度。 （5）吊车梁的标高和垂直度的校正可通过对钢垫板的调整来实现。注意吊车梁的垂直度的校正应和吊车梁轴线的校正同时进行

项　目	内　容
吊车梁与轨道安装测量	（1）吊车梁安装测量中，应根据制作好的吊车梁尺寸，在顶面和两个端面做出中心线，牛腿上吊车梁安装的中心线宜采用平行借线法测定，测定前应先校核跨距。吊车梁中心线投测允许误差为±3 mm，安装后梁面垫板标高允许偏差为±2 mm。 （2）应根据厂房平面控制网，将吊车轨道中心线投测于吊车梁上，投测允许误差为±2 mm，中间加密点的间距不得超过柱距的二倍，并将各点平行引测于牛腿顶部的柱子侧面，作为轨道安装的依据。 （3）轨道安装中心线应在屋架固定后测设。 （4）轨道安装前应用吊钢尺法把标高引测到高出轨面 50 cm 的柱子侧面，再用三等水准的精度测设上部标高点，作为轨道安装的标高依据。 （5）钢尺丈量应加尺长、温度、悬垂改正，轨道安装竣工后应有竣工测量资料。 （6）轨道安装测量中，引测轨道标高控制点允许误差为±2 mm，轨道标高点允许误差为±2 mm。 （7）屋架安装后应有测量记录，特别是屋架的竖直、节间平直度、标高、挠度（起拱）位置等的实测记录
钢屋架的吊装	钢屋架侧向刚度较差，安装前需要进行稳定性验算，稳定性不足时应进行临时加固，如图 2-40 所示。 （1）钢屋架的吊装。 1）绑扎时必须在屋架的节点上，以防止钢屋架在吊点处发生变形。绑扎节点的选择应符合钢屋架标准图要求或经设计计算确定。 2）屋架吊装就位时应以屋架下弦两端的定位标记和柱顶的轴线标记严格定位并点焊加以临时固定。 3）第一榀屋架吊装就位后，应在屋架上弦两侧对称设缆风固定；第二榀屋架就位后，每坡用一个屋架间调整器，进行屋架垂直度校正，再固定两端支座处并安装屋架间水平及垂直支撑。 （2）钢屋架的校正钢屋架垂直度的校正方法如下：在屋架下弦一侧拉一根通长钢丝（与屋架下弦轴线平行），同时在屋架上弦中心线反出一个同等距离的标尺，用线坠校正。也可用一台经纬仪，放在柱顶一侧，与轴线平移距离，在对面柱子上标出同样距离的点，从屋架中线处用标尺挑出 a 距离，三点在一个垂直面上即可使屋架垂直，如图 2-41 所示
门式刚架安装	门式刚架的特点一般是跨度大，侧向刚度很小。安装程序必须保证结构形式稳定的空间体系，并不导致结构的永久变形。 （1）可将其组成对称形式，用铁扁担多吊点同时起吊，必要时梁架可临时加固，如图 2-42 所示。 （2）门式刚架安装工艺流程图。 现场拼装 ⟶ 安装刚架柱 ⟶ 安装刚架梁 ⟶ 初拧、终拧高强度螺栓 ⟶ 形成标准刚性单元 ⟶ 依次重复安装步骤 （3）刚架柱安装工艺，与单层钢柱安装方法相同。 1）柱顶标高调整，刚架柱标高调整时，先在柱身标定标高基准点，然后以水准仪

续上表

项　目	内　容
门式刚架安装	测定其偏差值,调整螺母,当柱底板与柱基顶面高度大于 50 mm 时,几根螺栓承受压力不够时可适当加斜垫铁,以防止螺栓失稳。 2)刚架柱垂直度精确校正,在初校正的基础上,安装刚架梁的同时还要跟踪校正刚架柱,当框架形成后,再校正一次,用缆风或柱间支撑固定。 3)刚架梁安装,当跨度较大时,制作中分为几段,需现场在平台上再次拼装后吊装,或用一台或两台起重机加可移动式拼装支架直接将梁组拼后再与左、右柱安装
平面钢桁架的安装	(1)平面钢桁架的安装方法有单榀吊装法、组合吊装法、整体吊装法、顶升法。一般钢桁架侧面稳定性较差,在条件允许的情况下最好经扩大拼装后进行组合吊装,即在地面上将两榀桁架及其上的天窗架、檩条、支撑等拼装成整体,一次进行吊装,这样不但提高工作效率,也有利于提高吊装稳定性。 (2)桁架临时固定如需用临时螺栓和冲钉,则每个节点应穿入的数量必须经过计算确定,并应符合下列规定: 1)不得少于安装孔的总数 1/3; 2)至少应穿两个临时螺栓; 3)冲钉穿入数量不宜多于临时螺栓的 30%; 4)扩钻后的螺栓的孔不得使用冲钉; 5)钢桁架的校正方式与钢屋架校正方式相同
预应力钢桁架的安装	(1)预应力钢桁架的安装分为以下几个步骤。 1)钢桁架现场拼装。 2)在钢桁架下弦安装张拉锚固点。 3)对钢桁架进行张拉。 4)对钢桁架进行吊装。 (2)在预应力钢桁架安装时应注意的事项: 1)受施工条件限制,预应力索不可能紧贴桁架下弦,但应尽量靠近; 2)在张拉时为防止桁架下弦失稳,应经过计算后按实际情况在桁架下弦加设固定隔板。 (3)在吊装时应注意不得碰撞张拉索
大跨度预应力立体拱桁架安装	(1)拱桁架现场组装。 拱桁架整体组装,如图 2-43 所示,一榀拱桁架分为几段,以最重的拱桁架为主,分别在工厂拼装好,验收合格后运至现场,进行立式整体组装。 1)胎架坐于钢路基上,用钢垫板找平。 2)为确保胎架有足够的支承强度,拱架按最大单段重量计,由几根立柱支撑。每个支点按静荷载吨位,安全系数取 3,计算出每根立柱承载力。 3)胎架由测量人员测定位,确认无误后,电焊固定。对每个支出点进行水准测量,若发现支承座不在下一个平面上时,用钢板垫片垫平,并点焊固定。 4)采用立式拼装法,便于拱架吊装,可提高安装的速度。 5)如果采用卧式拼装法,便于拼装。但安装时必须采取多点吊装空中要翻身 90°。

续上表

项　目	内　容
大跨度预应力立体拱桁架安装	6)吊点选择：采用一机或两机抬吊，立体拱桁架一般在 100 t 左右，吊装高度较高，两支坐标高差较大，所以两吊索为不等长度。吊点要满足以下条件： ①拱架各杆件，特别是挂点附近杆件的轴力较小，最大以不超过相应杆件抗拉（压）强度为原则。 ②吊车起升高度能满足拱架吊高要求。 ③吊索与水平线夹角不宜太小，一般为 60°左右。 (2)拱桁架安装工艺。 1)支座就位控制：为解决大型拱架就位后对钢柱水平推力，并产生位移。采取垫设 3 mm 厚度的聚四氟板的方法，其摩擦系数为 0.04，可保证支座自由滑移。对钢柱的推力引起的顶端侧向变形很小。 2)拱架就位，为解决拱架就位产生位移，先就位高支座，后就位抵支座。在高支座处螺孔改为长圆孔。 3)拱架校正，在拱架每侧设置 2 根缆风绳，用经纬仪平移法校正固定。 4)檩架安装，先吊两端及中部檩架，固定后再吊装其他檩架。 5)预应力，根据设计要求，在上弦或下弦有预应力，在起吊前须做。也有的当拱架全部安装完毕形成整体框架体系后，再施加预应力

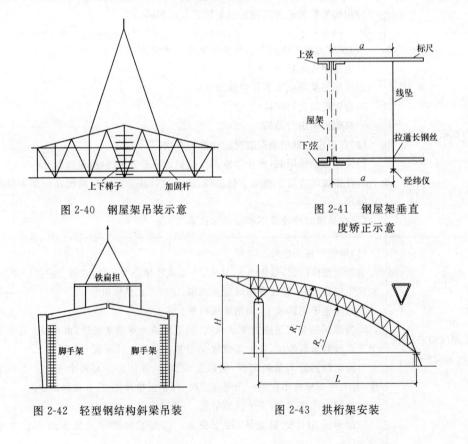

图 2-40　钢屋架吊装示意

图 2-41　钢屋架垂直度矫正示意

图 2-42　轻型钢结构斜梁吊装

图 2-43　拱桁架安装

钢柱安装高度超差

质量问题表现

安装后的钢柱高度尺寸超差,使各柱总高度、牛腿处的高度偏差数值不一致,造成和它连接的构件安装困难。

质量问题原因

(1)基础标高不正确或产生偏差。

(2)钢柱制作阶段的长度尺寸发生偏差。

(3)安装时对基础标高调整、处理时,没有与钢柱实际长度(高度)结合进行,造成安装后的钢柱高度尺寸产生正超差或负超差。

质量问题预防

(1)钢柱在制造过程中应严格控制长度尺寸,保证标高准确,对基础上表面尺寸,应结合钢柱的实际长度或牛腿支撑面的标高尺寸进行调整处理。在正常情况下应控制以下3个尺寸:

1)控制设计规定的总长度及各位置的长度尺寸;

2)控制在允许的负偏差范围内的长度尺寸;

3)控制正偏差和不允许产生正超差值。

(2)制作时,控制钢柱总长度及各位置尺寸,可参考如下做法:

1)控制在允许正负偏差范围内的长度和不允许产生的正差值;

2)焊接环境、采用的焊接规范或工艺,均应统一;

3)焊接连接时,应先焊钢柱的两端,留出1个拼接接点暂不焊,留作调整长度尺寸用,待两端焊接结束、冷却后,经过矫正最后焊接接点,以保证其全长及牛腿位置的尺寸正确;

4)为控制无接点的钢柱全长和牛腿处的尺寸正确,后者可先焊柱身,柱底座板和柱头板暂不焊,一旦出现偏差时,在焊柱的底端底座板或上端柱头板前进行调整,最后焊接柱底座板和柱头板。

(3)基础支撑面的标高与钢柱安装标高的调整处理,应根据成品钢柱实际制作尺寸进行,使实际安装后的钢柱总高度及各位置高度尺寸达到统一。

吊车梁垂直度、水平度偏差过大

质量问题表现

吊车梁的垂直度、水平度偏差超过规定的允许值,以致影响吊车梁的受力性能和轨道的安装。

质量问题原因

(1)吊车梁制作时产生扭曲变形。

(2)钢柱牛腿面的标高和水平度超差,垫板设置不平,螺栓孔不重合。

(3)制动架尺寸超差。

(4)吊车梁本身制作质量有问题。

(5)钢柱制作与安装质量有问题。

质量问题预防

(1)钢柱制作应严格控制底座板至牛腿面的长度尺寸及扭曲变形,以防止垂直度、水平度发生超差。

(2)钢柱安装应严格控制定位轴线,调整好垂直度和牛腿面的水平度,以防止吊车梁安装时产生较大垂直度或水平度偏差。

(3)应认真检查基础支撑平面的标高,其垫放的垫铁应正确;二次灌浆工作应采用无收缩、微膨胀的水泥砂浆。避免基础标高超差,影响吊车梁安装水平度的超差。

(4)钢柱安装时,应认真按要求调整好垂直度和牛腿面的水平度,以保证下部吊车梁安装时达到要求的垂直度和水平度。

(5)吊装吊车梁前,为防止垂直度、水平度超差应认真检查其变形情况,如发生扭曲等变形时应予以矫正,并采取刚性加固措施防止吊装再变形;吊装时应根据梁的长度,可采用单机或双机进行吊装。

(6)预先测量吊车梁在支撑处的高度和牛腿距柱底的高度,如产生偏差时,可用钢垫板在基础上平面或牛腿支撑面上予以调整。吊装前对吊车梁的扭曲变形应予以矫正。

(7)吊车梁安装时应按梁的上翼平面事先画定中心线,进行水平移位、梁端间隙的调整,达到规定的标准要求后,再进行梁端部与柱的斜撑等连接。吊车梁各部位置基本固定后应认真检查有关的安装尺寸,按要求达到标准后,再进行制动架的安装和紧固,以保证垂直度和水平度达到要求。

在钢吊车梁受拉翼缘或钢吊车桁架受拉弦杆上进行焊接

质量问题表现

焊接处受力时应力集中,导致开裂、甚至破坏。

质量问题原因

钢吊车梁是直接承受动荷载作用的构件,其受拉翼缘是受力的敏感区域。若在钢吊车梁的受拉翼缘进行焊接,引弧或焊接搭接,极易造成翼缘外边缘母材受损,产生缺陷或缺口,使物体受力时应力集中造成危害性影响。

质量问题预防

(1)钢吊车梁翼缘外边缘应平直、平整、无缺陷。

(2)钢吊车梁或钢吊车桁架的受拉杆上不得进行焊接、引弧或焊接搭接。

(3)当有部位损伤或有缺陷时,应进行细微修补、并打磨平整。

2. 多层及高层钢结构安装

多层及高层钢结安装标准的施工方法见表 2-118。

表 2-118 多层及高层钢结安装标准的施工方法

项　目	内　　容
工艺流程	准备工作 → 放线、验线 → 预埋螺栓验收及基础面处理 → 构件 中心及标高标志 → 安装柱、梁核心框架 → 高强度螺栓初拧、终拧 → 梁、柱节点焊接 → 超声波探伤 → 零星构件(隔撑)安装 → 安装压型钢 → 焊接、栓钉、螺栓 → 塔式起重机爬升 → 下一循环
准备工作	(1)起重机的选择。 1)多高层钢结构安装,起重机除满足吊装钢结构件所需的起重量、起重高度、回转半径外,还必须考虑抗风性能、卷扬机滚筒的容绳量、吊钩的升降速度等因素。 2)自升式塔式起重机根据现场情况选择外附式或内爬式。行走式塔式起重机或履带式起重机、汽车起重机在多层钢结构施工中也较多使用。 (2)吊装机具的安装。 1)汽车起重机直接进现场即可施工;履带式起重机运输到现场后组装再施行作业;塔式起重机安装和爬升或行走都较复杂,必须有固定基础或行走轨道。较高的固定塔式起重机还应按规定锚固。

项　目	内　容
准备工作	2)塔式起重机基础的设置,应严格按说明书进行,结合工地实际情况,设置基础必须牢固。 3)塔式起重机通常是由汽车起重机来安装的,它安装的顺序为:标准节→套架→驾驶节→塔帽→副臂→卷扬机→主臂→配重。塔式起重机的拆除顺序与此相反。 4)塔式起重机安装在楼层内部的,拆除采用拔杆及卷扬机等进行。塔式起重机的锚固按说明书规定,锚固对钢结构的水平荷载在设计交底和施工组织设计中明确
基础处理	(1)现场柱基检查。 (2)柱基的轴线、标高必须与图纸相符。 (3)螺栓预埋准确。标高控制在+5 mm以内,定位轴线的偏差控制在±2 mm以内。 (4)应会同设计、监理、总包共同验收
构件中心及标高标志	柱基的轴线、标高必须与图纸相符;螺栓预埋准确。标高控制在+5 mm以内,定位轴线的偏差控制在±2 mm以内。应会同设计、监理、总包共同验收
安装柱、梁核心框架	安装柱、数值核心框架标准的施工方法见表2-119
柱安装测量工艺流程	(1)工艺流程。 轴线激光点投测、闭合、测量 ⟶ 放线 ⟶ 柱顶标高测量 ⟶ 吊装钢柱、跟踪校正垂直度 ⟶ 高强度螺栓初、终拧 ⟶ 整理吊装测量记录,确定施焊顺序及特殊部位处理方法 ⟶ 施焊中跟踪测量 ⟶ 焊接合格后柱轴线偏差测量 ⟶ 验收 ⟶ 提供下节钢柱预控数据 (2)测量。测量、安装、高强度螺栓安装与紧固、焊接四大工序的协同配合是高层钢结构安装工程质量的控制要素,而钢结构安装工程的核心是安装过程中的测量工作。 (3)初校。初校是钢柱就位中心线的控制和调整,调整钢柱扭曲、垂偏、标高等综合安装尺寸的需要。 (4)重校。在某一施工区域框架形成后,应进行重校,对柱的垂直度偏差、梁的水平度偏差进行全面的调整,使柱的垂直度偏差、梁的水平度偏差达到规定标准。 (5)高强度螺栓终拧后的复校。在高强度螺栓终拧以后应进行复校,其目的是掌握在高强度螺栓终拧时钢柱发生的垂直度变化。这时的变化只有考虑用焊接顺序来调整。 (6)焊后测量。在焊接达到验收标准以后,对焊后的钢框架柱及梁进行全面的测量,编制单元柱(节柱)实测资料,确定下一节钢结构构件吊装的预控数据。 (7)注意事项。 1)通过以上钢结构安装测量程序和运行,测量要求的贯彻、测量顺序的执行,使钢结构安装的质量自始到终都处于受控状态,以达到不断提高钢结构安装质量的目的。 2)一个节间完成后再进行下一个节间。并根据现场实际情况进行本层压型钢板吊装和部分铺设工作

表 2-119　安装柱、梁核心框架标准的施工方法

项　目	内　容
一般吊装方法	(1)多层与高层钢结构吊装按平面布置图划分作业区域,采用多种吊装法顺序进行。 (2)一般是从中间或某一对称节间开始,以一个节间的柱网为吊装单元,按钢柱、钢梁、支撑顺序吊装,并向四周扩展,垂直方向由下至上组成稳定结构后,分层安装次要结构,当第一个区间完成后,即进行测量、校正、高强螺栓的初拧工作。然后再进行四周几个区间钢构件安装测量和校正以及高强度螺栓的终拧、焊接。采用对称安装、对称固定的工艺,减小安装误差积累和节点焊接变形
钢柱安装	(1)吊点设置,钢柱钢度较好,吊点采用一点正吊。吊点设在柱顶处,柱身竖直,吊点通过柱重心位置,易于起吊、对线、校正。 (2)多采用单机起吊,对于特殊或超重的构件,也可采用双机起吊。但注意的是尽量采用同类型起重机,各机荷载不宜超过其相应起重能力 80%,起吊时互相配合,如采用铁扁担起吊,应使铁扁担保持平衡,避免一台失重而另一台超载造成安全事故。不要多头指挥,指挥要准确。 (3)起吊时钢柱保持垂直,根部不拖。回转就位时,防止与其他构件相碰撞,吊索应有一定的有效高度。 (4)钢柱安装前应将挂篮和直梯固定在钢柱预定位置。就位后临时固定地脚螺栓,校正垂直度。钢柱两侧装有临时固定用的连接板,上节钢柱对准下节钢柱柱顶中心线后,即用螺栓固定连接板做临时固定。 (5)钢柱安装到位,对准轴线,必须等地脚螺栓固定后才能松开吊索
钢柱校正	(1)柱基标高调整,利用柱底板下螺母或垫板调整块控制钢柱的标高(有些钢柱过重,螺栓螺母无法承受其重量,故需加设标高调整块——钢板调整标高),精度可达到±1 mm。柱底板下预留的空隙,可以用高强度、无膨胀、无收缩砂浆以捻浆法填实。当仅使用螺母进行调整时,应对地脚螺栓的强度和刚度进行核算。 (2)轴线调整,对线法,当起重机不松钩的情况下,将柱底板的四个点与钢柱控制轴线对齐缓慢降落到设计标高位置。如果这四个点与钢柱的控制轴线有微小差别,可借线。 (3)垂直校正,采用缆风绳或千斤顶,钢柱校正器等校正。用两台呈 90°的经纬仪找垂直。在校正过程中,微调柱底板下的螺母,直至校正完毕,将柱底板上面的两个螺母拧上,缆风或调整装置松开不受力,柱身呈自由状态,再用经纬仪复查,如有偏差,重复上述过程,直至无误,将上面螺母拧紧。螺母多为双螺母,可在全部拧紧后焊实。 (4)柱顶标高调整和其他节框架钢柱标高控制可以用两种方法:一是按相对标高安装,另一种是按设计标高安装,通常按相对标高安装。钢柱安装就位后,用大六角高强度螺栓固定连接上下钢柱的连接耳板,先不拧紧,通过起重机起吊,撬棍可微调柱间间隙。量取上下柱顶先标定得标高值,符合后打入钢楔、点焊限制钢柱下落,考虑到焊缝及压缩变形,标高偏差调整至 4 mm 以内。 (5)第二节柱轴线调整,为使上下柱不出现错口,尽量做到上下柱中心线重合。如有偏差,钢柱中心线偏差调整每次 3 mm 以内,如偏差过大,分 2~3 次调整。

续上表

项　目	内　容
钢柱校正	(6)每一节柱的定位轴线决不允许使用下一节钢柱的定位轴线,应从地面控制线引至高空,以保证每节钢柱安装正确无误,避免产生过大的积累误差。 (7)第二节柱垂直度校正,钢柱垂直度校正的重点是对钢柱有关尺寸的预检,即对影响钢柱垂直度因素的预先控制。经验值测定,梁与柱焊接收缩小于2 mm,柱与柱焊接收缩约 3.5 mm
标准框架安装	(1)为保证钢结构整体安装的质量精度,在每一层都要选择一个标准框架结构体(或剪力筒),依次向外发展安装。 (2)安装标准化框架的原则,指建筑物核心部分,几根标准柱能组成不可变的框架结构,便于其他柱安装及流水段的划分
标准柱的垂直度校正	标准柱的垂直度校正,采用两台经纬仪对钢柱及钢梁安装跟踪观测。其垂直度可分两步。 (1)采用无缆风校正。在钢柱偏斜方向的一侧打入钢楔或顶升千斤顶。注意,临时连接耳板的螺栓孔应比螺栓直径大4 mm,利用螺栓孔扩大足够余量调节钢柱制作误差—1~5 mm。 (2)将标准框架体的梁安装上。先安装上层梁,再安装中、下层梁,安装过程中会对柱垂直度有影响,可采取钢丝绳缆索(只适宜跨内柱)、千斤顶、钢楔和手拉开葫芦进行,其他框架柱依次标准框架体向四面发展,其做法与上同
框架梁吊装	钢梁安装采用两点吊。 (1)钢梁吊装宜采用专用卡具,而且必须保证梁在起吊后为水平状态。 (2)一节柱一般有2层、3层或4层梁,原则竖向构件由上向下逐件安装,由于上部和周边都处于自由状态,易于安装且保住质量。一般在钢结构安装实际操作中,同一列柱的钢梁从中间跨开始对称向两端扩展安装,同一跨钢梁,先安装上层梁再安装中下层梁。 (3)在安装柱与柱之间的主梁时,会把柱与柱之间的开档撑开或缩小。测量必须跟踪校正,预留偏差值,留出节点焊接收缩量。 (4)柱与柱节点和梁与柱节点的焊接,以互相协调为好。一般可以先焊顶层梁,再从下向上焊接各层梁与柱的节点。柱与柱的节点可以先焊,也可以后焊。 (5)次梁根据实际施工情况一层一层安装完成。 (6)柱底灌浆,在第一节柱及柱间梁安装完成后,即可进行柱底灌浆。 (7)补漆,补漆为人工涂刷,在钢结构按设计安装就位后进行。补漆前应清渣,除锈、去油污,自然风干,并经检查合格

质量问题

钢结构安装阶段不注意施工荷载控制,随意堆载、加载

质量问题表现

结构构件变形,结构稳定性下降。

质量问题

质量问题原因

钢结构安装阶段在楼面上随意堆载、加载,或不经过设计同意、不经验算加固,利用结构附着起重设备和利用结构起吊构件或设备,极易造成结构构件变形,甚至造成坍塌事故。

质量问题预防

结构安装完毕尚未形成稳定结构、节点未固定前,楼层上不准堆载重物,楼层上堆物重量不得超过规定施工荷载。堆物应均摊,不得过于集中。结构安装阶段,需利用结构附着起重设备,例如内爬式塔式起重机、附着式塔式起重机和人货两用电梯等,或利用已安装结构起吊构件、设备,必须征得设计同意,并进行增加的荷载计算,包括杆件强度和稳定性。同时,应根据验算结果,采取相应的结构加强、加固措施处理不能满足要求的构件。附着位置应尽可能设置在结构主要受力构件上,附着机构结构设置要简单、明确、合理。同时,应制定相应的安装、使用操作规程,并严格按规定操作、定期检查。

质量问题

柱与柱安装不平、扭转,垂偏超过允许值

质量问题表现

柱顶不平,上柱扭转,柱本身不垂直。

质量问题原因

(1)柱顶不平的原因是制作焊接变形,测量有误差,安装柱过程中的累积误差,柱—柱焊接时焊缝收缩及柱自重压缩变形等所致。

(2)上柱扭转是由于制作焊接变形,运输过程碰撞及堆放受压而扭曲,安装过程中的累积误差等原因。

(3)柱本身不垂直除因焊接变形及阳光照射影响外,还因工厂加工变形,柱安装不垂直,钢梁长或短和测量放线精度不高,控制点布设误差,控制点投点误差,细部放线误差,外界条件影响,仪器对中、后视误差,摆尺误差,读数误差等原因造成。

(4)柱身受风力影响。

(5)塔式起重机锚固在结构上,对结构及柱垂直都有一定影响。

质量问题

质量问题预防

(1)柱顶不平采用相对标高控制法,找出本层最高、最低差值,确定安装标高(与相对标高控制值相差 5 mm 为宜)。主要做法是在连接耳板上下留 15~20 mm 间隙,柱吊装就位后临时固定上下连接板,利用起重机起落调节柱间隙,符合标定标高后打入钢楔,点焊固定,拧紧高强度螺栓,为防止焊缝收缩及柱自重压缩变形,标高偏差调整为 +5 mm 为宜。

(2)钢柱扭转调整可在柱连接耳板的不同侧面夹入垫板(垫板厚 0.5~1.0 mm),打紧高强度螺栓,钢柱扭转每次调整 3 mm。

(3)垂直偏差调整:钢柱安装过程采取在钢柱偏斜方向的一侧打入钢楔或顶升千斤顶,如果连接板的高强度螺栓孔间隙有限,可采取扩孔办法,或预先将连接板孔制作比螺栓大 4 mm,将柱尽量校正到零值,拧紧连接耳板的高强度螺栓。钢梁安装过程直接影响柱垂偏,首先掌握钢梁长或短数据,并用 2 台经纬仪、1 台水平仪跟踪校正柱垂偏及梁水平度控制,梁安装过程可采用在梁柱间隙当中加铁楔进行校正柱的方法,柱子垂直度要考虑梁柱焊接收缩值,一般为 1~2 mm(根据经验预留值的大小),梁水平度控制在 $L/1\,000$ 内且不大于 10 mm,如果水平偏差过大,可采取换连接板或塞孔重新打孔办法解决。钢梁的焊接顺序是先从中间跨开始对称地向两端扩展,同一跨钢梁,先安上层梁,再安中、下层梁,把累积偏差减小到最小值。

(4)如果塔式起重机固定在结构上,测量工作应在塔式起重机工作以前进行测量工作,以防塔式起重机工作使结构晃动影响测量精度。

3. 预应力钢结构施工

预应力钢结构施工标准的施工方法见表 2-120。

表 2-120 预应力钢结构施工标准的施工方法

项 目	内 容
工艺流程	张拉施工方案制订 → 钢柱件安装 → 拉索与锚具的初装 → 张拉 设备安装与调试 → 一次张拉 → 二次张拉或多次张拉 → 检测验收
张拉施工方案制订	(1)应根据拉索受力的结构特点、空间状态以及方式技术条件,在满足工程质量的前提下综合确定拉索安装方法,制订张拉施工方案。 (2)方案确定后,施工单位应会同设计单位及相关单位依据施工方案对支撑结构在拉索张拉时的内力和位移进行验算,必要时采取加固措施
钢构件安装	(1)应根据定位轴线和标高基准点复核土建和钢结构施工单位的预埋件和连接点的空间位置和相关配合尺寸。 (2)为确保拼装精度和满足反力可能变化,支座处的台架在设计、制作和结构吊装

续上表

项　目	内　容
钢构件安装	时要采取特殊措施。 （3）钢结构安装时可根据方案要求将拉索一端连接安装
拉索与锚具的初装	（1）拉索露天存放时,应置于遮篷中且防潮防雨,成圈产品只能水平堆放,重叠堆放时逐层间应加垫木,并避免锚具压伤拉索护层,应特别注意保护拉索护层和锚具连接部位的可靠性,防止雨水浸蚀,当除拉索外其他金属材料需要焊接和切削时,则要求这些施工点与拉索保持一定距离和采取保护措施。 （2）在允许的范围内,拉索与锚具进行初装并用专用夹具利用丝杆或液压调节绷直
张拉设备安装与调试	（1）张拉设备由张拉千斤顶、电动油泵及压力表组成,应配套标定,以确定张拉力与压力表读数的对应关系。 （2）张拉千斤顶常用的有:100～250 t 群锚千斤顶（YCQ、YDW 型）,60 t 穿心千斤顶（YC 型）、18～25 t 前卡千斤顶（YCN、YDC 型）等。前二者可用于钢绞线与钢丝束张拉,后者仅用于单根钢绞线张拉。 （3）对索力和其他预应力的施加必须采用专用设备,其精度应当满足施工要求
一次张拉	（1）按规定的顺序进行预应力张拉,宜设计预应力调节装置,张拉预应力一般采用油压千斤顶,张拉过程中首先建立支承结构,将索就位,调整到规定的初始位置,并安上锚具初步固定,设计过程中要随时监测索系的位置变化。 （2）预应力索的张拉顺序必须严格按照设计规定的步骤进行,设计无规定时,应考虑结构受力特点、施工方便、操作安全等因素确定,以对称张拉为基本原则。 （3）对直线索,可采取一端张拉,对折线索应采取两端张拉,采用千斤顶同时工作时,应同步加载。 （4）拉索张拉一般不能一步到位,应按相关标准分级张拉,张拉过程中应复核张拉力。 （5）风力大于 3 级,气温低于 4 ℃时不宜进行拉索与膜单元的安装,拉索安装过程中应注意保护已经做好防锈、防火涂层的构件,避免涂层的损坏,如构件涂层和拉索护层出现损坏,必须及时修补或采取措施。 （6）检测,每次张拉必须观察张拉效果和承载后结构相对点的位置,做好张拉记录
二次及多次张拉	按设计要求将张拉到位,即液压值达到与其换算出的对应的拉力值为止,并做好记录
验收	（1）由专业人员复核检测结果,并记录。 （2）应根据定位轴线和标高基准点复核土建和钢结构施工单位的预埋件和连接点的空间位置和相关配合尺寸。 （3）对一般连接用索或装饰性索,可不对索力和位移进行双控,目测绷直即可。 （4）由施工方与验收方共同检查验收

4. 钢网架结构拼装

钢网架结构拼装标准的施工方法见表 2-121。

表 2-121　钢网架结构拼装标准的施工方法

项　目	内　容
工艺流程	(1)焊接球网架工艺流程。 准备工作 —→ 搭设拼装操作平台(部分或满堂脚手架) —→ 小拼 —→ 中拼 —→ 总拼 —→ 焊接 —→ 起拱 —→ 防腐处理 (2)螺栓球网架工艺流程。 准备工作 —→ 搭设拼装操作平台 —→ 网架拼装 —→ 起拱 —→ 防腐处理
准备工作	(1)复核定位轴线和标高。 (2)检查预埋件或预埋螺栓的平面位置和标高。 (3)测量仪器及钢尺检验合格。 (4)编制施工组织设计和施工方案。 (5)核对进厂的各种杆件及连接件规格、品种和数量。 (6)核对杆件及节点的编号,做到与图纸相符。 (7)原材料质量保证书及复验报告全部合格
搭设拼装操作平台	(1)拼装操作平台按其作用分为小、中、大三种形式,分别为小拼、中拼、大拼网架用。 (2)平台基础应全部找平并坚固。 (3)平台各支点、托等应按尺寸刚性连接,必要时可安装调节装置,误差应控制在网架拼装允许范围内
小拼	(1)小拼平台有平台型和转动型两种,应当严格控制其结构尺寸,必要时应试拼,合格后正式拼装。 (2)网架结构应在专门胎架上小拼,以保证小拼单元的精度和互换性。 (3)胎架在使用前必须进行检验,合格后再拼装。 (4)在整个拼装过程中,要随时对胎具位置和尺寸进行复核,如有变动,经调整后方可重新拼装
中拼	(1)网架片或条、块的中拼装应在平整的刚性平台上进行。拼装前,应在空心球表面用套模划出杆件定位线,做好定位标记,在平台上按 1∶1 放大样,搭设立体靠模来控制网架的外形尺寸和标高,拼装时应设调节支点来调节钢管与球的同心度,如图 2-44～图 2-46 所示。 (2)焊接球节点网架结构在拼装前应考虑焊接收缩,其收缩量可通过试验确定,试验时可参考下列数值: 1)钢管球节点加衬管时,每条焊缝的收缩量为 1.5～3.5 mm; 2)钢管球节点不加衬管时,每条焊缝的收缩量为 2～3 mm; 3)焊接钢板节点,每个节点收缩量为 2～3 mm; (3)随时检查外形尺寸,保证中拼质量
总拼	(1)总拼应当是从中间向两边或从中间向四周发展。 (2)拼时严禁形成封闭圈,封闭圈内施焊会产生很大的焊接收缩应力

项　目	内　容
焊接	（1）网架焊接时，一般先焊下弦，使下弦收缩而略上拱，然后接腹杆及上弦，即下弦→腹杆→上弦。 （2）当用散件总拼时（不用小拼单元），如果把所有杆件全部定位焊好（即用电焊点上），则在全面施焊时将容易造成已定位焊的焊缝被拉裂。因为类似在封闭圈中进行焊接，没有自由收缩边，应当避免。 （3）在焊接球网架结构中，钢管厚度大于 6 mm 时，必须开坡口，在要求钢管与球全焊透连接时，钢管与球壁之间必须留有 1～2 mm 的间隙，加衬管，以保证实现焊缝与钢管的等强连接
螺栓球网架的拼装	（1）螺栓球网架拼装时，一般先拼下弦，将下弦的标高和轴线调整后，全部拧紧螺栓，起定位作用。 （2）开始连接腹杆，螺栓不宜拧紧，但必须使其与下弦连接的螺栓吃上劲，如吃不上劲，在周围螺栓都拧紧后，这个螺栓就可能偏歪（因锥头或封板的孔较大），那时将无法拧紧。 （3）连接上弦时，开始不能拧紧。当分条拼装时，安装好三行上弦球后，即可将前两行抄到中轴线，这时可通过调整下弦球的垫块高低进行，然后固定第一排锥体的两端支座，同时将第一排锥体的螺栓拧紧。按以上各条循环进行。 （4）在整个网架拼装完成后，必须进行一次全面检查，检查螺栓是否拧紧。 （5）正放四角锥网架试拼后，用高空散装法拼装时，也可在安装一排锥体后（一次拧紧螺栓），从上弦挂腹杆的办法安装其余锥体
起拱	当网架跨度 40 m 以下可不起拱（拼装过程中，为防止网架下挠，根据经验留施工起拱）。 （1）网架起拱按线型分有两类：一是折线型；一是圆弧线型，如图 2-47 和图 2-48 所示。 （2）网架起拱按找坡方向分有单向起拱和双向起拱两种： 1）单向圆弧线起拱和双向圆弧线起拱都要通过计算定几何尺寸； 2）折线型起拱时，对于桁架体系的网架，无论是单向或双向找坡，起拱计算较简单。对于四角锥或三角锥体系网架，当单向或双向起拱时计算均较复杂
防腐处理	（1）网架的防腐处理包括制作阶段对构件及节点的防腐处理和拼装后最终的防腐处理。 （2）焊接球与钢管连接时，钢管及球均不与大气相通，对于新轧制的钢管的内壁可不除锈，直接刷防锈漆即可，对于旧钢管内外均应认真除锈，并刷防锈漆。 （3）螺栓球与钢管的连接为大气相通状态，应用油腻子将所有空余螺孔及接缝处填嵌密实，并补刷防锈漆，保证不留渗漏水汽的缝隙。 （4）电焊后对已刷油漆的破坏处，应处理并按规定补刷好油漆

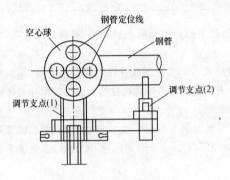

图 2-44　焊接球调节支点

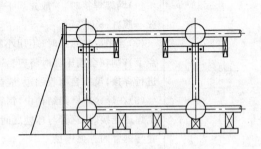

图 2-45　拼装和总拼的支点设置

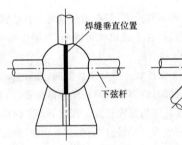

图 2-46　焊接球焊缝垂直与水平位置

图 2-47　折线型起拱

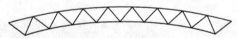

图 2-48　圆弧线型起拱

质量问题

拼装尺寸偏差过大

质量问题表现

钢网架拼装尺寸过大或过小。

质量问题原因

(1)焊接球、螺栓球、焊接钢板等节点及杆件制作几何尺寸超差。

(2)焊缝长度和高度、气温高低、焊接电流强度、焊接顺序、焊工操作技术等因素的影响。

质量问题

（3）钢尺本身误差影响。

（4）中拼吊装杆件变形造成尺寸偏差。

质量问题预防

（1）对焊接球、螺栓球、焊接钢板等节点及杆件制作的几何尺寸,必须严格控制质量。焊接球的半圆球宜用机床作坡口,焊接后的成品球,厚度不均匀度为10％,对口错边量为1 mm。

（2）钢管球节点加套管时（图2-49）,每条焊缝收缩应为1.5～3.5 mm;不加套管时,每条焊缝收缩应为1.0～2.0 mm;焊接钢板节点,每个节点收缩量应为2.0～3.0 mm。

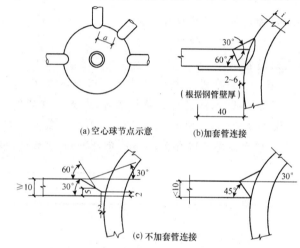

(a)空心球节点示意　　(b)加套管连接

(c)不加套管连接

图2-49　管—球节点形式及坡口形式(单位:mm)

（3）钢尺必须统一校核,并考虑温度改正数。

（4）小拼单元应在胎具上进行拼装。中拼单元也应在实足尺寸大样上进行拼装或预拼装,以便控制其尺寸偏差。

（5）斜放四角锥网架中拼分成平面桁架,这种平面桁架没有上弦,所以必须安装临时上弦杆加固,安装完毕后再拆下来。

质量问题

球管焊接质量差

质量问题表现

球管焊接根部未焊透。

质量问题

质量问题原因

(1)钢管坡口太小。

(2)焊工定位焊接技术水平低,焊接电流、焊条直径选用不当。

(3)球管焊接部位有污物。

质量问题预防

(1)钢管坡口加工应正确,钢管壁厚4～9 mm时,坡口必须≥45°。加强部位高度要大于或等于3 mm,以防产生局部未焊透。钢管壁厚≥10 mm时采用圆弧坡口,钝边不大于2 mm,单面焊接双面成形易于焊透。

(2)焊工必须持有钢管定位位置焊接操作证。

(3)严格执行坡口焊接及圆弧形坡口焊接工艺。

(4)焊前清除焊接处污物。

(5)为保证焊缝质量,对于等强焊缝必须符合《钢结构工程施工质量验收规范》(GB 50205—2001)2级焊缝的质量,除进行外观检验外,对大中跨度钢管网架的拉杆与球的对拉焊缝,应作无损探伤检验,其抽样数不少于焊口总数的20%。钢管厚度大于4 mm时,开坡口焊接,钢管与球壁之间必须留有3～4 mm间隙,加衬管焊接,根部易焊透。

质量问题

钢网架节点连接不严密

质量问题表现

钢网架节点连接处缝隙过大。

质量问题原因

(1)钢网架节点零部件及杆件制作精度不高。

(2)拼装顺序及工艺不合理。

质量问题预防

(1)焊接空心球节点。当空心球的外径等于或大于300 mm时,且内力较大,需要提高承载能力时,球内可加环肋,其厚度不应小于球壁厚,同时焊件应连接在环肋的平面内。球节点与杆件相连接时,两杆件在球面上的距离不得小于20 mm,如图2-50所示。焊接球节点的半圆球,宜用机床加工成坡口。焊接后的成品球的表面应光滑平整,不得有局部凸起或折皱,其几何尺寸和焊接质量应符合设计要求。成品球应按1%作抽样进

质量问题

行无损检查。

（2）螺栓球节点。螺栓球节点系通过螺栓将管形截面的杆件和钢球连接起来的节点，一般由螺栓、钢球、销子、套管和锥头或封板等零件组成，如图 2-51 所示。螺栓球节点毛坯不圆度的允许制作误差为 2 mm，螺栓按 3 级精度加工，其检验标准如下：

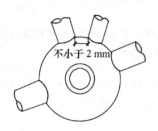

图 2-50　空球节点示意图

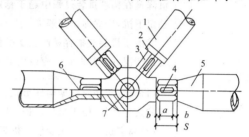

图 2-51　螺栓球节点图
1—钢管；2—封板；3—套管；4—销子；
5—锥头；6—螺栓；7—钢球

5. 钢网架高空散装法

钢网架高空散装法安装标准的施工方法见表 2-122。

表 2-122　钢网架高空散装法安装标准的施工方法

项　目	内　容
工艺流程	安装准备工作 → 构件检验 → 搭设拼装平台 → 拼装顺序 → 检查 → 总装 → 临时支座的拆除
安装准备工作	(1)根据测量控制网对基础轴线、标高或柱顶轴线进行技术复核，对超出规范要求的与总承包单位、设计单位、监理单位协商解决。 (2)检查预埋件或预埋螺栓的平面位置和标高。 (3)编制构件高空散装法施工组织设计。 (4)按施工平面布置图划分好材料堆放区、拼装区、堆放区，构件按吊装顺序进场。 (5)场地要平整夯实，并设排水沟。在拼装区、安装区设置足够的电源
构件检验	(1)核对进场的各种节点、杆件及连接件规格、品种、数量及编号。 (2)小拼单元的验收合格。 (3)原材料出厂合格证明及复验报告
搭设拼装平台	(1)一般为满堂脚手架，应按承重平台搭设。对支点位置（纵横轴线）应严格检查核对。 (2)拼装支架的设置。 1)构件高空散装法的拼装支架应进行设计和验算，对于重要的或大型的工程，还应进行试压，以确保其使用的安全可靠性。 2)拼装支架必须满足以下要求。

项　　目	内　　容
搭设拼装平台	①具有足够的强度和刚度。拼装支架应通过验算,除满足强度要求外,还应满足单肢及整体稳定要求。如图 2-52 所示为支架单肢失稳和整体失稳的示意图。 ②具有稳定的沉降量。支架的沉降往往由于支架本身的弹性压缩、接头的压缩变形以及地基沉降等因素造成。支架在承受荷载后必然产生沉降,但要求支架的沉降量在构件拼装过程中趋于稳定。必要时,用千斤顶进行调整。如发现支架不稳定下沉,应立即研究解决。 ③由于拼装支架容易产生水平位移和沉降,在构件拼装过程中应经常观察支架变形情况并及时调整。应避免由于拼装支架的变形而影响构件的拼装精度
拼装顺序	(1)安装顺序应根据构件形式、支承类型、结构受力特征、杆件小拼单元、临时稳定的边界条件、施工机械设备的性能和施工场地情况等诸多因素综合确定。 (2)高空拼装顺序应能保证拼装的精度、减少积累误差。 (3)平面呈矩形的周边支承结构总的安装顺序由建筑物的一端向另一端呈三角形推进。 (4)网片安装中,为防止累积的误差,应由屋脊网线分别向两边安装。 (5)平面呈矩形的三边支承结构,总的安装顺序在纵向应由建筑物的一端向另一端呈平行四边形推进,在横向应由三边框架内侧逐渐向大门方向(外侧)逐条安装。 (6)网片安装顺序可先由短跨方向,按起重机作业半径要求划分若干安装长条区。按区顺序依次流水安装构件
检查	(1)严格控制支点轴线位置标高,控制挠度,及时调整支架的沉降。 (2)对小拼单元垂直偏差控制和校正。 (3)随时对螺栓球网架螺栓的拧紧进行跟踪检查
总装	(1)对螺栓球节点网架,一般从一端开始,以一个网格为一排,逐排步进。拼装顺序为:下弦节点→下弦杆→腹杆及上弦节点→上弦杆→校正→全部拧紧螺栓。 (2)对空心球节点网架,安装顺序应从中间向两边或从中间向四周进行,减少焊接应力。 (3)为确保安装精度,在操作平台上选一个适当位置进行试拼一组,检查无误,开始正式拼装。一般先焊下弦,使下弦收缩而上拱,然后焊接腹杆及上弦,避免人为下挠。 (4)网架焊接在拼装过程中(因网架自重和支架刚度较差),可预先设施工起拱,一般在 10~15 mm
临时支座的拆除	(1)拼装支撑点(临时支座)拆除必须遵循"变形协调,卸载均衡"的原则;避免临时支座超载失稳,或者构件结构局部甚至整体受损。 (2)临时支座拆除顺序和方法:由中间向四周,以中心对称进行,而防止个别支撑点集中受力,宜根据各支撑点的结构自重挠度值,采用分区分阶段按比例下降或用每次不大于 10 mm 等步下降法拆除临时支撑点。 (3)拆除临时支撑点应注意事项: 1)检查千斤顶行程满足支撑点下降高度,关键支撑点要增设备用千斤顶; 2)降落过程中,应统一指挥,责任到人,遇有问题由总指挥处理解决

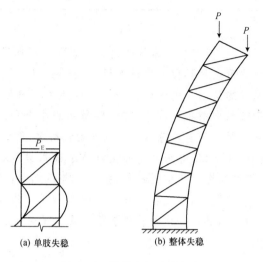

(a) 单肢失稳　　　(b) 整体失稳

图 2-52　拼装支架失稳示意图

高空散装法支架整体沉降量过大

质量问题表现

高空散装法支架整体沉降量过大导致标高偏低,挠度偏差大。

质量问题原因

(1)支架搭设位置不正确。
(2)对于不良的地基,没有采取加固措施。
(3)拼装顺序不正确。

质量问题预防

(1)支架既是网架拼装成形的承力架,又是操作平台支架。所以,支架搭设位置必须对准网架下弦节点。支架一般用扣件和钢管搭设。它应具有整体稳定性和在荷载作用下有足够的刚度;应将支架本身的弹性压缩、接头变形、地基沉降等引起的总沉降值控制在 5 mm 以下。因此,为了调整沉降值和卸荷方便,可在网架下弦节点与支架之间设置调整标高用的千斤顶。拼装支架必须牢固,设计时应对单肢稳定、整体稳定进行验算,并估算沉降量。其中单肢稳定验算可按一般钢结构设计方法进行。

(2)支架的整体沉降量包括钢管接头的空隙压缩、钢管的弹性压缩、地基的沉陷等。如果地基情况不良,要采取夯实加固等措施,并且要用木板铺地以分散支柱传来的集中荷载。高空散装法对支架的沉降要求较高(不得超过 5 mm),应给予足够的重视。大型

质量问题

网架施工,必要时可进行试压,以取得所需的资料。拼装支架不宜用竹或木制,因为这些材料容易变形并易燃,故当网架用焊接连接时禁用。

(3)总的拼装顺序是从建筑物一端开始向另一端以两个三角形同时推进,待两个三角形相交后,则按人字形逐榀向前推进,最后在另一端的正中合拢。每榀块体的安装顺序,在开始两个三角形部分是由屋脊部分开始分别向两边拼装,两三角形相交后,则由交点开始同时向两边拼装,如图 2-53 所示。这样做以减小累积偏差和便于控制标高。吊装分块(分件)用 2 台履带式或塔式起重机进行,拼装支架用钢制,可局部搭设作成活动式,亦可满堂红搭设。分块拼装后,在支架上分别用方木和千斤顶顶住网架中央竖杆下方进行标高调整[图 2-53(c)],其他分块则随拼装随拧紧高强螺栓,与已拼好的分块连接即可。当采取分件拼装,一般采取分条进行,顺序为:支架抄平、放线→放置下弦节点垫板→按格依次组装下弦、腹杆、上弦支座(由中间向两端,一端向另一端扩展)→连接水平系杆→撤出下弦节点垫板→总拼精度校验→油漆。每条网架组装完,经校验无误后,按总拼顺序进行下条网架的组装,直至全部完成,如图 2-54 所示。

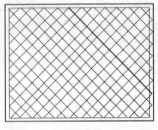

(a)网架平面

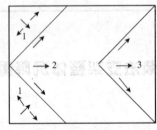

(b)网架安装顺序

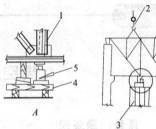

(c)网架块体临时固定方法

图 2-53　高空散装法安装网架

1—第一榀网架块体;2—吊点;3—支架;4—枕木;5—液压千斤顶;(b)中 1、2、3 为安装顺序

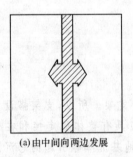

(a)由中间向两边发展

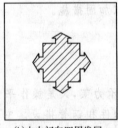

(b)由中间向四周发展

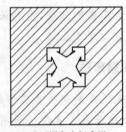

(c)由四周向中间发展
(形成封闭圈)

图 2-54　总拼顺序示意图

6. 钢网架分条或分块安装

钢网架分条或分块安装标准的施工方法见表 2-123。

表 2-123　钢网架分条或分块安装标准的施工方法

项　目	内　容
工艺流程	安装准备 ⟶ 构件检验 ⟶ 高空拼装平台 ⟶ 网架单元组拼 ⟶ 高空条或块安装 ⟶ 检测 ⟶ 焊接 ⟶ 检验 ⟶ 支座固定
安装准备	(1)根据测量控制网对基础轴线、标高或柱顶轴线、标高进行技术复核,对超出规范要求的与总承包单位、设计单位、监理单位协商解决。 (2)检查预埋件或预埋螺栓的平面位置和标高。 (3)编制构件高空散装法施工组织设计
构件检验	(1)核对进场的各种节点、杆件及连接件规格、品种、数量及编号。 (2)小拼单元的验收合格。 (3)原材料出厂合格证明及复验报告
高空拼装平台	(1)一般为脚手架,应按承重平台搭设。对支点位置(纵横轴线)应严格检查核对。 (2)承重支架除用扣件式钢管脚手架外,因为分条或分块安装法所用的承重支架是局部而不是满堂的脚手架,所以也可以用塔式起重机的标准节或其他桥架、预制架。 (3)对各支点的标高按规定检查,并定位牢固
网架单元组拼	(1)搭设条或块拼装的平台,经检查合格验收。 (2)网架单元划分,网架分条分块单元的划分,主要根据起重机的负荷能力和网架的结构特点而定。其划分方法有下列几种。 1)网架单元相互靠紧。可将下弦双角钢分开在两个单元上。此法可用于正放四角锥等网架。如图 2-55 所示。 2)同架单元相互靠紧,单元间上弦用剖分式安装节点连接。此法可用于斜放四角锥等网架,如图 2-56 所示。 3)单元之间空出一个节间,该节间在网架单元吊装后再在高空拼装(图2-57),可用于两向正交正放等网架。如图 2-58 所示为斜放四角锥网架块状单元划分方法工程实例,图中虚线部分为临时加固的杆件。 4)当斜放四角锥等斜放类网架划分成条状单元时,由于上弦(或下弦)为菱形几何可变体系,因此必须加固后才能吊装。如图 2-59 所示为斜放四角锥网架划分成条状单元后几种上弦加固方法。 5)条状单元合拢前应先将其顶高,使中央挠度与网架形成整体后该处挠度相同。由于分条分块安装法多在中小跨度网架中应用,可用钢管作顶撑,在钢管下端设千斤顶,调整标高时将千斤顶顶高即可,比较方便,如图 2-60 所示为某工程分四个条状单元,在各单元中部设一个支顶点,共设六个点。每点用一根钢管和一个千斤顶。如果在设计时考虑到分条安装的特点而加高了网架高度,则分条安装时就不需要调整挠度

项　目	内　容
高空条或块安装	(1)根据网架结构形式和起重设备能力决定条或块的尺寸大小,在地面上拼装好。 (2)分条或分块单元,自身应是几何不变体系,同时应有足够的刚度,否则应当加固。 (3)分条(块)网架单元尺寸必须准确,以保证高空总拼时节点的吻合和减少偏差。可用预拼或套拼的办法控制尺寸。还应尽量减少中间转运,如需运输,应用特制专用车辆,防止网架单元变形。 (4)吊装时避免碰撞,应有专人指挥,到位后及时安装
检测	(1)检查分条或分块单元的尺寸必须在公差允许的范围内。 (2)每安装一组条或块单元后,应对挠度、轴线位置进行复测,随时检查可能出现的问题。 (3)对网架支座轴线、支承面标高或网架下弦标高、网架屋脊线、檐口线位置和标高进行跟踪控制,发现误差积累应及时纠正
焊接	(1)网架焊接时,一般先焊下弦,使下弦收缩而略上拱,然后接腹杆及上弦,即下弦→腹杆→上弦。 (2)在焊接球网架结构中,钢管厚度大于 6 mm 时,必须开坡口,在要求钢管与球全焊透连接时,钢管与球壁之间必须留有 1~2 mm 的间隙,加衬管,以保证实现焊缝与钢管的等强连接。 (3)对于要求等强的焊缝,其质量应符合《钢结构工程施工质量验收规范》(GB 50205—2001)二级焊缝质量指标
支座固定	(1)网架安装完毕后,网架整体尺寸、支座中心偏移、相邻支座偏移、高差及最低最高支座差等均应符合《钢结构工程施工质量验收规范》(GB 50205—2001)和网架规程的要求。 (2)按规定和设计要求将支座焊接。操作中应注意对橡胶支座或其他特殊支座的保护

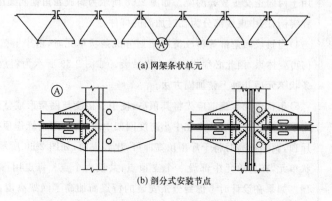

(a)网架条状单元

Ⓐ

(b)剖分式安装节点

图 2-55　正放四角锥网架条状单元划分方法示例

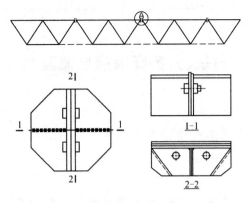

图 2-56 斜放四角锥网架条状单元划分方法

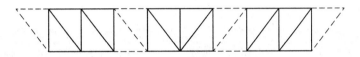

图 2-57 正交正放网架

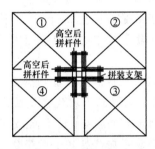

图 2-58 斜放四角锥网架调整

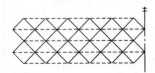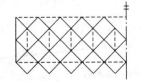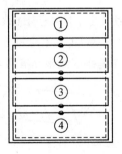

图 2-59 网架挠度的调整 　　图 2-60 条状单元安装后支顶点位置

支顶点:①~④单元编号

分块、分条安装挠度偏差大

质量问题表现

网架分成条状或块状单元,分别在高空就位搁置,并连成整体的安装法时,其施工挠度值大于设计挠度。

质量问题原因

网架单元合拢处由于自重而下垂,如果网架为重屋盖,矢高较高,网架本身刚度大,合拢处可能不会超过自重挠度。当网架是轻屋面时跨度较大,高跨比小,合拢处中部挠度往往超过整体网架挠度。

质量问题预防

(1)在网架合拢处,一般都设有足够刚度的支架,支架上装有螺旋千斤顶,用以调整网架挠度。根据网架类型、大小和实际情况,施工时进行适当调整,使实际挠度值小于设计挠度值。

(2)钢网架结构总拼完成后及屋面工程完成后应分别测量其挠度值,且所测的挠度值不应超过相应设计值的1.15倍。检查数量为跨度24 m及以下钢网架结构测量下弦中央1点;跨度24 m以上钢网架结构测量下弦中央1点及各向下弦跨度的四等分点。用钢尺和水准仪实测。

(3)施工完成后,应测量网架的挠度值(包括网架自重的挠度及屋面工程完成后的挠度),所测的挠度平均值,不应大于设计值的15%,实测的挠度曲线应存档。网架的挠度观测点:对小跨度,设在下弦中央1点,对大中跨度,可设5点,下弦中央1点,两向下弦跨度四等分点处各2点,对三向网架应测量每向跨度3个四等分点处的挠度。

(4)网架结构挠度的设计值应由设计单位根据实际的标准荷载值计算并提出。

(5)螺栓球节点网架总拼完成后,高强度螺栓与球节点应紧固连接,高强度螺栓拧入螺栓球内的螺纹长度不应小于$1.0d$(d为螺栓直径),连接处不应出现有间隙、松动等未拧紧情况。

(6)跨度较大(大于或等于24 m)的网架结构,应当适当起拱:

1)网架起拱按线形分有两类,一是折线形[图2-61(a)],二是圆弧线形[图2-61(b)]。

(a)折线形起拱

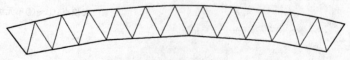

(b)圆弧线形起拱

图2-61　网架起拱方法

质量问题

2）网架起拱按找坡方向，分为单向起拱和双向起拱2种：

①单向圆弧线起拱和双向圆弧线起拱，都要通过计算确定几何尺寸。

②当为折线形起拱时，对于桁架体系的网架，无论是单向或双向找坡，起拱计算较简单。但对四角锥或三角锥体系的网架，当单向或双向起拱时计算均较复杂。

7. 压型金属板安装

压型金属板安装标准的施工方法见表2-124。

表 2-124　压型金属板安装标准的施工方法

项　目	内　容
工艺流程	压型板加工 ⟶ 统计构件 ⟶ 钢结构检查 ⟶ 放线 ⟶ 搭设支顶架 ⟶ 压型钢板分层、分区配料 ⟶ 起吊 ⟶ 铺设压型钢板 ⟶ 安装封边板、堵头板 ⟶ 检查
压型钢板加工	(1)压型钢板的有关材质复验和有关试验鉴定已经完成。 (2)抽检检查压型钢板制作质量，不合格应检查设备和工艺是否正确，应确保合格后再大批量生产。 (3)配件加工，其他配件包括堵头板、封边板等，用与选用的压型板同材质的镀锌钢板制作，对于封边板，由于往往用于楼板边的悬挑部分的底模，为避免混凝土浇筑时的变形，根据悬挑宽度往往应选用较厚的镀锌钢板或薄钢板弯制。 (4)加工中应对配件进行抽检，不合格应找出原因后改正，然后大批量生产。 (5)根据图纸要求绘制排版图、统计构件数量
钢结构检查	(1)压型钢板必须在钢结构检查合格后进行，包括隐蔽工程的验收已经合格。 (2)钢梁顶面要保持清洁，严防潮湿及涂刷油漆未干
放线	(1)将压型钢板在钢结构上的位置放出大体轮廓线，以便在施工过程中检查安装是否正确。 (2)搭设支顶架。 (3)安装压型钢板的相邻梁间距大于压型钢板允许承载的最大跨度的两梁之间，应根据施工组织设计的要求搭设支顶架。 (4)应按区、层对压型钢板进行配料并摆放整齐。 (5)现场直接压制时，应按配料表顺序压制
起吊	(1)压型钢板应用支架固定后吊运到安装区，钢丝绳不能直接勒在型板上以防变形。 (2)在上面摆放时应注意便于施工。 (3)铺设临时马道，便于型板的滑移和就位
铺设压型钢板	(1)压型钢板按图纸放线安装、调直、压实并点焊牢靠。要求如下：

续上表

项　目	内　容
铺设压型钢板	1）波纹对直，以便钢筋在波内通过； 2）与梁搭接在凹槽处以便施； 3）每凹槽处必须焊接牢靠，每凹槽焊点不得少于一处，焊接点直径不得小于 1 cm。 （2）压型钢板铺设完毕、调直固定应及时用锁口机进行锁口，防止由于堆放施工材料和人员交通造成压型钢板咬口分离。 （3）栓钉放线、焊接参见"焊钉焊接施工标准的施工方法"的相关内容
安装封边板、堵头板	（1）放封边板安装线。 （2）对封边板、边角下料、切孔采用等离子弧切割机操作，严禁用乙炔氧气切割。大孔洞四周应补强。 （3）安装、焊接封边板、堵头板

 质量问题

压型金属板及围护结构安装偏差过大

质量问题表现

压型金属板及围护结构安装偏差过大，不符合设计和规范要求导致压型金属板功能降低。

质量问题原因

（1）压型钢板系的选择不正确。

（2）栓钉选择不合理。

（3）变截面梁处的铺设不按规定进行等。

质量问题预防

（1）高层钢结构建筑的楼面一般均为钢—混凝土组合结构，而且多数系用压型钢板与钢筋混凝土组成的组合楼层，其构造型式为：压型板＋栓钉＋钢筋＋混凝土。这样楼层结构由栓钉将钢筋混凝土压型钢板和钢梁组合成整体。压型钢板系用 0.7 mm 和 0.9 mm 两种厚度镀锌钢板压制而成，宽 640 mm，板肋高 51 mm。在施工期间同时起永久性模板作用，可避免漏浆并减少支拆模工作，加快施工速度。压型板在钢梁上的搁置情况，如图 2-62 所示。

质量问题

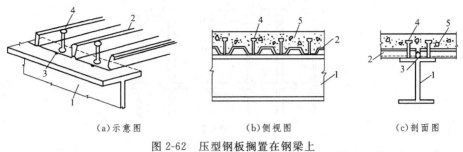

(a)示意图　　　　　(b)侧视图　　　　　(c)剖面图

图 2-62　压型钢板搁置在钢梁上

1—钢梁；2 压型板；3—点焊；4 剪力栓；5—楼板混凝土

(2)栓钉是组合楼层结构的剪力连接件,用以传递水平荷载到梁柱框架上,它的规格、数量按楼面与钢梁连接处的剪力大小确定。栓钉直径有 13 mm、16 mm、19 mm、22 mm四种。栓钉焊接应遵守以下规定。

1)栓钉焊前,必须按焊接参数调整好,提升高度(即栓钉与母材间隙),焊接金属凝固前,焊枪不能移动。

2)栓钉焊接的电流大小、时间长短应严格按规范进行,焊枪移动路线要平滑。

3)焊枪脱落时要直起不能摆动。

4)母材材质应与焊钉匹配,栓钉与母材接触面必须彻底清除干净,低温焊接应通过低温焊接试验确定参数进行试焊,低温焊接不准立即清渣,应先及时保温后清渣。

5)控制好焊接电流,以防栓钉与母材未熔合或焊肉咬边。

6)瓷环几何尺寸应符合标准,排气要求栓钉与母材接触面必须清理干净。

(3)铺设至变截面梁处,一般从梁中向两端进行,至端部调整补缺;等截面梁处则可从一端开始,至另一端调整补缺。压型板铺设后,将两端点焊于钢梁上翼缘上,并用指定的焊枪进行剪力栓焊接。

(4)因结构梁是由钢梁通过剪力栓与混凝土楼面结合而成的组合梁,在浇捣混凝土并达到一定强度前抗剪强度和刚度较差,为解决钢梁和永久模板的抗剪强度不足,以支撑施工期间楼面混凝土的自重,通常需设置简单钢管排架支撑或桁架支撑,如图 2-63 所示。采用连续四层楼面支撑的方法,使四个楼面的结构梁共同支撑楼面混凝土的自重。

(5)楼面施工程序是由下而上,逐层支撑,顺序浇筑。施工时钢筋绑扎和模板支撑可同时交叉进行。混凝土宜采用泵送浇筑。

(6)围护结构的安装应注意以下几项:

1)安装压型板层面和墙前必须编制施工排放图,根据设计文件核对各类材料的规格、数量,检查压型钢板及零配件的质量,发现质量不合格的要及时修复或更换。

2)在安装墙板和屋面板时,墙梁和檩条应保持平直。

3)隔热材料宜采用带有单面或双面防潮层的玻璃纤维毡。隔热材料的两端应固定,并将固定点之间的毡材拉紧。防潮层应置于建筑物的内侧,其面上不得有孔。防潮层的接头应采用粘接。

质量问题

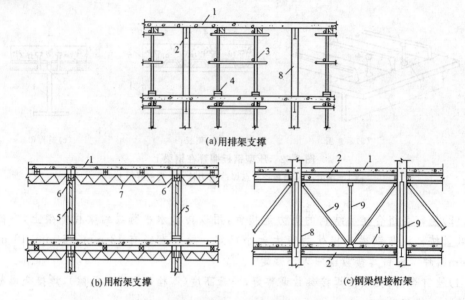

(a) 用排架支撑

(b) 用桁架支撑   (c) 钢梁焊接桁架

图 2-63 楼面支撑压型板型式

1—楼板；2—钢梁；3—钢管排架；4—支点木；5—梁中顶撑；

6—托撑；7—钢桁架；8—钢柱；9—腹杆

①在屋面上施工时，应采用安全绳、安全网等安全措施。

②安装前屋面板应擦干，操作时施工人员应穿胶底鞋。

③搬运薄板时应戴手套，板边要有防护措施。

④不得在未固定牢靠的屋面板上行走。

4) 屋面板的接缝方向应避开主要视角。当主风向明显时，应将屋面板搭接边朝向下风方向。

5) 压型钢板的纵向搭接长度应能防止漏水和腐蚀，可采用 200～250 mm。

6) 屋面板搭接处均应设置胶条。纵横方向搭接边设置的胶条应连续。胶条本身应拼接。檐口的搭接边除胶条外尚应设置与压型钢板剖面相配合的堵头。

7) 压型钢板应自屋面或墙面的一端开始依序铺设，应边铺设、边调整位置、边固定。山墙檐口包角板与屋脊板的搭接处，应先安装包角板，后安装屋脊板。

8) 在压型钢板屋面、墙面上开洞时，必须核实其尺寸和位置，可安装压型钢板后再开洞，也可先在压型钢板上开洞，然后再安装。

9) 铺设屋面压型钢板时，宜在其上加设临时人行木板。

10) 压型钢板围护结构的外观主要通过目测检查，应符合下列要求：

①屋面、墙面平整，檐口成一直线，墙面下端成一直线。

②压型钢板长向搭接缝成一直线。

③泛水板、包角板分别成一直线。

④连接件在纵、横两个方向分别成一直线。

压型金属板安装超差

质量问题表现

压型金属板屋面,墙面安装偏差超过规范允许值,从而导致其功能和使用寿命受到影响。

质量问题原因

(1)压型金属板制作尺寸和屋面檩条安装尺寸超差。

(2)安装时没有放线、挂线,找平行度、垂直度。

(3)安装过程中没有进行认真检查,施工操作粗糙等。

质量问题预防

(1)压型金属板安装前应严格检查压型板制作和屋面基层铺设质量。板安装时应放线、挂线,找平行度和垂直度,并进行严格的施工过程质量检查。

(2)压型金属安装允许偏差应符合表 2-125 的规定。检查数量为檐口与屋脊的平行度;按长度抽查 10%,且不应少于 10 m;其他项目每 20 m 长度应抽查 1 处,不应少于 2 处。检验方法为用拉线、吊线和钢尺检查。不合格部位应及时修整,至符合要求为止。

表 2-125 压型金属板安装的允许偏差 （单位:mm）

项 目		允许偏差
屋面	檐口与屋脊的平行度	12.0
	压型金属板波纹线对屋脊的垂直度	$L/800$,且不应大于 25.0
	檐口相邻 2 块压型金属板端部错位	6.0
	压型金属板卷边板件最大波浪高	4.0
墙面	墙板波纹线的垂直度	$H/800$,且不应大于 25.0
	墙板包角板的垂直度	$H/800$,且不应大于 25.0
	相邻 2 块压型金属板的下端错位	6.0

注:1. L 为屋面半坡或单坡长度。

2. H 为墙面高度。

10. 钢结构防腐涂料涂装施工

钢结构防腐涂料涂装施工标准的施工方法见表 2-126

表 2-126　钢结构防腐涂料涂装施工标准的施工方法

项　目	内　容
工艺流程	结构检查 ⟶ 基面处理 ⟶ 防腐涂料涂装
结构检查	(1)防腐涂装工程应在钢结构构件组装、预拼装或钢结构安装工程检验批的施工质量验收合格后进行。 (2)涂装时构件面不应有结露;涂装后 4 h 内应保护其免受雨淋
基面清理	(1)油漆涂刷前,应采取适当的方法将需要涂装部位的铁锈、焊接药皮、焊接飞溅物、油污、尘土等杂物清理干净。 (2)为了保证涂装质量,根据不同需要可以分别选用除锈工艺。油污的清除采用溶剂清洗或碱液清洗。方法有槽内浸洗法、擦洗法、喷射清洗和蒸汽法等。 (3)钢构件表面除锈方法根据要求不同,可采用手工、机械、喷射、酸洗除锈等方法。见表 2-127。 (4)处理后的钢材表面不应有焊渣、焊疤、灰尘、油污、水和毛刺等。 (5)涂装工艺的基面除锈质量等级应符合设计文件的规定要求,用铲刀检查和用现行国家标准《涂覆涂料前钢材表面处理》(GB/T 8923.1—2011)规定的图片对照检查
防腐涂料涂装 / 涂料涂装方法	(1)合理的施工方法,对保证涂装质量、施工进度、节约材料和降低成本有很大的作用。所以正确选择涂装方法是涂装施工管理工作的主要组成部分。见表 2-128。 (2)刷涂法操作。 1)油漆刷的选择:刷涂底漆、调合漆和磁漆时,应选用扁形和歪脖形且弹性大的硬毛刷;刷涂油性清漆时,应选用毛刷较薄、弹性较好的猪鬃或羊毛等混合制作的板帽和圆刷;涂刷树脂漆时,应选用弹性好、刷毛前端柔软的软毛刷或歪脖形刷。 2)涂刷时,应采用直握方法,用腕力进行操作;应蘸少量涂料,刷毛浸入油漆的部分为毛长的 1/3~1/2。 3)对于干燥较快的涂料,应从被涂物一边按一定的顺序快速连续地刷平和修饰,不宜反复涂刷;动作应从上而下、从左自右、先里后外、先斜后直、先难后易的原则,使漆膜均匀、致密、光滑和平整;涂刷垂直平面时,最后一道应由上向下进行;刷涂水平表面时,最后一道应按光线照射的方向进行。 4)刷涂完毕后,应将油漆刷妥善保管,若长期不用,须用溶剂清洗干净,晾干后塑料薄膜包好,存放在干燥的地方,以便再用。 (3)滚涂法操作。 1)涂料应装入有滚涂板的容器内,将滚子的一半浸入涂料,然后提起在滚涂板上来回滚涂几次,使滚子全部均匀浸透涂料,并把多余的涂料排除。 2)把滚子按 W 形轻轻滚动,将涂料大致涂布于被涂物上,然后滚子上下密集滚动,将涂料均匀地分布开,最后使滚子按一定的方向滚平表面并修饰。 3)滚动时,初始用力要轻,以防流淌,随后逐渐用力,使涂层均匀。 4)滚子用后,应尽量排除涂料,或使用稀释剂洗净,晾干后保存备用。 (4)浸涂法操作。浸涂法就是将被涂物放入油漆槽中浸渍,经一定时间后取出吊起,让多余的涂料尽量滴净,再晾干或烘干的涂漆方法。适用于形状复杂的骨架状

续上表

项　目		内　容
防腐涂料涂装	涂料涂装方法	被涂物,且适用于烘烤型涂料。建筑中应用较少,在此不赘述。 　(5)空气喷涂法操作。 　1)空气喷涂法是利用压缩空气的气流将涂料带入喷枪,经喷嘴吹散成雾状,并喷涂到被涂物表面上的一种涂装方法。 　2)进行喷涂时,必须将空气压力、喷出量和喷雾幅度等参数调整到适当程度,以保证喷涂质量。 　3)喷涂距离控制:喷涂距离过大,油漆易落散,造成漆膜过薄而无光;喷涂距离过近,漆膜易产生流淌和橘皮现象。喷涂距离应根据喷涂压力和喷嘴大小来确定,一般使用大口径喷枪的喷涂距离为 200～300 mm,使用小口径喷枪的喷涂距离为150～250 mm。 　4)喷涂时,喷枪的运行速度应控制在30～60 cm/s 范围内,并应运行稳定。 　5)喷枪应垂直于被涂物表面。如喷枪角度倾斜,漆膜易产生条状条纹和斑痕;喷幅搭接的宽度,一般为有效喷雾幅度的1/4～1/3,并保持一致。 　6)暂停时,应将喷枪端部浸泡在溶剂里,以防堵塞,用完后,应立即用溶剂清洗干净,可用木钎疏通堵塞,但不应用金属丝类疏通,以防损坏喷嘴。 　(6)无气喷涂法操作。 　1)无气喷涂法是利用特殊形式的气动或其他动力驱动的液压泵,将涂料增至高压,当涂料经由管路通过喷枪的喷嘴喷出后,使喷出的涂料体积骤然膨胀而雾化,高速地分散在被涂物表面上,形成漆膜。 　2)喷枪嘴与被涂物表面的距离,一般应控制在300～380 mm 之间;喷幅宽度,较大物件 300～500 mm 为宜,较小物件 100～300 mm 为宜,一般为 300 mm。 　3)喷嘴与物件表面的喷射角度为30°～80°。喷枪运行速度为 30～100 cm/s。喷幅的搭接宽度应为喷幅的 1/6～1/4。 　4)无气喷涂法施工前,涂料应经过过滤后才能使用。喷涂过程中,吸入管不得移出涂料液面,应经常注意补充涂料。暂停施工时,应将喷枪端部置于溶剂中。 　5)发生喷嘴堵塞时,应关枪,取下喷嘴,先用刀片在喷嘴口切割数下(不得用刀尖凿),用毛刷在溶剂中清洗,然后再用压缩空气吹通或用木钎捅通。 　6)喷涂结束后,将吸入管从涂料桶中提起,使泵空载运行,将泵内、过滤器、高压软管和喷枪内剩余涂料排出,然后利用溶剂空载循环,将上述各器件洗干净。 　7)高压软管弯曲半径不得小于 50 mm,且不允许重物压在上面。高压喷枪严禁对准操作人员或他人
	涂装施工工艺及要求	(1)涂装施工环境条件的要求。 　1)环境温度:应按照涂料产品说明书的规定执行。环境湿度:一般应在相对湿度小于85%的条件下进行。具体应按照涂料产品说明书的规定执行。 　2)控制钢材表面温度与露点温度:钢材表面的温度必须高于空气露点温度3 ℃以上,方可进行喷涂施工。 　(2)在雨、雾、雪和较大灰尘的环境下,必须采取适当的防护措施,方可进行涂装施工。 　(3)设计要求或钢结构施工工艺要求禁止涂装的部位,为防止误涂,在涂装前必须进行遮蔽保护,如地脚螺栓和底板、高强度螺栓结合面、与混凝土紧贴或埋入的部位等。 　(4)涂料开桶前,应充分摇匀。开桶后,原漆应不存在结皮、结块、凝胶等现象,有

项　目	内　容
涂装施工工艺及要求	沉淀应能搅起,有漆皮应除掉。 (5)涂装施工过程中,应控制油漆的黏度、稠度、稀度,兑制时应充分地搅拌,使油漆色泽、黏度均匀一致。调整黏度必须使用专用稀释剂,如需代用,必须经过试验。 (6)涂刷遍数及涂层厚度应执行设计要求规定。 (7)涂装间隔时间根据各种涂料产品说明书确定。 (8)涂刷第一层底漆时,涂刷方向应该一致,接槎整齐。 (9)钢结构安装后,进行防腐涂料二次涂装。涂装前,首先利用砂布、电动钢丝刷、空气压缩机等工具将钢构件表面处理干净,然后对涂层损坏部位和未涂部位进行补涂,最后按照设计要求规定进行二次涂装施工。 (10)涂层有缺陷时,应分析并确定缺陷原因,及时修补。修补的方法和要求与正式涂层部分相同
二次涂装的表面处理和后补	(1)二次涂装,一般是指由于作业分工在两地或分二次进行施工的涂装。前道漆涂完后,超过一个月以上再涂下一道漆时,也应按二次涂装的工艺进行处理。 (2)对海运产生的盐分,陆运或存放过程中产生的灰尘都要除干净,方可涂下道漆。如果涂漆间隔时间过长,前道漆膜可能老化而粉化(特别是环氧树脂类),要求进行"打毛"处理,使表面干净和增加粗糙度,来提高附着力。 (3)后补漆和补漆,后补所用的涂料品种、涂层层次与厚度,涂层颜色应与原要求一致。表面处理可采用手工机械除锈方法,但要注意油脂及灰尘的污染。修补部位与不修补部位的边缘处,宜有过渡段,以保证搭接处的平整和附着牢固。对补涂部位的要求也应如此

表 2-127　各种除锈方法的特点

除锈方法	设备工具	优点	缺点
手工、机械	砂布、钢丝刷、铲刀尖锤、平面砂轮机、动力钢丝刷等	工具简单、操作方便、费用低	劳动力强度大、效率低、质量差,只能满足一般的涂装要求
喷射	空气压缩机、喷射机、油水分离器等	工作效率高、除锈彻底、能控制质量、获得不同要求的表面粗糙度	设备复杂、需要一定操作技术,劳动强度较高、费用高、有一定的污染
酸洗	酸洗槽、化学药品、厂房等	效率高、适用大批件、质量较高、费用较低	污染环境、废液不易处理,工艺要求较严

表 2-128　常用涂料的方式方法

施工方法	适用涂料的特性			被涂物	使用工具或设备	主要优缺点
	干燥速度	黏度	品种			
刷涂法	干性较慢	塑性小	油性漆、酚醛漆、醇酸漆等	一般构件及建筑物,各种设备管道等	各种毛刷	投资少,施工方法简单,适于各种形状及大小面积的涂装;缺点是装饰性较差,施工效率低

续上表

施工方法	适用涂料的特性			被涂物	使用工具或设备	主要优缺点
	干燥速度	黏度	品种			
手工滚涂法	干性较慢	塑性小	油性漆、酚醛漆、醇酸漆等	一般大型平面的构件和管道等	辊子	投资少、施工方法简单。适用大面积物的涂装;缺点是装饰性较差,施工效率低
浸涂法	干性适当,流平性好,干燥速度适中	触变性好	各种合成树脂涂料	小型零件、设备和机械部件	浸漆槽、离心及真空设备	设备投资较少。施工方法简单,涂料损失少,适用于构造复杂构件;缺点是流平性不太好,有流挂现象,污染现场,溶剂易挥发
空气喷涂法	挥发快和干燥适中	黏度小	各种硝基漆、橡胶漆、建筑乙烯漆、聚氨酯漆等	各种大型构件及设备和管道	喷枪、空气压缩机、油水分离器等	设备投资较小,施工方法较复杂。施工效率比刷涂法高;缺点是消耗溶剂量大,污染现象,易引起火灾
雾气喷涂法	具有高沸点溶剂的涂料	高不挥发分,有触变性	厚浆型涂料和高不挥发分涂料	各种大型钢结构、桥梁、管道、车辆和船舶等	高压无气喷枪、空气压缩机等	设备投资较大,施工方法较复杂,效率比空气喷涂法高,能获得厚涂层;缺点是损失部分涂料,装饰性较差

质量问题

涂料涂装遍数、涂层厚度不符合设计要求

质量问题表现

涂料涂装遍数、涂层厚度不符合要求,降低防腐效果。

质量问题原因

由于钢构件涂料涂装遍数是保证防腐的重要构成,涂装遍数不足,会降低防腐效果。而涂层厚度是保证其耐火性的重要指标,涂层厚度不足,会影响涂层的使用年限,对钢结构的防腐产生不良影响。

质量问题预防

钢构件涂装时,采用的涂料及涂装遍数、涂层厚度均应符合设计和规范要求。当设计对涂层厚度无要求时,涂层干漆膜总厚度:室外应为 $150\,\mu m$,室内应为 $125\,\mu m$,其允

质量问题

许偏差为－25 μm。涂层层数宜涂刷 4～5 遍,每层涂层干漆膜厚度的允许偏差为
－5 μm。各层涂层涂刷时,下一涂层的涂刷应在上一层干燥后方可进行。涂装时应严格检查,检查数量为按构件数抽查10%,且同类构件不应少于3件。检验方法为用干漆膜测厚仪检查,每个构件检测5处,每处的数值为3个相距50 mm测点涂层干漆膜厚度的平均值。不符合要求的部位应进行补涂刷。

质量问题

涂层表面有明显皱皮、流坠、针眼和气孔等缺陷

质量问题表现

构件表面出现漏涂、涂层脱皮、返锈及涂层不均匀,涂层寿命降低。

质量问题原因

(1)漏涂主要是操作马虎,漏掉层数或遍数。

(2)涂层脱皮和返锈主要是基层未处理好,存在水汽、油污、氧化皮。涂料品质差,脱落后表面受潮、氧化重新生锈。

(3)涂刷不均匀主要是操作不当,配料不匀。

(4)皱皮是因涂刷后受高温或太阳暴晒、刷漆不均、涂刷过厚、表面收缩过快所致。

(5)流坠是刷涂料过厚,涂料太稀造成的。

(6)针眼主要是溶剂搭配、使用不当,含有水分,环境湿度过高,挥发不匀造成的。

(7)气孔是因基层潮湿,油污未除尽,涂料内混入水分或遇雨所致。

质量问题预防

涂层涂刷应针对以上缺陷造成的原因采取措施加以防止。涂装中要加强监控,全数观察检查,发现缺陷及时清除,进行补涂。

11. 钢结构防火涂料涂装施工

钢结构防火涂料涂装施工标准的施工方法见表 2-129。

表 2-129　钢结构防火涂料涂装施工标准的施工方法

项　目	内　容
工艺流程	结构检查 ⟶ 基面处理 ⟶ 防火涂料涂装

续上表

项　目	内　容
结构检查	(1)防腐涂装工程应在钢结构构件组装、预拼装或钢结构安装工程检验批的施工质量验收合格后进行。 (2)防火涂料涂装前钢材表面除锈底漆涂装已检验合格
基面处理	(1)清理基层表面的油污、灰尘和泥沙等污垢。 (2)涂装时构件表面不应有结露,涂装后 4 h 内应保护其免受雨淋。 (3)施工前应对基面处理进行检查验收
防火涂料涂装	(1)一般采用喷涂方法涂装,面层装饰涂料可以采用刷涂、喷涂或滚涂等方法,局部修补或小面积构件涂装。不具备喷涂条件时,可采用抹灰刀等工具进行手工抹涂方法。 　机具为重力式喷枪,配备能够自动调压的空压机,喷涂底层及主涂层时,喷枪口径为 4~6 mm,空气压力为 0.4~0.6 MPa;喷涂面层时,喷枪口径为 1~2 mm,空气压力为 0.4 MPa 左右。 (2)涂装准备。 1)一般采用喷涂方法涂装,机具为压送式喷涂机,配备能够自动调压的空压机,喷枪口径为 6~12 mm,空气压力为 0.4~0.6 MPa。 2)局部修补和小面积构件采用手工抹涂方法施工,工具是抹灰刀等。 (3)涂料配制。 1)单组分湿涂料,现场采用便携式搅拌器搅拌均匀;单组分干粉涂料,现场加水或其他稀释剂调配,应按照产品说明书的规定配比混合搅拌;双组分涂料,按照产品说明书规定的配比混合搅拌。 2)防火涂料配制搅拌,应边配边用,当天配制的涂料必须在说明书规定时间内使用完。 3)搅拌和调配涂料,使之均匀一致,且稠度适宜。既能在输送管道中流动畅通,而喷涂后又不会产生流淌和下坠现象。 (4)涂装施工。 1)喷涂应分若干层完成,第一层喷涂以基本盖住钢材表面即可,以后每层喷涂厚度为 5~10 mm,一般为 7 mm 左右为宜。 2)在每层涂层基本干燥或固化后,方可继续喷涂下一层涂料,通常每天喷涂一层。 3)喷涂保护方式、喷涂层数和涂层厚度应根据防火设计要求确定。喷涂时,喷枪要垂直于被喷涂钢构件表面,喷距为 6~10 mm,喷涂气压保持在 0.4~0.6 MPa。喷枪运行速度要保持稳定,不能在同一位置久留,避免造成涂料堆积流淌。喷涂过程中,配料及往喷涂机内加料均要连续进行,不得停顿。 4)施工过程中,操作者应采用测厚针检测涂层厚度,直到符合设计规定的厚度,方可停止喷涂。喷涂后,对于明显凹凸不平处,采用抹灰刀等工具进行剔除和补涂处理,以确保涂层表面均匀。 5)质量要求。 ①涂层应在规定时间内干燥固化,各层间黏结牢固,不出现粉化、空鼓、脱落和明显裂纹。

项　目	内　容
防火涂料涂装	②钢结构接头、转角处的涂层应均匀一致,无漏涂出现。涂层厚度应达到设计要求;否则,应进行补涂处理,使之符合规定的厚度。 (5)薄涂型钢结构防火涂料涂装。 1)底层涂装施工方法及要求。 ①底涂层一般应喷涂 2～3 遍,待前一遍涂层基本干燥后再喷涂后一遍。第一遍喷涂以盖住钢材基面 70% 即可,二、三遍喷涂时的每层厚度不超过 2.5 mm。 ②喷涂保护方式、喷涂层数和涂层厚度应根据防火设计要求确定。 ③喷涂时,操作工手握喷枪要稳定,运行速度保持稳定。喷枪要垂直于被喷涂钢构件表面,喷距为 6～10 mm。 ④施工过程中,操作者应随时采用测厚针检测涂层厚度,确保各部位涂层达到设计规定的厚度要求。 ⑤喷涂后,喷涂形成的涂层是粒状表面,当设计要求涂层表面平整光滑时,待喷涂完最后一遍应采用抹灰刀等工具进行抹平处理,以确保涂层表面均匀平整。 2)面层涂装方法及要求。 ①当底涂层厚度符合设计要求,并基本干燥后,方可进行面层涂料涂装。 ②面层涂料一般涂刷 1～2 遍。如第一遍是从左至右涂刷,第二遍则应从右至左涂刷,以确保全部覆盖住底涂层。面层涂装施工应保证各部分颜色均匀、一致,接茬平整

质量问题

厚涂型防火涂料采取一次喷涂施工

质量问题表现

涂层出现开裂、脱落等现象。

质量问题原因

由于钢结构厚涂型防火涂料采取一次喷涂成形,不进行分层喷涂施工。这样因涂料喷涂较厚,会因自重向下流坠,黏结不牢,易使涂层产生开裂、脱落,影响涂层的密实性和整体性,降低耐火极限等级和防火性能及使用寿命。

质量问题预防

对于厚 10 mm 以上的厚涂型防火涂料涂层,应采取分层喷涂施工,每次喷涂喷涂工序为:首先铺 10 mm 左右,待晾干七八成再喷涂第二层 10～12 mm,晾干七、八成再喷涂第三遍,直至所需厚度(一般为 35 mm)。室内气温低于 5 ℃时应停止施工。喷涂层在固化前和固化后强度都较低,应妥善保护,不得磕碰。对于厚涂钢结构防火涂料施工应遵循以下规定:

质量问题

(1)厚涂型钢结构防火涂料宜采用压送式喷涂机喷涂,空气压力为 0.4～0.6 MPa,喷枪口直径宜为 6～10 mm。

(2)配料时应严格按配合比加料或加稀释剂,并使稠度适宜,边配边用。

(3)喷涂施工应分遍完成,每遍喷涂厚度宜为 5～10 mm,必须在前一遍基本干燥或固化后,再喷涂后一遍。喷涂保护方式、喷涂遍数与涂层厚度应根据施工设计要求确定。

(4)施工过程中,操作者应采用测厚针检测涂层厚度,直到符合设计规定的厚度,方可停止喷涂。

(5)喷涂后的涂层,应剔除乳突,确保均匀平整。

(6)当防火涂层出现下列情况之一时,应重喷。

1)涂层干燥固化不好,黏结不牢或粉化、空鼓、脱落时。

2)钢结构的接头、转角处的涂层有明显凹陷时。

3)涂层表面有浮浆或裂缝宽度大于 1.0 mm 时。

4)涂层厚度小于设计规定厚度的 85% 时,或涂层厚度虽大于设计规定厚度的 85%,但未达到规定厚度的涂层而其连续面的长度超过 1 m 时。

质量问题

防火涂料涂层有脱层、空鼓、明显凹陷等现象

质量问题表现

防火涂料涂层出现误涂、漏涂、涂层不闭合,构件连接附着力降低,构件易失稳破坏,涂层厚薄不一,组织不匀等等。

质量问题原因

(1)误涂系在不应涂装部位喷涂涂料,影响构件连接,附着力降低。

(2)漏涂使该部位存在防火后患,遇火灾会导致该部位钢材屈服点降低,造成构件失稳破坏。

(3)涂层出现不闭合,有脱层、空鼓,易使防火涂层脱落破坏,不起阻断火源、延缓传热作用。

(4)涂层有明显凹陷、粉化松散和浮浆等缺陷,会导致涂层厚薄不一、组织不匀、各部位强度不等,使耐火性能降低,达不到要求的耐火等级,影响使用安全。

质量问题

质量问题预防

钢结构防火涂料涂层不应有误涂、漏涂、涂层不闭合,脱层、空鼓、明显凹陷、粉化松散和浮浆等外观缺陷。涂装作业时,要加强技术交底,严格认真监控,全数观察检查,发现缺陷及时修补处理。钢结构构件耐火极限应不低于表 2-130 的规定。

表 2-130　钢构件的耐火极限

名称 耐火极限(h) 耐火等级	高层民用建筑			一般工业与民用建筑				
	钢柱	钢梁	楼板屋顶承重钢构件	支撑多层的钢柱	支撑平台的钢柱	钢梁	楼板	屋顶承重钢构件
一级	3.00	2.00	1.50	3.00	2.50	2.00	1.50	1.50
二级	2.50	1.50	1.00	2.50	2.00	1.50	1.00	0.50
三级	—	—	—	2.50	2.00	1.00	0.50	—

第三章 砌体结构工程

第一节 砌体结构工程施工

一、施工质量验收标准

砖砌体工程施工质量验收标准见表 3-1。

表 3-1 砖砌体工程施工质量验收标准

项 目	验收标准
一般规定	(1)用于清水墙、柱表面的砖,应边角整齐,色泽均匀。 (2)砌体砌筑时,混凝土多孔砖、混凝土实心砖、蒸压灰砂砖、蒸压粉煤灰砖等块体的产品龄期不应小于 28 d。 (3)有冻胀环境和条件的地区,地面以下或防潮层以下的砌体,不应采用多孔砖。 (4)不同品种的砖不得在同一楼层混砌。 (5)砌筑烧结普通砖、烧结多孔砖、蒸压灰砂砖、蒸压粉煤灰砖砌体时,砖应提前 1 ～2 d适度湿润,严禁采用干砖或处于吸水饱和状态的砖砌筑,块体湿润程度宜符合下列规定: 　1)烧结类块体的相对含水率 60%～70%; 　2)混凝土多孔砖及混凝土实心砖不需浇水湿润,但在气候干燥炎热的情况下,宜在砌筑前对其喷水湿润。其他非烧结类块体的相对含水率 40%～50%。 (6)采用铺浆法砌筑砌体,铺浆长度不得超过 750 mm;当施工期间气温超过30 ℃时,铺浆长度不得超过 500 mm。 (7)240 mm 厚承重墙的每层墙的最上一皮砖,砖砌体的阶台水平面上及挑出层的外皮砖,应整砖丁砌。 (8)弧拱式及平拱式过梁的灰缝应砌成楔形缝,拱底灰缝宽度不宜小于 5 mm,拱顶灰缝宽度不应大于 15 mm,拱体的纵向及横向灰缝应填实砂浆;平拱式过梁拱脚下面应伸入墙内不小于 20 mm;砖砌平拱过梁底应有 1% 的起拱。 (9)砖过梁底部的模板及其支架拆除时,灰缝砂浆强度不应低于设计强度的 75%。 (10)多孔砖的孔洞应垂直于受压面砌筑。半盲孔多孔砖的封底面应朝上砌筑。 (11)竖向灰缝不应出现瞎缝、透明缝和假缝。 (12)砖砌体施工临时间断处补砌时,必须将接槎处表面清理干净,洒水湿润,并填实砂浆,保持灰缝平直。 (13)夹心复合墙的砌筑应符合下列规定: 　1)墙体砌筑时,应采取措施防止空腔内掉落砂浆和杂物; 　2)拉结件设置应符合设计要求,拉结件在叶墙上的搁置长度不应小于叶墙厚度的 2/3,并不应小于 60 mm;

项　目	验收标准
一般规定	3)保温材料品种及性能应符合设计要求。保温材料的浇注压力不应对砌体强度、变形及外观质量产生不良影响
主控项目	（1）砖和砂浆的强度等级必须符合设计要求。抽检数量：每一生产厂家，烧结普通砖、混凝土实心砖每 15 万块，烧结多孔砖、混凝土多孔砖、蒸压灰砂砖及蒸压粉煤灰砖每 10 万块各为一验收批，不足上述数量时按 1 批计，抽检数量为 1 组。砂浆试块的抽检数量执行《砌体结构工程施工质量验收规范》（GB 50203—2011）第 4.0.12 条的有关规定。 检验方法：查砖和砂浆试块试验报告。 （2）砌体灰缝砂浆应密实饱满，砖墙水平灰缝的砂浆饱满度不得低于 80％；砖柱水平灰缝和竖向灰缝饱满度不得低于 90％。 抽检数量：每检验批抽查不应少于 5 处。 检验方法：用百格网检查砖底面与砂浆的黏结痕迹面积，每处检测 3 块砖，取其平均值。 （3）砖砌体的转角处和交接处应同时砌筑，严禁无可靠措施的内外墙分砌施工。在抗震设防烈度为 8 度及 8 度以上地区，对不能同时砌筑而又必须留置的临时间断处应砌成斜槎，普通砖砌体斜槎水平投影长度不应小于高度的 2/3，多孔砖砌体的斜槎长高比不应小于 1/2。斜槎高度不得超过一步脚手架的高度。 抽检数量：每检验批抽查不应少于 5 处。 检验方法：观察检查。 （4）非抗震设防及抗震设防烈度为 6 度、7 度地区的临时间断处，当不能留斜槎时，除转角处外，可留直槎，但直槎必须做成凸槎，且应加设拉结钢筋，拉结钢筋应符合下列规定： 1)每 120 mm 墙厚放置 1φ6 拉结钢筋（120 mm 厚墙应放置 2φ6 拉结钢筋）； 2)间距沿墙高不应超过 500 mm，且竖向间距偏差不应超过 100 mm； 3)埋入长度从留槎处算起每边均不应小于 500 mm，对抗震设防烈度 6 度、7 度的地区，不应小于 1 000 mm； 4)末端应有 90°弯钩，如图 3-1 所示。 抽检数量：每检验批抽查不应少于 5 处。 检验方法：观察和尺量检查
一般项目	（1）砖砌体组砌方法应正确，内外搭砌，上、下错缝。清水墙、窗间墙无通缝；混水墙中不得有长度大于 300 mm 的通缝，长度 200～300 mm 的通缝每间不超过 3 处，且不得位于同一面墙体上。砖柱不得采用包心砌法。 抽检数量：每检验批抽查不应少于 5 处。 检验方法：观察检查。砌体组砌方法抽检每处应为 3～5 m。 （2）砖砌体的灰缝应横平竖直，厚薄均匀，水平灰缝厚度及竖向灰缝宽度宜为 10 mm，但不应小于 8 mm，也不应大于 12 mm。 抽检数量：每检验批抽查不应少于 5 处。 检验方法：水平灰缝厚度用尺量 10 皮砖砌体高度折算；竖向灰缝宽度用尺量 2 m 砌体长度折算。 （3）砖砌体尺寸、位置的允许偏差及检验应符合表 3-2 的规定

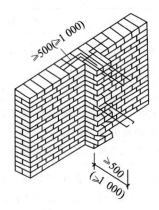

图 3-1　直槎处拉结钢筋示意图（单位：mm）

表 3-2　砖砌体尺寸、位置的允许偏差及检验

项　目			允许偏差（mm）	检验方法	抽检数量
轴线位移			10	用经纬仪和尺或用其他测量仪器检查	承重墙、柱全数检查
基础、墙、柱顶面标高			±15	用水准仪和尺检查	不应少于 5 处
墙面垂直度	每层		5	用 2m 托线板检查	不应少于 5 处
	全高	≤10 m	10	用经纬仪、吊线和尺或用其他测量仪器检查	外墙全部阳角
		>10 mm	20		
表面平整度	清水墙、柱		5	用 2m 靠尺和楔形塞尺检查	不应少于 5 处
	混水墙、柱		8		
水平灰缝平直度	清水墙		7	拉 5m 线和尺检查	不应少于 5 处
	混水墙		10		
门窗洞口高、宽（后塞口）			±10	用尺检查	不应少于 5 处
外墙上下窗口偏移			20	以底层窗口为准，用经纬仪或吊线检查	不应少于 5 处
清水墙游丁走缝			20	以每层第一皮砖为准，用吊线和尺检查	不应少于 5 处

二、标准的施工方法

1. 砖基础砌筑

砖基础砌筑标准的施工方法见表 3-3。

表 3-3 砖基础砌筑标准的施工方法

项 目	内 容
工艺流程	确定组砌方法 → 砖浇水 → 排砖摆底 → 砖基础砌筑 → 抹防潮层 → 拌制砂浆 → 验收
确定组砌方法	组砌方法应正确,一般采用一顺一丁(满丁、满条)排砖法。砖砌体的转角处和内外墙体交接处应同时砌筑,当不能同时砌筑时,应按规定留槎,并做好接槎处理。基底标高不同时,应从低处砌起,并应由高处向低处搭接
砖浇水	砖应在砌筑前1~2 d浇水湿润,烧结普通砖一般以水浸入砖四边15 mm为宜,含水率10%~15%;煤矸石页岩实心砖含水率8%~12%,常温施工不得用干砖上墙,不得使用含水率达饱和状态的砖砌墙,冬期施工清除冰霜,砖可以不浇水,但应加大砂浆稠度
拌制砂浆	拌制砂浆标准的施工方法见表3-4
排砖摆底(干摆砖样)	(1)基础大放脚的摆底尺寸及收退方法,必须符合设计图纸规定,如果是一层一退,里外均应砌丁砖;如果是两层一退,第一层为条砖,第二层砌丁砖。 (2)大放脚的转角处,应按规定放七分头,其数量为一砖墙放两块、一砖半厚墙放三块、二砖墙放四块,依此类推
砖基础砌筑	(1)砖基础砌筑前,基底垫层表面应清扫干净,洒水湿润。先盘墙角,每次盘角高度不应超过五层砖,随盘随靠平、吊直。 (2)砖基础墙应挂线,240 mm墙反手挂线,370 mm以上墙应双面挂线。 (3)基础大放脚砌到基础墙时,要拉线检查轴线及边线,保证基础墙身位置正确。同时要对照皮数杆的砖层及标高;如有高低差时,应在水平灰缝中逐渐调整,使墙的层数与皮数杆相一致。 (4)基础垫层标高不一致或有局部加深部位,应从深处砌起,并应由浅处向深处搭砌。 (5)暖气沟挑檐砖及上一层压砖,均应整砖丁砌,灰缝要严实,挑檐砖标高必须符合设计要求。 (6)各种预留洞、埋件、拉结筋按设计要求留置,避免后剔凿,影响砌体质量。 (7)变形缝的墙角应按直角要求砌筑,先砌的墙要把舌头灰刮尽;后砌的墙可采用缩口灰,掉入缝内的杂物随时清理。 (8)安装管沟和洞口过梁的型号、标高必须正确,底灰饱满;如坐灰超过20 mm厚,应采用细石混凝土铺垫,两端搭墙长度应一致
抹防潮层	抹防潮层砂浆前,将墙顶活动砖重新砌好,清扫干净,浇水湿润,基础墙体应抄出标高线(一般以外墙室外控制水平线为基准),墙上顶两侧用木八字尺杆卡牢,复核标高尺寸无误后,倒入防水砂浆,随即用木抹子搓平,设计无规定时,一般厚度为20mm,防水粉掺量为水泥重量的3%~5%
留槎	流水段分段位置应在变形缝或门窗口角处,隔墙与墙或柱不同时砌筑时,可留阳槎加预埋拉结筋。沿墙高每500 mm预埋φ6钢筋2根,其埋入长度从墙的留槎计算起,一般每边均不小于1 000 mm,末端应加180°弯钩

续上表

项　目	内　容
冬期施工	(1)当室外日平均气温连续 5 d 平均气温低于 5 ℃或当日最低温度低于 0 ℃时即进入冬期施工,应采取冬期施工措施。对尚未砌筑的槽段要保持基土防冻保温措施不被破坏。当室外日平均气温连续 5 d 稳定高于 5 ℃时解除冬期施工。 (2)冬期使用的砖,要求在砌筑前清除冰霜。正温施工时,砖可适当浇水,随浇随用,负温施工不应浇水,可适当加大砂浆稠度。 (3)现场拌制砂浆:水泥宜用普通硅酸盐水泥,灰膏应防冻,如已受冻要融化后方可使用。砂中不得含有大于 10 mm 的冻结块。拌和砌筑砂浆宜采用两步投料法。材料加热时,水加热不超过 80 ℃,砂加热不超过 40 ℃。冬期施工砂浆稠度较常温适当加大 1～3 cm,但加大的砂浆稠度不宜超过 13 cm。 (4)使用干拌砂浆:当气温或施工基面的温度低于 5 ℃时,无有效的保温、防冻措施不得施工。 (5)现场运输与储存砂浆应有有效的冬期施工措施。 (6)冬期施工时,对低于 M10 强度等级的砌筑砂浆,应比常温施工提高一级,且砂浆使用时的温度不应低于 5 ℃。 (7)施工中忽遇雨雪,应采取有效措施以防止雨雪损坏未凝结的砂浆。 (8)砌筑后,应及时用保温材料对新砌筑的砌体进行覆盖,砌筑面不得留有砂浆,继续砌筑前,应清扫砌筑面。 (9)基土不冻胀时,基础可在冻结的地基上砌筑;基土有冻胀性时,必须在未冻的地基上砌筑。在基槽、基坑回填土前应采取防止地基受冻结的措施
雨期施工	雨期施工时,应防止基槽灌水和雨水冲刷砂浆,砂浆的稠度应适当减小。每日砌筑高度不宜大于 1.2 m,收工时应覆盖砌体表面

表 3-4　拌制砂浆标准的施工方法

项　目	内　容
干拌砂浆的拌制	(1)干拌砂浆的强度等级必须符合设计要求。施工人员应按使用说明书的要求操作。 (2)干拌砂浆宜采用机械搅拌。如采用连续式搅拌器,应以产品使用说明书要求的加水量为基准,并根据现场施工稠度微调拌和加水量;如采用手持式电动搅拌器,应严格按照产品使用说明书规定的加水量进行搅拌,先在容器内放入规定量的拌和水,再在不断搅拌的情况下陆续加入干拌砂浆,搅拌时间宜为 3～5 min,静停10 min 后再搅拌不少于 0.5 min。 (3)使用人不得自行添加某种成分来变更干拌砂浆的用途及等级。 (4)拌和好的砂浆拌和物应在使用说明书规定的时间内用完,在炎热或大风天气时应采取措施防止水分过快蒸发,超过初凝时间严禁二次加水搅拌使用。 (5)散装干拌砂浆应储存在专用储料罐内,储罐上应有标志。不同品种、强度等级的产品必须分别存放,不得混用。袋装干拌砂浆宜采用糊底袋,在施工现场储存应采取防雨、防潮措施,并按品种、强度等级分别堆放,严禁混堆混用。 (6)如在有效存放期内发现干拌砂浆有结块,应在过筛后取样检验,检验合格后全部过筛方可继续使用

续上表

项 目	内 容
普通砂浆的拌制	(1)砂浆的配合比应由试验室经试配确定。在砂浆中掺入有机塑化剂、早强剂、缓凝剂、防冻剂等,经检验和试配符合要求后,方可使用。有机塑化剂应有砌体强度的形式检验报告。 (2)砂浆配合比应采取重量比。计量精度:水泥±2%,砂、灰膏控制在±5%以内。 (3)水泥砂浆应采取机械搅拌,先倒砂子、水泥、掺和料,最后倒水。搅拌时间不少于2 min。水泥粉煤灰砂浆和掺用外加剂的砂浆搅拌时间不得少于3 min,掺用有机塑化剂的砂浆,应为3～5 min。 (4)砂浆应随拌随用,水泥砂浆和水泥混合砂浆必须在拌成后3 h和4 h内使用完毕。当施工期间最高温度超过30 ℃时,应分别在拌成后2 h和3 h内使用完毕。超过上述时间的砂浆,不得使用,并不应再次拌和后使用。对掺用缓凝剂的砂浆,其使用时间可根据具体情况延长

质量问题

砖砌墙面凸凹不平,水平灰缝不直

质量问题表现

(1)同一条水平缝宽度不一致,个别砖层冒线砌筑。

(2)水平缝下垂。

(3)墙体中部(两步脚手架交接处)凹凸不平。

质量问题原因

(1)由于砖在制坯和晾干过程中,底条面因受压墩厚了一些,形成砖的2个条面大小不等,厚度差2～3 mm。砌砖时,若大小条面随意跟线,则必然使灰缝宽度不一致,个别砖条面偏大较多,不易将灰缝砂浆压薄,因而出现冒线砌筑。

(2)所砌的墙体长度超过20 m,拉线不紧,挂线产生下垂;跟线砌筑后,灰缝就会出现下垂现象。

(3)搭脚手排木直接压墙,使接砌墙体出现"捞活"(砌脚手板以下部位);挂立线时没有从下步脚手架墙面向上延伸,使墙体在两步架交接处,出现凹凸不平、水平灰缝不直等现象。

(4)由于第一步架墙体出现垂直偏差,接砌第二步架时进行了调整,因而在两步架交接处出现凹凸不平。

质量问题预防

(1)砌砖应采取小面跟线,因一般砖的小面棱角裁口整齐,表面洁净。用小面跟线不仅能使灰缝均匀,而且可提高砌筑效率。

（2）挂线长度超长（15～20 m）时，应加腰线。腰线砖探出墙面 30～40 mm，将挂线搭在砖面上，由角端检查挂线的平直度，用腰线砖的灰缝厚度调平。

（3）墙体砌至脚手架排木搭设部位时，预留脚手眼，并继续砌至高出脚手板面 1 层砖，以消灭"捞活"。挂立线应由下面一步架墙面延伸，立线延至下部墙面至少 0.5 m。挂立线吊直后，拉紧平线，用线坠吊平线和立线，当线坠与平线、立线相重，即"三线归一"时，则可认为立线正确无误。

2. 一般砖基础砌筑

一般砖砌体砌筑标准的施工方法见表 3-5。

表 3-5　一般砖砌体砌筑标准的施工方法

项　目	内　容
工艺流程	确定组砌方法 → 砖浇水 → 排砖摞底 → 砖墙砌筑 → 验收
确定组砌方法	砖墙砌体一般采用一顺一丁（满丁、满条）、梅花丁或三顺一丁砌法。砖柱不得采用先砌四周后填心的包心砌法
砖浇水	砖应在砌筑前 1～2 d 浇水湿润，烧结普通砖一般以水浸入砖四边 15 mm 为宜，含水率 10%～15%；煤矸石页岩实心砖和蒸压（养）粉煤灰砖含水率 8%～12%，常温施工不得用干砖上墙，不得使用含水率达饱和状态的砖砌墙
拌制砂浆	参见"拌制砂浆标准的施工方法"的内容
排砖摞底（干摆砖样）	砖墙排砖摞底：一般外墙第一层砖摞底时，两山墙排丁砖，前后檐纵墙排条砖。根据弹好的门窗洞口位置线，认真核对窗间墙、垛尺寸，按其长度排砖。窗口尺寸不符合排砖好活的时候，可以将门窗洞口的位置在 60 mm 范围内左右移动。破活应排在窗口中间、附墙垛或其他不明显的部位。移动门窗洞口位置时，应注意暖卫立管安装及门窗开启时不受影响。排砖时必须做全盘考虑，前后檐墙排第一皮砖时，要考虑甩窗口后砌条砖，窗角上应砌七分头砖
砖墙砌筑	一般砖砌体砖墙砌筑标准的施工方法见表 3-6
禁止设置脚手眼的墙体或部位	(1)120 mm 厚墙和独立柱。 (2)过梁上与过梁成 60°角的三角形范围及过梁净跨度 1/2 的高度范围内。 (3)宽度小于 1 m 的窗间墙。 (4)砌体门窗洞口两侧 200 mm 和转角处 450 mm 范围内。 (5)梁或梁垫下及其左右 500 mm 范围内。 (6)设计上不允许设置脚手眼的部位
冬期施工	(1)当室外日平均气温连续 5 d 平均气温低于 5 ℃或当日最低温度低于 0 ℃时即进入冬期施工，应采取冬期施工措施。当室外日平均气温连续 5 d 稳定高于 5 ℃时

项　目	内　容
冬期施工	应解除冬期施工。 　　(2)冬期使用的砖,要求在砌筑前清除冰霜。不得使用浇过水或浸水后受冻的砖。 　　(3)现场拌制砂浆:水泥宜用普通硅酸盐水泥,灰膏应防冻,如已受冻要融化后方可使用。砂中不得含有大于 10 mm 的冻结块。拌和砌筑砂浆宜采用两步投料法。材料加热时,水加热不超过 80 ℃,砂加热不超过 40 ℃。冬期施工可适当加大砂浆稠度 1～3 cm,但加大后的砂浆稠度不宜超过 13 cm。 　　(4)使用干拌砂浆:当气温或施工基面的温度低于 5 ℃时,无有效的保温、防冻措施不得施工。 　　(5)现场运输与储存砂浆应有有效的冬期施工措施。 　　(6)冬期施工时,对低于 M10 强度等级的砌筑砂浆,应比常温施工提高一级,且砂浆使用时的温度不应低于 5 ℃。 　　(7)施工中忽遇雨雪,应采取有效措施防止雨雪损坏未凝结的砂浆。 　　(8)砌筑后,应及时用保温材料对新砌筑的砌体进行覆盖,砌筑面不得留有砂浆,继续砌筑前,应清扫砌筑面。 　　(9)埋有未经防腐处理的钢筋(网片)的砖砌体不应采用掺氯盐砂浆法施工。 　　(10)对装饰工程有特殊要求的建筑物,处于潮湿环境的建筑物,经常处于地下水变化范围内而又没有防水措施的砌体,接近高压电线的建筑物,不得使用掺氯盐的砂浆
雨期施工	参见标准的施工方法中"砖基础砌筑中雨期施工"的内容

表 3-6　一般砖砌体砖墙砌筑标准的施工方法

项　目	内　容
选砖	砌清水墙应选棱角整齐,无弯曲、裂纹,颜色均匀,规格基本一致的砖。敲击时声音响亮,焙烧过火变色,变形的砖可用在不影响外观的内墙上。灰砂砖不宜与其他品种砖混合砌筑
盘角	砌砖前应先盘角,每次盘角不应超过五皮,新盘的大角,及时进行吊、靠,如有偏差要及时修整。盘角时应仔细对照皮数杆的砖层和标高,控制好灰缝大小,使水平灰缝均匀一致。大角盘好后再复查一次,平整和垂直完全符合要求后,再挂线砌墙
挂线	砌筑砖墙厚度超过一砖半厚(370 mm)时,应双面挂线。超过10 m 的长墙,中间应设支线点,小线要拉紧,每皮砖都要穿线看平,使水平缝均匀一致,平直通顺;砌一砖厚(240 mm)混水墙时宜采用外手挂线,可照顾砖墙两面平整,为下道工序控制抹灰厚度奠定基础
砌砖	砌砖时砖要放平,里手高,墙面就要张;里手低,墙面就要背。砌砖应跟线,"上跟线,下跟棱,左右相邻要对平"。

续上表

项　目	内　容
砌砖	(1)烧结普通砖水平灰缝厚度和竖向灰缝宽度一般为 10 mm,但不应小于 8 mm,也不应大于 12 mm;蒸压(养)砖水平灰缝厚度和竖向灰缝宽度一般为 10 mm,但不应小于 9 mm,也不应大于 12 mm。 (2)为保证清水墙面立缝垂直,不游丁走缝,当砌完一步架高时,宜每隔 2 m 水平间距,在丁砖立棱位置弹两道垂直立线,以分段控制游丁走缝。 (3)清水墙不允许有三分头,保证好活上下留在同一位置,不得在上部随意变活、乱缝。 (4)砌筑砂浆应随搅拌随使用,一般水泥砂浆应在 3 h 内用完,水泥混合砂浆应在 4 h 内用完,不得使用过夜砂浆。 (5)砌清水墙应随砌,随划缝,划缝深度为 8～10 mm,深浅一致,墙面应清扫干净。混水墙应随砌随将舌头灰刮尽。 (6)在操作过程中,要认真进行自检,如出现有偏差,应随时纠正,严禁事后砸墙。 (7)清水墙留施工洞部位应留置足够数量的同期进场的砖备用,以达到施工洞后堵的墙体色泽与先砌墙体基本一致
砌砖注意事项	240 mm 厚承重墙的每层墙的最上一皮砖,砖砌体的台阶水平面上及挑出层,应整砖丁砌
留槎	(1)除构造柱外,砖砌体的转角处和交接处应同时砌筑,严禁无可靠措施的内外墙分砌施工。对不能同时砌筑而又必须留置的临时间断处应砌成斜槎,斜槎水平投影长度不应小于高度的 2/3,如图 3-2 所示。槎子必须平直、通顺。 (2)流水段分段位置应在变形缝或门窗口角处,隔墙与墙或柱不同时砌筑,可留阳槎加预埋拉结筋。沿墙高按设计要求每 500 mm 预埋钢筋 2 根,其埋入长度从墙的留槎计算起,一般每边均不小于 500 mm,末端应加 180°弯钩。施工洞口也应按以上要求留水平拉结筋。隔墙顶应用立砖斜砌挤紧
施工洞口留设	洞口侧边离交接处外墙面不应小于 500 mm,洞口净宽度不应超过 1 m。施工洞口可留直槎,如图 3-3 所示
预埋混凝土砖、木砖	户门框、外窗框处采用预埋混凝土砖,室内门框采用木砖或混凝土砖。混凝土砖采用 C15 混凝土现场制作而成,和砖尺寸大小相同;木砖预埋时应小头在外,大头在内,数量按洞口高度确定。洞口高在 1.2 m 以内,每边放 2 块;高 1.2～2 m,每边放 3 块;高 2～3 m,每边放 4 块。预埋砖的部位一般在洞口上边或下边四皮砖,中间均匀分布。木砖要提前做好防腐处理
预留孔	钢门窗安装、硬架支撑、暖卫管道的预留孔,均应按设计要求留置,不得事后剔凿
墙体拉结筋	墙体拉结筋的位置、规格、数量、间距均应按设计要求留置,不应错放、漏放
过梁、梁垫的安装	安装过梁、梁垫时,其标高、位置及型号必须准确,坐灰饱满。如坐灰厚度超过 20 mm 时,要用细石混凝土铺垫。过梁安装时,两端支承点的长度应一致

项　目	内　容
构造柱做法	凡设有构造柱的工程,在砌砖前,先根据设计图纸将构造柱位置进行弹线,并把构造柱插筋处理顺直。砌砖墙时,与构造柱连接处砌成马牙搓。每一个马牙搓沿高度方向的尺寸不应超过 300 mm。马牙搓应先退后进。拉结筋按设计要求放置,设计无要求时,一般沿墙高 500 mm 设置 2 根 $\phi6$ 水平拉结筋,每边深入墙内不应小于 1 m
注意事项	有防水要求的房间楼板四周,除门洞口外,必须浇筑不低于 120 mm 高的混凝土坎台,混凝土强度等级不小于 C20

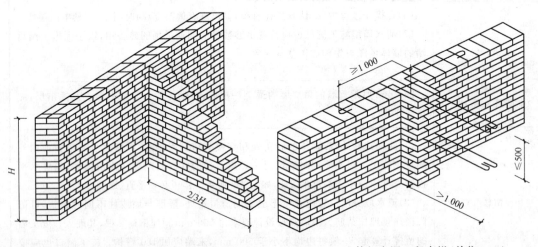

图 3-2　砖砌体转角或交接处留斜搓　　　　图 3-3　砌体门窗洞口留直搓(单位:mm)

质量问题

砖烟囱筒身组砌混乱

质量问题表现

组砌方法混用,排列不能满足灰缝大小均匀和错缝要求,使筒身砌体强度和整体性降低,影响筒体稳定性。

质量问题原因

(1)施工操作不当,组砌方法混用。

(2)烟囱筒身从底到顶,厚度分段减薄,并半径变化,导致砌块排列不均。

质量问题

质量问题预防

(1)烟囱基础施工。

1)排砖撂底。开始砌砖时应排砖撂底,砖层排列一般用全丁砌法,以减少砖所形成的弦线与圆烟囱弧线之误差,保证烟囱外形的规整。只有外径较大时(一般7 m以上)才用"一顺一丁"砌法。

2)用半砖调整错缝。砌体上下两层砖的放射状砖缝应错开1/4砖,上下层环状砖缝应错开1/2砖。为达到错缝要求,可用半砖进行调整。

3)灰缝。水平灰缝为8～10 mm。竖缝因排砖成放射状,故内侧灰缝小,外侧灰缝大。内侧不小于5 mm,外侧不大于12 mm。

4)基砖大放脚的收退。收退方法与砌墙相同,高度由皮数杆控制。

5)检查垂直度。大放脚上基础墙砌成圆柱形,无收分,故可用普通靠尺板检查其砌筑中的垂直度。

(2)烟囱筒壁砌筑。

1)砌筑筒壁前,应重点检查基础环壁或环梁上表面的平整度,并用1:2水泥砂浆抹平,其水平偏差不得超过20 mm,砂浆找平层的厚度不得超过30 mm。

2)筒壁砌体上下皮砖的环缝应互相错开120 mm;辐射缝应互相错开60 mm(异型砖应互相错开其宽度的1/2)。

3)砌体的垂直灰缝宽度和水平灰缝厚度应为10 mm。在5 m²的砌体表面上抽查10处,只允许其中有5处灰缝厚度增大5 mm。

4)筒壁砌体的灰缝必须饱满,水平灰缝的砂浆饱满度不得低于80%。垂直灰缝宜采用挤浆和加浆方法,使其砂浆饱满,严禁用水冲浆灌缝。

5)砌体砖皮可砌成水平的;也可砌成向烟囱中心倾斜,其倾斜度应与筒壁外表面的斜度相同。

6)壁厚为一砖半的囱身外壁砌法是:第一皮半砖在外,整砖在里;第二皮则整砖在外,半砖在里。壁厚为2砖的外壁砌法是:砌第一皮时均用整砖,砌第二皮时内、外均用半砖,中间一圈为整砖。壁厚为两砖半时,第一皮外圈用半砖,里面两圈用整砖;第二皮则内圈半砖,外面两圈用整砖。壁厚为3砖及3砖以上均以此类推。

7)筒壁内侧砌有内衬悬臂时,应以台阶形式向内挑出,其挑出宽度应等于内衬与隔热层的厚度和,每一台阶挑出长度应不大于60 mm(1/4砖长),挑出部分台阶的高度应不小于120 mm(1/2砖长)。

8)烟囱顶部筒壁称为筒首。筒首应以台阶形式向外挑出。其砌法与内衬悬臂砌法相同,区别是内衬悬臂向里挑出。

(3)烟囱内衬砌筑。

1)内衬厚度为半砖时,应采用全顺砌筑形式,上下皮垂直灰缝互相错开半砖长;内衬厚度为1砖时,应采用全丁砌筑形式,上下皮垂直灰缝互相错开1/4砖长(异型砖应错开其宽度的1/2)。

2)内衬灰缝的砂浆必须饱满。水平灰缝的砂浆饱满度：烧结普通砖不得低于80％；黏土质耐火砖和耐酸砖不得低于90％。垂直灰缝宜采用挤浆和加浆方法，使其砂浆饱满。

3)囱身与内衬间的空气隔热层内不允许落入砂浆或砖屑等杂物，以免影响隔热效果。

4)为加强内衬的牢固和稳定性，在水平方向沿囱身周长每隔1 m，垂直方向每隔0.5 m，上下交错地从内衬挑出一块砖顶住烟囱壁。

3. 多孔砖砌体砌筑

多孔砖砌体砌筑的施工方法见表3-7。

表3-7 多孔砖砌体砌筑的施工方法

项 目	内 容
工艺流程	确定组砌方法 → 砖浇水 → 拌制砂浆 → 验收
确定组砌方法	应综合兼顾墙体尺寸、洞口位置、组合柱位置确定组砌方法。多孔砖一般采用一顺一丁(满丁、满条)、梅花丁砌法。砖柱不得采用包心砌法
砖浇水	常温状态下，多孔砖应在砌筑前1~2 d浇水湿润，一般以水浸入砖四边15 mm为宜，含水率10％~15％，砖表面不得有浮水。常温施工不得用干砖上墙，不得使用含水率达饱和状态的砖砌墙
拌制砂浆	参见"拌制砂浆标准的施工方法"的内容
砖墙砌筑	多孔砖砖墙砌筑标准的施工方法见表3-8
禁止设置脚手眼的墙体或部位	参见"一般砖砌体砌筑标准的施工方法"的相关内容
冬期施工	(1)连续5 d平均气温低于5 ℃或当日最低温度低于0 ℃时即进入冬期施工，应采取冬期施工措施。 (2)冬期使用的砖，要求在砌筑前清除冰霜。正温施工时，砖可适当浇水，负温施工不应浇水，可适当增大砂浆稠度。 (3)砂浆宜用普通硅酸盐水泥拌制，石灰膏要防冻，掺和料应有防冻措施，如已受冻要融化后方能使用。砂中不得含有大于10 mm的冻块。 (4)材料加热法时，水加热不超过80 ℃，砂加热不超过40 ℃。应采用两步投料法，即先拌和水泥和砂，再加水拌和。 (5)砂浆使用温度不应低于5 ℃。 (6)使用干拌砂浆：当气温或施工基面的温度低于5 ℃时，无有效的保温、防冻措施不得施工
雨期施工	参见"砖基础砌筑标准的施工方法"中雨期施工的内容

表 3-8 多孔砖砖墙砌筑的标准的施工方法

项 目	内 容
砖墙排砖撂底(干摆砖样)	一般外墙一层砖撂底时,两山墙排丁砖,前后檐纵墙排条砖。根据弹好的门窗洞口位置线,认真核对窗间墙、垛尺寸,按其长度排砖。窗口尺寸不符合排砖好活的时候,可以适当移动。破活应排在窗口中间、附墙垛或其他不明显的部位。排砖时必须做全盘考虑,前后檐墙排一皮砖时,要考虑甩窗口后砌条砖,窗口上应砌七分头砖
选砖	清水墙应选棱角整齐,无弯曲、裂纹,颜色均匀,规格一致的砖。焙烧过火变色,变形的砖可用在不影响外观的内墙上
盘角	砌砖前应先盘角,每次盘角不应超过五皮,新盘的大角,及时进行吊、靠,如有偏差要及时修整。盘角时应仔细对照皮数杆的砖层和标高,控制好灰缝大小,使水平灰缝均匀一致。大角盘好后再复查一次,平整和垂直完全符合要求后,再挂线砌砖
挂线	砌筑砖墙应根据墙体厚度确定挂线方法。砌筑墙体超过一砖厚时,应双面挂线。超过 10 m 的长墙,中间应设支线点,小线要拉紧,每皮砖都要穿线看平,使水平缝均匀一致,平直通顺;砌一砖厚混水墙时宜采用外手挂线,可照顾砖墙两面平整,为下道工序控制抹灰厚度奠定基础
砌砖	对抗震设防地区砌砖应采用一铲灰、一块砖、一挤压的砌砖法砌筑。对非抗震地区可采用铺浆法砌筑,铺浆长度不得超过 750 mm;当施工期间最高气温高于 30 ℃时,铺浆长度不得超过 500 mm。砌砖时砖要放平,多孔砖的孔洞应垂直于砌筑面砌筑。里手高,墙面就要张;里手低,墙面就要背。砌砖应跟线,"上跟线,下跟棱,左右相邻要对平"。 水平灰缝厚度和竖向灰缝宽度一般为 10 mm,但不应小于 8 mm,也不应大于12 mm。水平灰缝的砂浆饱满度不得小于 80%;竖向灰缝宜采用挤浆或加浆方法,不得出现透明缝,严禁用水冲浆灌缝。 为保证清水墙面主缝垂直,不游丁走缝,当砌完一步架高时,宜每隔 2 m 水平间距,在丁砖立棱位置弹两道垂直立线,以分段控制游丁走缝。 在操作过程中,要认真进行自检,如出现有偏差,应随时纠正,严禁事后砸墙。 墙面勾缝应横平竖直、深浅一致、搭接平顺。勾缝时,应采用加浆勾缝,并宜采用细砂拌制的 1∶1.5 水泥砂浆。当勾缝为凹缝时,凹缝深度宜为 4~5 mm。内墙也可用原浆勾缝,但必须随砌随勾,并使灰缝光滑密实
砌砖注意事项	240 mm 厚承重墙的每层墙的最上一皮砖,砖砌体的阶台水平面上及挑出层,应整砖丁砌
留槎	除构造柱外,砖砌体的转角处和交接处应同时砌筑,严禁无可靠措施的内外墙分砌施工。对不能同时砌筑而又必须留置的临时间断处应砌成斜槎,斜槎水平投影长度不应小于高度的 2/3。槎子必须平直、通顺
施工洞口留设	洞口侧边离交接处外墙面不应小于 500 mm,洞口净宽度不应超过 1 m。施工洞口可留直槎,但直槎必须设成凸槎,并须加设拉结钢筋,在后砌施工洞口内的钢筋搭接长度不应小于 330 mm

项　目	内　容
预埋混凝土砖、木砖	户门框、外窗框处采用预埋混凝土砖,室内门框采用木砖。混凝土砖采用 C15 混凝土现场制作而成,和多孔砖尺寸大小相同;木砖预埋时应小头在外,大头在内,数量按洞口高度确定。洞口高在 1.2 m 以内,每边放 2 块;高 1.2~2 m,每边放 3 块;高 2~3 m,每边放 4 块。预埋砖的部位一般在洞口上边或下边四皮砖,中间均匀分布。木砖要提前做好防腐处理
预留槽洞及埋设管道	施工中应准确预留槽洞位置,不得在已砌墙体上凿孔打洞;不应在墙面上留(凿)水平槽、斜槽或埋设水平暗管和斜暗管。墙体中的竖向暗管宜预埋;无法预埋需留槽时,预留槽深度及宽度不宜大于 95 mm×95 mm。管道安装完毕后,应采用强度等级不低于 C10 的细石混凝土或 M10 的水泥砂浆填塞。在宽度小于 500 mm 的承重小墙段及壁柱内不应埋设竖向管线
墙体拉结筋	墙体拉结筋的位置、规格、数量、间距均应按设计要求留置,不应错放、漏放
墙体顶面(圈梁底)砖孔	墙体顶面砖孔应采用砂浆封堵,防止混凝土浆下漏
过梁、梁垫的安装	安装过梁、梁垫时,其标高、位置及型号必须准确,坐灰饱满。如坐灰厚度超过 20 mm 时,要用细石混凝土铺垫,过梁安装时,两端支承点的长度应一致
构造柱做法	凡设有构造柱的工程,在砌砖前,先根据设计图纸将构造柱位置进行弹线,并把构造柱插筋处理顺直。砌砖墙时,与构造柱连接处砌成马牙槎。每一个马牙槎沿高度方向的尺寸不应超过 300 mm。马牙槎应先退后进。拉结筋按设计要求放置,设计无要求时,一般沿墙高 500 mm 设置 2 根 φ6 水平拉结筋,每边深入墙内不应小于 1 m
房间楼板四周防水要求	有防水要求的房间楼板四周,除门洞口外,必须浇筑不低于 120 mm 高的混凝土坎台,混凝土强度等级不小于 C20

第二节　混凝土小型空心砌块工程施工

一、施工质量验收标准

混凝土小型空心砌块砌体工程施工质量验收标准见表 3-9。

表 3-9　混凝土小型空心砌块砌体工程施工质量验收标准

项　目	验收标准
一般规定	(1)施工前,应按房屋设计图编绘小砌块平、立面排块图,施工中应按排块图施工。 (2)施工采用的小砌块的产品龄期不应小于 28 d。

续上表

项　目	验收标准
一般规定	(3)砌筑小砌块时,应清除表面污物,剔除外观质量不合格的小砌块。 (4)砌筑小砌块砌体,宜选用专用小砌块砌筑砂浆。 (5)底层室内地面以下或防潮层以下的砌体,应采用强度等级不低于C20(或Cb20)的混凝土灌实小砌块的孔洞。 (6)砌筑普通混凝土小型空心砌块砌体,不需对小砌块浇水湿润,如遇天气干燥炎热,宜在砌筑前对其喷水湿润;对轻集料混凝土小砌块,应提前浇水湿润,块体的相对含水率宜为40%～50%。雨天及小砌块表面有浮水时,不得施工。 (7)承重墙体使用的小砌块应完整、无破损、无裂缝。 (8)小砌块墙体应孔对孔、肋对肋错缝搭砌。单排孔小砌块的搭接长度应为块体长度的1/2;多排孔小砌块的搭接长度可适当调整,但不宜小于小砌块长度的1/3,且不应小于90 mm。墙体的个别部位不能满足上述要求时,应在灰缝中设置拉结钢筋或钢筋网片,但竖向通缝仍不得超过两皮小砌块。 (9)小砌块应将生产时的底面朝上反砌于墙上。 (10)小砌块墙体宜逐块坐(铺)浆砌筑。 (11)在散热器、厨房和卫生间等设备的卡具安装处砌筑的小砌块,宜在施工前用强度等级不低于C20(或Cb20)的混凝土将其灌实。 (12)每步架墙(柱)砌筑完后,应随即刮平墙体灰缝。 (13)芯柱处小砌块墙体砌筑应符合下列规定: 1)每一楼层芯柱处第一皮砌块应采用开口小砌块; 2)砌筑时应随砌随清除小砌块孔内的毛边,并将灰缝中挤出的砂浆刮净。 (14)芯柱混凝土宜选用专用小砌块灌孔混凝土。浇筑芯柱混凝土应符合下列规定: 1)每次连续浇筑的高度宜为半个楼层,但不应大于1.8 m; 2)浇筑芯柱混凝土时,砌筑砂浆强度应大于1 MPa; 3)清除孔内掉落的砂浆等杂物,并用水冲淋孔壁; 4)浇筑芯柱混凝土前,应先注入适量与芯柱混凝土成分相同的去石砂浆; 5)每浇筑400～500 mm高度捣实一次,或边浇筑边捣实。 (15)小砌块复合夹心墙的砌筑应符合《砌体结构工程施工质量验收规范》(GB 50203—2011)第5.1.14条的规定
主控项目	(1)小砌块和芯柱混凝土、砌筑砂浆的强度等级必须符合设计要求。 抽检数量:每一生产厂家,每1万块小砌块为一验收批,不足1万块按一批计。抽检数量为1组;用于多层以上建筑的基础和底层的小砌块抽检数量不应少于2组。砂浆试块的抽检数量应执行《砌体结构工程施工质量验收规范》(GB 50203—2011)第4.0.12条的有关规定。 检验方法:检查小砌块和芯柱混凝土、砌筑砂浆试块试验报告。 (2)砌体水平灰缝和竖向灰缝的砂浆饱满度,按净面积计算不得低于90%。 抽检数量:每个检验批抽查不应少于5处。 检验方法:用专用百格网检测小砌块与砂浆粘结痕迹,每处检测3块小砌块,取其平均值。 (3)墙体转角处和纵横交接处应同时砌筑。临时间断处应砌成斜槎,斜槎水平投

续上表

项 目	验收标准
主控项目	影长度不应小于斜槎高度。施工洞口可预留直槎,但在洞口砌筑和补砌时,应在直槎上下搭砌的小砌块孔洞内用强度等级不低于 C20(或 Cb20)的混凝土灌实。 抽检数量:每检验批抽查不应少于 5 处。 检验方法:观察检查。 (4)小砌块砌体的芯柱在楼盖处应贯通,不得削弱芯柱截面尺寸;芯柱混凝土不得漏灌。 抽检数量:每检验批抽查不应少于 5 处。 检验方法:观察检查
一般项目	(1)砌体的水平灰缝厚度和竖向灰缝宽度宜为 10 mm,但不应小于 8 mm,也不应大于 12 mm。 抽检数量:每检验批抽查不应少于 5 处。 检验方法:水平灰缝厚度用尺量 5 皮小砌块的高度折算;竖向灰缝宽度用尺量 2 m 砌体长度折算。 (2)小砌块砌体尺寸、位置的允许偏差应按《砌体结构工程施工质量验收规范》(GB 50203—2011)第 5.3.3 条的规定执行

二、标准的施工方法

混凝土小型空心砌块砌体施工标准的施工方法见表 3-10。

表 3-10　混凝土小型空心砌块砌体施工标准的施工方法

项 目	内 容
工艺流程	墙体放线 → 砌块排列 → 拌制砂类 → 校正 → 竖缝填实砂浆 → 勒缝 → 灌芯柱混凝土 → 验收
墙体放线	砌体施工前,应将基础面或楼层结构面按标高找平,依据砌筑图放出一皮砌块的轴线、砌体边线和洞口线
砌块排列	(1)按砌块排列图在墙体线范围内分块定尺、画线,排列砌块的方法和要求如下: 1)小型空心砌块在砌筑前,应根据工程设计施工图,结合砌块的品种、规格、绘制砌体砌块的排列图。围护结构或二次结构,应预先设计好地导墙、混凝土带、接顶方法等,经审核无误,按图排列砌块。 2)小型空心砌块排列应从基础面开始,排列时尽可能采用主规格的砌块(390 mm×190 mm×190 mm),砌体中主规格砌块应占总量的 75%~80%。 3)外墙转角及纵横墙交接处,应将砌块分皮咬槎,交错搭砌,如果不能咬槎时,按设计要求采取其他的构造措施。 (2)小砌块墙内不得混砌其他墙体材料。镶砌时,应采用与小砌块材料强度同等级的预制混凝土块。 (3)施工洞口留设:洞口侧边离交接处墙面不应小于 500 mm,洞口净宽度不应超过 1 m。洞口两侧应沿墙高每 3 皮砌块设 2φ4 拉结钢筋网片,锚入墙内的长度不小

续上表

项　目	内　容
砌块排列	于 1 000 mm。 (4)样板墙砌筑:在正式施工前,应先砌筑样板墙,经各方验收合格后,方可正式砌筑
拌制砂浆	参见"砖基础砌筑"中的拌制砂浆的内容
砌筑	砌筑施工标准的施工方法见表 3-11
校正	砌筑时每层均应进行校正,需要移动砌体中的小砌块或小砌块被撞动时,应重新铺砌
竖缝填实砂浆	每砌筑一皮,小砌块的竖凹槽部位应用砂浆填实
勒缝	混水墙面必须用原浆做勾缝处理。缺灰处应补浆压实,并宜做成凹缝,凹进墙面 2 mm。清水墙宜用 1:1 水泥砂浆勾缝,凹进墙面深度一般为 3 mm
灌芯柱混凝土	(1)芯柱所有孔洞均应灌实混凝土。每层墙体砌筑完后,砌筑砂浆强度达到指纹硬化时,方可浇灌芯柱混凝土;每一层的芯柱必须在一天内浇灌完毕。 (2)灌芯柱混凝土,应遵守下列规定: 1)清除孔洞内的砂浆与杂物,并用水冲洗; 2)砌筑砂浆强度达到指纹硬化时,方可浇灌芯柱混凝土; 3)在浇灌芯柱混凝土前应先注入适量与芯柱混凝土相同的去石子水泥砂浆,再浇灌混凝土; 4)浇灌芯柱的混凝土,宜选用专用的小砌块灌孔混凝土,当采用普通混凝土时,其坍落度不宜小于 180 mm; 5)校正钢筋位置,并绑扎或焊接牢固; 6)浇灌混凝土时,先计算好小砌块芯柱的体积,并用灰桶等作为计量工具实地测量单个芯柱所需混凝土量,以此作为其他芯柱混凝土用量的依据; 7)浇灌混凝土至顶部芯柱与圈梁交接处时,可在圈梁下留置施工缝预留 200 mm 不浇满,届时和混凝土圈梁一起浇筑,以加强芯柱和圈梁的连接; 8)每个层高混凝土应分两次浇灌,浇灌到 1.4 m 左右,采用钢筋插捣或 φ30 振捣棒振捣密实,然后再继续浇灌,并插(振)捣密实;当过多的水被墙体吸收后应进行复振,但必须在混凝土初凝前进行。 9)浇灌芯柱混凝土时,应设专人检查记录芯柱混凝土强度等级、坍落度、混凝土的灌入量和振捣情况。 (3)在门窗洞口两侧的小砌块,应按设计要求浇灌芯柱混凝土;临时施工洞口两侧砌块的第一个孔洞应浇灌芯柱混凝土。 (4)芯柱混凝土在预制楼盖处应贯通,采用设置现浇混凝土板带的方法或预制板预留缺口的方法,实施芯柱贯通,确保不削弱芯柱断面尺寸。 (5)芯柱位置处的每层楼板应留缺口或浇一条现浇板带。芯柱与圈梁或现浇板带应浇筑成整体
冬期施工	(1)当室外日平均气温连续 5 d 稳定低于 5 ℃或当日最低温度低于 0 ℃时即进入冬期施工,应采取冬期施工措施。当室外日平均气温连续 5 d 稳定高于 5 ℃时应解

续上表

项　目	内　容
冬期施工	除冬期施工。 　　(2)冬期使用的小砌块砌筑前应清除冰霜。不得使用浇过水或浸水后受冻的小砌块。 　　(3)现场拌制砂浆:水泥宜用普通硅酸盐水泥,灰膏应防冻,如已受冻要融化后方可使用。砂中不得含有大于 10 mm 的冻结块。拌和砌筑砂浆宜采用两步投料法。材料加热时,水加热不超过 80 ℃,砂加热不超过 40 ℃。 　　(4)使用干拌砂浆:当气温或施工基面的温度低于 5 ℃时,无有效的保温、防冻措施不得施工。 　　(5)现场运输与储存砂浆应有效的冬期施工措施。 　　(6)冬期施工时,对低于 M10 强度等级的砌筑砂浆,应比常温施工提高一级,且砂浆使用时的温度不应低于 5 ℃。 　　(7)施工中忽遇雨雪,应采取有效措施防止雨雪损坏未凝结的砂浆。 　　(8)砌筑后,应及时用保温材料对新砌筑的砌体进行覆盖,砌筑面不得留有砂浆,继续砌筑前,应清扫砌筑面。 　　(9)基土不冻胀时,基础可在冻结的地基上砌筑

表 3-11　砌筑施工标准的施工方法

项　目	内　容
砌筑顺序	(1)每层应从转角处或定位砌块处开始砌筑。应砌一皮、校正一皮,拉线控制砌体标高和墙面平整度。皮数杆应竖立在墙的转角处和交接处,间距宜不小于 15 m。 　　(2)在基础梁顶和楼面圈梁顶砌筑第一皮砌块时,应满铺砂浆
砌筑形式	(1)砌筑时,小砌块包括多排孔封底小砌块、带保温夹芯层的小砌块均应底面朝上反砌于墙上。 　　(2)小砌块墙体砌筑形式应每皮顺砌,上下皮应对孔错缝搭砌,竖缝应相互错开 1/2 主规格小砌块长度,搭接长度不应小于 90 mm,墙体的个别部位不能满足上述要求时,应在灰缝中设置拉结钢筋或 φ4 钢筋点焊网片。网片两端与竖缝的距离不得小于 400 mm,但竖向通缝仍不能超过两皮小砌块
墙体转角处和纵墙交接的砌筑	墙体转角处和纵横墙交接处应同时砌筑。临时间断处应砌成斜槎,斜槎水平投影长度不应小于斜槎高度。严禁留直槎
钢筋网片和拼接筋	设置在水平灰缝内的钢筋网片和拉接筋应放置在小砌块的边肋上(水平墙梁、过梁钢筋应放在边肋内侧),且必须设置在水平灰缝的砂浆层中,不得有露筋现象。拉结筋的搭接长度不应小于 55d,单面焊接长度不小于 10d。钢筋网片的纵横筋不得重叠点焊,应控制在同一平面内
砌筑小砌块	砌筑小砌块的砂浆应随铺随砌,墙体灰缝应横平竖直。水平灰缝宜采用坐浆法满铺小砌块全部壁肋或多排孔小砌块的封底面;竖向灰缝应采取满铺端面法,即将小砌块端面朝上铺满砂浆再上墙挤紧,然后加浆插捣密实。墙体的水平灰缝厚度和竖向灰缝宽度宜为 10 mm,但不应大于 12 mm,也不应小于 8 mm

项　目	内　容
砌体灰缝	砌体水平灰缝的砂浆饱满度,应按净面积计算不得低于 90%;小砌块应采用双面碰头灰砌筑,竖向灰缝饱满度不得小于 80%,不得出现瞎缝、透明缝
填充隔热或隔声材料	小砌块墙体孔洞中需填充隔热或隔声材料时,应砌一皮灌填一皮。应填满,不得捣实。充填材料必须干燥、洁净,品种、规格应符合设计要求。卫生间等有防水要求的房间,当设计选用灌孔方案时,应及时灌注混凝土
小砌块夹芯层墙	(1)砌筑带保温夹芯层的小砌块墙体时,应将保温夹芯层一侧靠置室外,并应对孔错缝。左右相邻小砌块中的保温夹芯层应相互衔接,上下皮保温夹芯层之间的水平灰缝处应砌入同质保温材料。 (2)小砌块夹芯墙施工宜符合下列要求: 1)内外墙均应按皮数杆依次往上砌筑; 2)内外墙应按设计要求及时砌入拉结件; 3)砌筑时灰缝中挤出的砂浆与空腔槽内掉落的砂浆应在砌筑后及时清理
构件侧模的施工	固定圈梁、挑梁等构件侧模的水平拉杆、扁铁或螺栓应从小砌块灰缝中预留4φ10孔穿入,不得在小砌块块体上凿安装洞。内墙可利用侧砌的小砌块孔洞进行支模,模板拆除后应采用 C20 混凝土将孔洞填实
墙体顶面砌块孔洞	墙体顶面(圈梁底)砌块孔洞应采取封堵措施(如铺细钢丝网、窗纱等),防止混凝土下漏
安装预制梁板	安装预制梁、板时,必须先找平后灌浆,不得干铺。预制楼板安装也可采用硬架支模法施工
门窗与小砌块墙体连接施工	(1)窗台梁两端伸入墙内的支承部位应预留孔洞。孔洞口的大小、部位与上下皮小砌块孔洞,应保证门窗两侧的芯柱竖向贯通。 (2)木门窗框与小砌块墙体两侧连接处的上、中、下部位应砌入埋有沥青木砖的小砌块(190 mm×190 mm×190 mm)或实心小砌块,并用铁钉、射钉或膨胀螺栓固定 (3)门窗洞口两侧的小砌块孔洞灌填 C20 混凝土后,其门窗与墙体的连接方法可按实心混凝土墙体施工
孔洞管道的预埋和预留	对设计规定或施工所需的孔洞、管道、沟槽和预埋件等,应在砌筑时进行预留或预埋,不得在已砌筑的墙体上打洞和凿槽
线路安装	(1)水、电管线的敷设安装应按小砌块排块图的要求与土建施工进度密切配合,不得事后凿槽打洞。 (2)照明、电信、闭路电视等线路可采用内穿 12 号钢丝的白色增强阻燃塑料管。水平管线宜预埋于专供水平管用的实心带凹槽小砌块内,也可敷设在圈梁模板内侧或现浇混凝土楼板(屋面板)中。竖向管线应随墙体砌筑埋设在小砌块孔洞内。管线出口应采用 U 形小砌块(190 mm×190 mm×190 mm)竖砌,内埋开关、插座或接线盒等配件,四周用水泥砂浆填实。 冷、热水水平管可采用实心带凹槽的小砌块进行敷设。立管宜安装在 E 型小砌块

项　目	内　容
线路安装	的一个开口孔洞中。待管道试水验收合格后,采用 C20 混凝土浇灌封闭
电气设备安装	安装电盒、配电箱的砌块应用混凝土灌实,将电盒、配电箱固定牢固(图 3-4)
卫生设备安装	(1)卫生设备安装宜采用筒钻成孔。孔径不得大于 120 mm,上下左右孔距应相隔一块以上的小砌块。 (2)严禁在外墙和纵、横承重墙沿水平方向凿长度大于 390 mm 的沟槽。 (3)安装后的管道表面应低于墙面 4～5 mm,并与墙体卡牢固定,不得有松动、反弹现象。浇水湿润后用 1:2 水泥砂浆填实封闭。外设 10 mm×10 mm,$\phi0.5$～$\phi0.8$ 钢丝网,网宽应跨过槽口,每边不得小于 80 mm。 (4)有防水要求的房间楼板四周,除门洞口外,必须浇筑不低于 120 mm 高的混凝土坎台,混凝土强度等级不小于 C20
墙体施工	(1)墙体施工段的分段位置宜设在伸缩缝、沉降缝、防震缝、构造柱或门窗洞口处。相邻施工段的砌筑高差不得超过一个楼层高度,也不应大于 4 m。 (2)墙体伸缩缝、沉降缝和防震缝内,不得夹有砂浆、碎砌块和其他杂物。 (3)墙体与构造柱连接处应砌成马牙槎。从每层柱脚开始,先退后进,形成 100 mm 宽、200 mm 高的凹凸槎口。柱墙间采用 $2\phi6$ 的拉结钢筋、间距宜为 400 mm,每边伸入墙内长度为 1 000 mm 或伸至洞口边。 (4)小砌块墙体砌筑应采用双排外脚手架或平台里脚手架进行施工,严禁在砌筑的墙体上设脚手孔洞。 (5)清水墙的工程,外墙砌筑宜采用抗渗砌块
抹灰施工	(1)小砌块砌筑完成后,宜 28 d 后抹灰。外墙抹灰必须待屋面工程全部完工后进行。 (2)顶层内粉刷必须待钢筋混凝土平屋面保温、隔热层施工完成后方可进行;对钢筋混凝土坡屋面,应在屋面工程完工后进行。 (3)墙面设有钢丝网的部位,应先采用有机胶拌制的水泥浆或界面剂等材料满涂后,方可进行抹灰施工。 (4)抹灰前墙面不宜洒水。天气炎热干燥时可在操作前 1～2 h 适度喷水

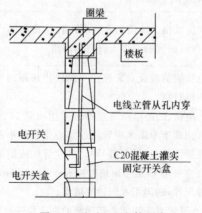

图 3-4　电盒、配电箱固定

混凝土小型空心砌块墙体存在裂缝

质量问题表现

采用混凝土小型空心砌块砌筑的房屋墙体常在以下部位发生 0.1～2 mm 的裂缝：

(1)在建筑物顶层或最上二层外纵墙两端 1～2 个开间的窗角,沿着砌体灰缝产生呈阶梯形的斜裂缝;

(2)一般在平屋顶檐口下或顶层圈梁下与砌体交接处的灰缝位置,裂缝呈水平方向断续的水平缝,房屋两端比中间严重;有的在屋顶挑梁根部下的横隔墙上呈向外下斜阶梯形裂缝;

(3)在门窗口部位,以外纵墙尤为突出,且洞口的斜裂,多种多样;

(4)框架结构的填充墙,比较常见的是在梁和柱与砌体交接处出现水平和垂直的裂缝,而在砖混结构横隔承重墙上,个别会有呈正八字上斜裂缝。

质量问题原因

(1)屋面温差应力问题。平屋面保温隔热层性能差,或是屋面隔热层放到最后施工,屋顶温度高,而屋面下墙体温度低,上下温差太大,使屋面系统产生了剧烈的温度变形,加上屋顶墙体轻、墙体自重产生的正应力小,使之引起的砌块间的摩擦力也就小;而在门窗口的四角又会出现应力集中现象,所以在产生较大的屋面温度变形推力作用下,剪应力、推拉力超过墙体抗剪或抗拉强度时,就会在建筑物内约束力小的部位如接近房屋顶端 1～2 个开间的屋檐下墙面或在窗口角出现斜裂缝,或在屋顶圈梁底与墙体界面处出现水平裂缝。

(2)砌块的干缩变形问题。小型砌块和灰砂砖的材料线性膨胀系数为 1.0×10^{-5},而黏土砖的线性膨胀系数为 0.5×10^{-5},即在相同温差情况下,小型砌块和灰砂砖的砌体的变形要比黏土砖的大 1 倍。小型砌块应自然养护 28 d,灰砂砖应静置 30 d,方可上墙砌筑。自然养护后砌块的干燥收缩变形值可达 0.35‰,砌筑后受水浸湿再干燥收缩变形也可达 0.25‰ 以上。砌块在 28 d 静置期以内的收缩率要比 28 d 以后的收缩率大好几倍。小型砌块和灰砂砖即便在经历足够静置时间以后用来砌筑,但由于收缩应力的作用,还是比黏土砖墙体易出现裂缝。

(3)砌筑施工时,砌筑砂浆饱满度不够、厚度不足,砌筑接槎不合要求,墙面不平整、垂直度差等问题,也是墙体开裂的因素。

(4)房屋结构设计和施工中,没有按相应规范要求采取必要的构造措施,就会削弱小型砌块和灰砂砖砌体的抗裂性,易造成裂缝。

质量问题预防

(1)减少屋面温度变形的影响。在屋面板施工完毕后,应抓紧做好屋面保温隔热层。对现浇屋面,要加强顶层屋面圈梁,并在屋面板或圈梁与支撑墙体之间采用隔离滑动层或缓冲层做法。对预应力多孔板屋面,要注意做好屋面板与女儿墙之间的温度伸缩缝。在平屋面的适当部位,要设置分格缝。

(2)要严格把住材料关。小型砌块生产后静置养护龄期不足 28 d 的不得使用,灰砂砖也要静置 30 d 后才可上墙砌筑。使用小型砌块严禁浇水砌筑或先湿润再砌筑,当天气干燥炎热时,可稍喷水润湿;灰砂砖在砌筑前 24 h 浇水后才可使用,严禁使用干砖砌筑。不得使用含饱和水的小型砌块和灰砂砖,雨天砌块和已砌墙体应遮盖防雨。砌体施工中应采用合理的砌筑工艺、做到灰缝饱满、错缝搭接、小型砌块孔肋相对,对承重墙灰砂砖、小型砌块、黏土砖等不同品种不得同层混砌。

(3)提高砂浆的黏结性能。宜采用较大灰膏比的混合砂浆,提高砂浆的黏结强度,增长其弹性模量,降低砂浆的收缩性,提高砌体的抗剪强度。

(4)建筑设计平面布置应规正、平直,纵横墙布置要均匀对称,应采用合理的结构措施,加强地基圈梁的刚度,增强基础对建筑物沉降变形的协调能力,用以提高建筑物整体性和抗侧力能力。

混凝土小型空心砌块运输、堆放不合理

质量问题表现

砌块大量损坏,影响质量,导致施工混乱,甚至出现质量事故,增加工程成本。

质量问题原因

(1)混凝土小型空心砌块运输时用翻斗车倾倒、任意抛掷。

(2)运输高度不符合要求。

(3)堆放场地不平整,未设排水沟,场地积水下降,砌块倒坍。

(4)未进行分类堆放,无防雨、雪措施。

质量问题预防

(1)混凝土小型空心砌块的运输应符合下列要求:

1)严禁用翻斗车倾倒,不得任意抛掷;

2)运输时应采取固定措施,防止运输途中发生倾倒;

3)运输高度不应超出车顶面一皮砌块的高度,防止摔坏。

(2)混凝土小型空心砌块的堆放应符合下列要求。

1)运到现场的小砌块,应分规格分等级堆放,堆垛上应设标记,堆放现场必须平整,并做好排水。小砌块的堆放高度不宜超过 1.6 m,堆垛之间应保持适当的通道。

2)当采用集装箱或集装托板时,其叠放高度不应超过两箱或 10 皮小砌块。

3)堆放场应设有循环的运输道路。

4)冬雨期施工应设有防雨、防雪措施。

第三节 石砌体工程施工

一、施工质量验收标准

石砌体工程施工质量验收标准见表 3-12。

表 3-12 石砌体工程施工质量验收标准

项　目	验收标准
一般规定	(1)石砌体采用的石材应质地坚实,无裂纹和无明显风化剥落;用于清水墙、柱表面的石材,尚应色泽均匀;石材的放射性应经检验,其安全性应符合现行国家标准《建筑材料放射性核素限量》(GB 6566—2010)的有关规定。 (2)石材表面的泥垢、水锈等杂质,砌筑前应清除干净。 (3)砌筑毛石基础的第一皮石块应坐浆,并将大面向下;砌筑料石基础的第一皮石块应用丁砌层坐浆砌筑。 (4)毛石砌体的第一皮及转角处、交接处和洞口处,应用较大的平毛石砌筑。每个楼层(包括基础)砌体的最上一皮,宜选用较大的毛石砌筑。 (5)毛石砌筑时,对石块间存在较大的缝隙,应先向缝内填灌砂浆并捣实,然后再用小石块嵌填,不得先填小石块后填灌砂浆,石块间不得出现无砂浆相互接触现象。 (6)砌筑毛石挡土墙应按分层高度砌筑,并应符合下列规定: 1)每砌 3~4 皮为一个分层高度,每个分层高度应将顶层石块砌平; 2)两个分层高度间分层处的错缝不得小于 80 mm。 (7)料石挡土墙,当中间部分用毛石砌筑时,丁砌料石伸入毛石部分的长度不应小于 200 mm。 (8)毛石、毛料石、粗料石、细料石砌体灰缝厚度应均匀,灰缝厚度应符合下列规定: 1)毛石砌体外露面的灰缝厚度不宜大于 40 mm; 2)毛料石和粗料石的灰缝厚度不宜大于 20 mm; 3)细料石的灰缝厚度不宜大于 5 mm。 (9)挡土墙的泄水孔当设计无规定时,施工应符合下列规定: 1)泄水孔应均匀设置,在每米高度上间隔 2 m 左右设置一个泄水孔; 2)泄水孔与土体间铺设长宽各为 300 mm、厚 200 mm 的卵石或碎石作疏水层。 (10)挡土墙内侧回填土必须分层夯填,分层松土厚度宜为 300 mm。墙顶土面应有适当坡度使流水流向挡土墙外侧面。 (11)在毛石和实心砖的组合墙中,毛石砌体与砖砌体应同时砌筑,并每隔 4 皮~6 皮砖用 2~3 皮丁砖与毛石砌体拉结砌合;两种砌体间的空隙应填实砂浆。 (12)毛石墙和砖墙相接的转角处和交接处应同时砌筑。转角处、交接处应自纵墙(或横墙)每隔 4~6 皮砖高度引出不小于 120 mm 与横墙(或纵墙)相接
主控项目	(1)石材及砂浆强度等级必须符合设计要求。 抽检数量:同一产地的同类石材抽检不应少于 1 组。砂浆试块的抽检数量执行《砌体结构工程施工质量验收规范》(GB 50203—2011)第 4.0.12 条的有关规定。 检验方法:料石检查产品质量证明书,石材、砂浆检查试块试验报告。

项 目	验收标准
主控项目	(2)砌体灰缝的砂浆饱满度不应小于80％。 抽检数量:每检验批抽查不应少于5处。 检验方法:观察检查
一般项目	(1)石砌体尺寸、位置的允许偏差及检验方法应符合表3-13的规定。 抽检数量:每检验批抽查不应少于5处。 (2)石砌体的组砌形式应符合下列规定: 1)内外搭砌,上下错缝,拉结石、丁砌石交错设置; 2)毛石墙拉结石每0.7 m2墙面不应少于1块。 检查数量:每检验批抽查不应少于5处。 检验方法:观察检查

表 3-13　石砌体尺寸、位置的允许偏差及检验方法

序号	项目		允许偏差(mm)							检验方法
			毛石砌体		料石砌体					
			基础	墙	毛料石		粗料石		细料石	
					基础	墙	基础	墙	墙、柱	
1	轴线位置		20	15	20	15	15	10	10	用经纬仪和尺检查、或用其他测量仪器检查
2	基础和墙砌体顶面标高		±25	±15	±25	±15	±15	±15	±10	用水准仪和尺检查
3	砌体厚度		±30	+20 −10	+30	+20 −10	±15	+10 −5	+10 −5	用尺检查
4	墙面垂直度	每层	—	20	—	20	—	10	7	用经纬仪、吊线和尺或用其他测量仪器检查
		全高	—	30	—	20	—	25	10	
5	表面平整度	清水墙、柱	—	—	—	20	—	10	5	细料石用2 m靠尺和楔形塞尺检查,其他用两直尺垂直于灰缝拉2 m线和尺检查
		混水墙、柱	—	—	—	20	—	15	—	
6	清水墙水平灰缝平直度		—	—	—	—	—	10	5	拉10 m线和尺检查

二、标准施工方法

石砌体砌筑标准的施工方法见表 3-14。

表 3-14　石砌体砌筑标准的施工方法

项　目	内　容
工艺流程	准备作业 ⟶ 试排撂底 ⟶ 砂浆拌制 ⟶ 验收
准备作业	砌筑前,应对弹好的线进行复查,位置、尺寸应符合设计要求
试排撂底	根据进场石料的规格、尺寸、颜色进行试排、撂底、确定组砌方法
砂浆拌制	参见"砂浆拌制标准的施工方法"的内容
石砌体砌筑	(1)石砌体应采用铺浆法砌筑。砂浆必须饱满,叠砌面的粘灰面积(即砂浆饱满度)应大于 80%。 (2)石砌体的转角处和交接处应同时砌筑。对不能同时砌筑而又必须留置的临时间断处,应砌成踏步槎。 (3)料石砌筑。 1)砌筑料石砌体时,粒石应放置平稳。砂浆铺设厚度应略高于规定灰缝厚度,其高出厚度:细料石宜为 3～5 mm;粗料石、毛料石宜为 6～8 mm。 2)料石基础砌体的第一皮应用丁砌层坐浆砌筑。阶梯形料石基础,上级阶梯的料石应至少压砌下级阶梯的 1/3。 3)料石砌体应上下错缝搭砌。砌体厚度等于或大于两块料石宽度时,如同皮内全部采用顺砌,每砌两皮后,应砌一皮丁砌层;如同皮内采用丁顺组砌,丁砌石应交错设置,其中心间距不应大于 2 m。 4)料石砌体水平灰缝厚度,应按料石种类确定,细料石砌体不宜大于 5 mm;粗料石和毛料石砌体不宜大于 20 mm。 5)料石墙长度超过设计规定时,应按设计要求设置变形缝,料石墙分段砌筑时,其砌筑高低差不得超过 1.2 m。 6)在料石和毛石或砖的组合墙中,料石砌体和毛石砌体或砖砌体应同时砌筑,并每隔 2～3 皮料石层用丁砌层与毛石砌体或砖砌体拉结砌合。丁砌料石的长度宜与组合墙厚度相同。 (4)毛石砌筑。 1)砌筑毛石基础的第一皮石块应坐浆,并将大面向下。毛石基础的扩大部分,如做成阶梯形,上级阶梯的石块应至少压砌下级阶梯的 1/2,相邻阶梯的毛石应相互错缝搭砌。 2)毛石砌体的第一皮及转角处、交接处和洞口处,应用较大的平毛石砌筑。砌体的最上一皮,宜选用较大的毛石砌筑。 3)毛石砌体宜分皮卧砌,各皮石块间应利用自然形状经敲打修整,使其能与先砌

项　目	内　容
石砌体砌筑	石块基本吻合、搭砌紧密；应上下错缝，内外搭砌，不得采用外面侧立石块中间填心的砌筑方法；中间不得有铲口石(尖石倾斜向外的石块)、斧刃石和过桥石(仅在两端搭砌的石块)。 4)毛石砌体的灰缝厚度宜为 20～30 mm，石块间不得有相互接触现象。石块间较大的空隙应先填塞砂浆后用碎石块嵌实，不得采用先摆碎石块后塞砂浆或干填碎石块的方法。 5)毛石砌体必须设置拉结石。拉结石应均匀分布，相互错开，毛石基础同皮内每隔 2 m 左右设置一块；毛石墙一般每 0.7 m² 墙面至少应设置一块，且同皮内的中距不应大于 2 m。 拉结石的长度，如基础宽度或墙厚等于或小于 400 mm，应与宽度或厚度相等；如基础宽度或墙厚大于 400 mm，可用两块拉结石内外搭接，搭接长度不应小于 150 mm，且其中一块长度不应小于基础宽度或墙厚的 2/3。 6)在毛石和实心砖的组合墙中，毛石砌体与砖砌体应同时砌筑，并每隔 4～6 皮砖用 2～3 皮丁砖与毛石砌体拉结砌合。两种砌体间的空隙应用砂浆填满。 7)毛石墙和砖墙相接的转角处和交接处应同时砌筑。转角处应自纵墙(或横墙)每隔 4～6 皮砖高度引出不小于 120 mm 与横墙(或纵墙)相接；交接处应自纵墙每隔 4～6 皮砖高度引出不小于 120 mm 与横墙相接。 8)砌筑毛石挡土墙应符合下列规定： ①每砌 3～4 皮为一个分层高度，每个分层高度应找平一次； ②外露面的灰缝厚度不得大于 40 mm，两个分层高度分层处的错缝不得小于 80 mm。 9)料石挡土墙，当中间部分用毛石砌筑时，丁砌料石伸入毛石部分的长度不应小于 200 mm。 10)挡土墙的泄水孔当设计无规定时，施工应符合下列规定： ①泄水孔应均匀设置，在每米高度上间隔 2 m 左右设置一个泄水孔； ②泄水孔与土体间铺设长宽各为 300 mm、厚 200 mm 的卵石或碎石做疏水层。 11)挡土墙内侧回填土必须分层夯填，分层松土厚度应为 300 mm。墙顶土面应有适当坡度使流水流向挡土墙外侧面。 (5)砂浆初凝后，如移动已砌筑的石块，应将原砂浆清理干净，重新铺浆砌筑
冬期施工	(1)连续 5 d 日平均气温低于 5 ℃或当日最低温度低于 0 ℃时即进入冬期施工，应采取冬期施工措施。 (2)冬期施工宜采用普通硅酸盐水泥，按冬施方案并对水、砂进行加热，砂浆使用时的温度应在 5 ℃以上。 (3)冬期施工中，每日砌筑后应及时用保温材料对新砌砌体进行覆盖，砌筑表面不得留有砂浆，在继续砌筑前，应扫净砌筑表面
雨期施工	下雨时应停止施工，雨期应防止雨水冲刷新砌的墙体，收工时应用防水材料覆盖砌体上表面，每天砌筑高度不宜超过 1.2 m

石砌体工程材料不符合规定

质量问题表现

(1)料石表面凹入深度过大、长度太小,毛石形状过于细长、扁薄。

(2)石材表面有泥浆或油污,且外表有风化层,内部有隐裂纹。

质量问题原因

(1)没有按照石材质量标准和施工规范的要求采购、验收。

(2)运输、装卸方法和保管不当。

(3)外观质量检查马虎,以致混入风化石等不合格品。

质量问题预防

(1)认真学习和掌握石材质量标准的规定,按规定的质量要求采购、订货。

(2)对于经过加工的料石,装卸、运输和堆放贮存时,均应有规则地叠放。为避免运输过程中的损坏,应用竹木片或草绳隔开。

(3)各种料石的宽度、厚度均不宜小于200 mm,长度宜大于厚度的4倍,料石各面加工要求及允许偏差见表3-15和表3-16。石材进场应认真检查验收,杜绝不合格品进场。

表 3-15　料石各面的加工要求

料石种类	外露面及相接周边的表面凹入深度 (mm)	叠砌面和接砌面的表面凹入深度 (mm)
细料石	≤2	≤10
半细料石	≤10	≤15
粗料石	≤20	≤20
毛料石	稍加修整	≤25

注:1. 相接周边的表面,系指叠砌面、接砌面与外露面相接处20~30 mm范围内的部分。

　　2. 如设计对外露面有特殊要求,则应按设计要求加工。

表 3-16　料石加工的允许偏差

项次	料石种类	允许偏差	
		宽度、厚度(mm)	长度(mm)
1	细料石、半细料石	±3	±5
2	粗料石	±5	±7
3	毛料石	±10	±15

注:如设计有特殊要求,则应按设计要求加工。

(4)贮存石材的堆场场地应坚实,排水良好,防止泥浆污染。

(5)加强石材外观质量的检查验收,风化石等不合格品不准入场。

质量问题

石砌挡土墙里外拉结不良

质量问题表现

挡土墙里外两侧用毛料石,中间用乱毛石填砌,两种石料间搭砌长度不够,甚至未搭砌,形成里、外、中三层皮,导致挡土墙的整体性和稳定性变差,会降低侧向挡土受力性能。

质量问题原因

(1)石砌挡土墙砌筑时,未砌拉结石或拉结石数量太少,长度较短。

(2)中间的乱毛石部分不是分层砌筑,而是采用抛投方法填砌。

质量问题预防

(1)砌筑毛石挡土墙应符合下列要求。

1)毛石的中部厚度不宜小于 200 mm。

2)每砌 3～4 皮毛石为 1 个分层高度,每个分层高度应找平 1 次。

3)外露面的灰缝厚度不得大于 40 mm,2 个分层高度间的错缝不得小于80 mm(图 3-5)。

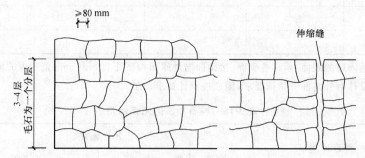

图 3-5　毛石挡土墙立面

(2)砌筑料石挡土墙应符合下列要求。

1)砌筑料石挡土墙,宜采用梅花丁组砌形式(同皮内丁石与顺石相同)。当中间部分用毛石填砌时,丁砌料石伸入毛石部分的长度不应小于 200 mm。

质量问题

2)砌筑石挡土墙,应按设计要求收坡或收台,设置伸缩缝和泄水孔。

3)泄水孔应均匀设置,在挡土墙每米高度上间隔 2 m 左右设置 1 个泄水孔。泄水孔可采用预埋钢管或硬塑料管方法留置。泄水孔周围的杂物应清理干净,并在泄水孔与土体间铺设长宽各为 300 mm、厚 200 mm 的卵石或碎石作疏水层。

4)挡土墙内侧回填土必须分层填实,分层填土厚度应为 300 mm,墙顶土面应有适当坡度使水流向挡土墙外侧面。

(3)料石与毛石组合砌筑挡土墙应符合下列要求。

1)料石与毛石组合砌筑挡土墙时,料石与毛石应同时砌筑,并每隔 2~3 皮料石层用丁砌层与毛石砌体拉结砌合,丁砌料石的长度宜与组合墙厚度相同。

2)料石与毛石组合砌筑挡土墙时,应采用分层铺灰分层砌筑的方法,不得采用投石填心的做法。

3)料石与毛石组合砌筑挡土墙时,宜采用同皮内丁顺相间的组砌方法,丁砌石的间距不大于 1.0~1.5 m。

4)料石与毛石组合砌筑挡土墙时,中间部分砌筑的乱毛石必须与料石砌平,并应保证丁砌料石伸入毛石部分的长度不小于 200 mm。

第四节　填充墙砌体工程施工

一、施工质量验收标准

填充砌体工程施工质量验收标准见表 3-17。

表 3-17　填充砌体工程施工质量验收标准

项　目	验收标准
一般规定	(1)砌筑填充墙时,轻集料混凝土小型空心砌块和蒸压加气混凝土砌块的产品龄期不应小于 28 d,蒸压加气混凝土砌块的含水率宜小于 30%。 (2)烧结空心砖、蒸压加气混凝土砌块、轻集料混凝土小型空心砌块等的运输、装卸过程中,严禁抛掷和倾倒;进场后应按品种、规格堆放整齐,堆置高度不宜超过 2 m。蒸压加气混凝土砌块在运输及堆放中应防止雨淋。 (3)吸水率较小的轻集料混凝土小型空心砌块及采用薄灰砌筑法施工的蒸压加气混凝土砌块,砌筑前不应对其浇(喷)水湿润;在气候干燥炎热的情况下,对吸水率较小的轻集料混凝土小型空心砌块宜在砌筑前喷水湿润。 (4)采用普通砌筑砂浆砌筑填充墙时,烧结空心砖、吸水率较大的轻集料混凝土小型空心砌块应提前 1~2 d 浇(喷)水湿润。蒸压加气混凝土砌块采用蒸压加气混凝土砌块砌筑砂浆或普通砌筑砂浆砌筑时,应在砌筑当天对砌块砌筑面喷水湿润。 块体湿润程度宜符合下列规定: 1)烧结空心砖的相对含水率 60%~70%; 2)吸水率较大的轻集料混凝土小型空心砌块、蒸压加气混凝土砌块的相对含水

项　目	验收标准
一般规定	率 40%～50%。 　(5)在厨房、卫生间、浴室等处采用轻集料混凝土小型空心砌块、蒸压加气混凝土砌块砌筑墙体时,墙底部宜现浇混凝土坎台,其高度宜为 150 mm。 　(6)填充墙拉结筋处的下皮小砌块宜采用半盲孔小砌块或用混凝土灌实孔洞的小砌块;薄灰砌筑法施工的蒸压加气混凝土砌块砌体,拉结筋应放置在砌块上表面设置的沟槽内。 　(7)蒸压加气混凝土砌块、轻集料混凝土小型空心砌块不应与其他块体混砌,不同强度等级的同类块体也不得混砌。 　注:窗台处和因安装门窗需要,在门窗洞口处两侧填充墙上、中、下部可采用其他块体局部嵌砌;对与框架柱、梁不脱开方法的填充墙,填塞填充墙顶部与梁之间缝隙可采用其他块体。 　(8)填充墙砌体砌筑,应待承重主体结构检验批验收合格后进行。填充墙与承重主体结构间的空(缝)隙部位施工,应在填充墙砌筑 14 d 后进行
主控项目	(1)烧结空心砖、小砌块和砌筑砂浆的强度等级应符合设计要求。 　抽检数量:烧结空心砖每 10 万块为一验收批,小砌块每 1 万块为一验收批,不足上述数量时按一批计,抽检数量为 1 组。砂浆试块的抽检数量执行《砌体结构工程施工质量验收规范》(GB 50203—2011)第 4.0.12 条的有关规定。 　检验方法:查砖、小砌块进场复验报告和砂浆试块试验报告。 　(2)填充墙砌体应与主体结构可靠连接,其连接构造应符合设计要求,未经设计同意,不得随意改变连接构造方法。每一填充墙与柱的拉结筋的位置超过一皮块体高度的数量不得多于一处。 　抽检数量:每检验批抽查不应少于 5 处。 　检验方法:观察检查。 　(3)填充墙与承重墙、柱、梁的连接钢筋,当采用化学植筋的连接方式时,应进行实体检测。锚固钢筋拉拔试验的轴向受拉非破坏承载力检验值应为 6.0 kN。抽检钢筋在检验值作用下应基材无裂缝、钢筋无滑移宏观裂损现象;持荷 2 min 期间荷载值降低不大于 5%。检验批验收可按表3-18通过正常检验一次、二次抽样判定。填充墙砌体植筋锚固力检测记录可按相关规定进行填写。 　抽检数量:按表 3-19 确定。 　检验方法:原位试验检查
一般项目	(1)填充墙砌体尺寸、位置的允许偏差及检验方法应符合表 3-20 的规定。 　抽检数量:每检验批抽查不应少于 5 处。 　(2)填充墙砌体的砂浆饱满度及检验方法应符合表 3-21 的规定。 　抽检数量:每检验批抽查不应少于 5 处。 　(3)填充墙留置的拉结钢筋或网片的位置应与块体皮数相符合。拉结钢筋或网片应置于灰缝中,埋置长度应符合设计要求,竖向位置偏差不应超过一皮高度。 　抽检数量:每检验批抽查不应少于 5 处。 　检验方法:观察和用尺量检查。 　(4)砌筑填充墙时应错缝搭砌,蒸压加气混凝土砌块搭砌长度不应小于砌块长度

续上表

项　目	验收标准
一般项目	的 1/3;轻集料混凝土小型空心砌块搭砌长度不应小于 90 mm;竖向通缝不应大于 2 皮。 　　抽检数量:每检验批抽查不应少于 5 处。 　　检验方法:观察检查。 　　(5)填充墙的水平灰缝厚度和竖向灰缝宽度应正确,烧结空心砖、轻集料混凝土小型空心砌块砌体的灰缝应为 8~12 mm;蒸压加气混凝土砌块砌体当采用水泥砂浆、水泥混合砂浆或蒸压加气混凝土砌块砌筑砂浆时,水平灰缝厚度和竖向灰缝宽度不应超过 15 mm;当蒸压加气混凝土砌块砌体采用蒸压加气混凝土砌块黏结砂浆时,水平灰缝厚度和竖向灰缝宽度宜为 3~4 mm。 　　抽检数量:每检验批抽查不应少于 5 处。 　　检验方法:水平灰缝厚度用尺量 5 皮小砌块的高度折算;竖向灰缝宽度用尺量 2 m 砌体长度折算

表 3-18　正常一次性抽样的判定

样本容量	合格判定数	不合格判定数	样本容量	合格判定数	不合格判定数
5	0	1	20	2	3
8	1	2	32	3	4
13	1	2	50	5	6

表 3-19　检验批抽检锚固钢筋样本最小容量

检验批的容量	样本最小容量	检验批的容量	样本最小容量
≤90	5	281~500	20
91~150	8	501~1 200	32
151~280	13	1 201~3 200	50

表 3-20　填充墙砌体尺寸、位置的允许偏差及检验方法

序号	项　目		允许偏差(mm)	检验方法
1	轴线位移		10	用尺检查
2	垂直度(每层)	≤3 m	5	用 2 m 托线板或吊线、尺检查
		>3 m	10	
3	表面平整度		8	用 2 m 靠尺和楔形尺检查
4	门窗洞口高、宽(后塞口)		±10	用尺检查
5	外墙上、下窗口偏移		20	用经纬仪或吊线检查

表 3-21   填充墙砌体的砂浆饱满度及检验方法

砌体分类	灰缝	饱满度及要求	检验方法
空心砖砌体	水平	≥80%	采用百格网检查块体底面或侧面砂浆的黏结痕迹面积
	垂直	填满砂浆，不得有透明缝、瞎缝、假缝	
蒸压加气混凝土砌块、轻集料混凝土小型空心砌块砌体	水平	≥80%	采用百格网检查块体底面或侧面砂浆的粘结痕迹面积
	垂直	≥80%	

二、标准的施工方法

填充墙砌体砌筑标准的施工方法见表 3-22。

表 3-22   填充墙砌体砌筑标准的施工方法

项 目	内 容
工艺流程	放线立皮数杆 → 排砖摞底 → 砌筑填充墙 → 验收
放线立皮数杆	根据设计图纸弹出轴线、墙边线、门窗洞口线；立皮数杆，皮数杆上注明门窗洞口、木砖、拉结筋、圈梁等的尺寸标高。皮数杆间距 15～20 m，转角处均应设立，一般距墙皮或墙角 50 mm 为宜
排砖摞底	根据设计图纸各部位尺寸，排砖摞底，使组砌方法合理，便于操作
拌制砂浆	参见"拌制砂浆标准的施工方法"的内容
砌填充墙体	(1)组砌方法应正确，上、下错缝，交接处咬槎搭砌，掉角严重的砖或砌块不宜使用。 (2)砌筑灰缝应横平竖直，砂浆饱满。空心砖、轻骨料混凝土小型空心砌块的砌体水平、竖向灰缝应为 8～12 mm；蒸压加气混凝土砌体水平灰缝宜为15 mm，竖向灰缝为 20 mm。 (3)用轻集料小型空心砌块或蒸压加气混凝土砌块砌筑墙体时，墙底部应砌烧结普通砖或普通混凝土小型砌块，或现浇混凝土坎台等，其高度不宜小于 200 mm。 (4)有防水要求的房间楼板四周，除门洞口外，必须浇筑不低于 120 mm 高的混凝土坎台，混凝土强度等级不小于 C20。 (5)空心砖的砌筑应上下错缝，砖孔方向应符合设计要求。当设计无具体要求时，宜将砖孔置于水平位置；当砖孔垂直砌筑时，水平铺灰应用套板。砖竖缝应先挂灰后砌筑。 (6)填充墙砌筑时应错缝搭砌，蒸压加气混凝土砌块搭砌长度不应小于砌块长度的 1/3，并不小于 150 mm；轻集料混凝土小型空心砌块搭砌长度不应小于 90 mm。

项　目	内　容
砌填充墙体	(7)按设计要求设置构造柱、圈梁、过梁或现浇混凝土带。各种预留洞、预埋件等,应按设计要求设置,避免后剔凿。 (8)空心砖砌筑时,管线留置方法,当设计无具体要求时,可采用穿砖孔预埋或弹线定位后用无齿锯开槽(用于加气混凝土砌块),不得留水平槽。管道安装后用混凝土堵填密实,外贴耐碱玻纤布,或按设计要求处理。 (9)墙体转角处和纵横墙交接处应同时砌筑。临时间断处应砌成斜槎,斜槎水平投影长度不应小于高度的 2/3
填充墙与结构的拉结	(1)拉结方式:拉结钢筋的生根方式可采用预埋铁件、贴模箍、锚栓、植筋等连接方式,并符合以下要求: 　1)锚栓或植筋施工:锚栓不得布置在混凝土的保护层中,有效锚固深度不得包括装饰层或抹灰层;锚孔应避开受力主筋,废孔应用锚固胶或高强度等级的树脂水泥砂浆填实。 　2)锚栓和植筋施工方法应符合要求。 　3)采用预埋铁件或贴模箍施工方法的,其生根数量、位置、规格应符合设计要求,焊接长度符合设计或规范要求。 (2)填充墙与结构墙柱连接处,必须按设计要求设置拉结筋或通长混凝土配筋带,设计无要求时,墙与结构墙柱处及 L 形、T 形墙交接处,设拉接筋,竖向间距不大于 500 mm,埋压 2 根钢筋。平铺在水平灰缝内,两端伸入墙内不小于 1 000 mm,如图 3-6 所示。 　墙长大于层高的 2 倍时,宜设构造柱,如图 3-7 所示。 　墙高超过 4 m 时,半层高或门洞上皮宜设置与柱连接且沿墙全长贯通的混凝土现浇带,如图 3-8 所示。 (3)设置在砌体水平灰缝中的钢筋的锚固长度不宜小于 $50d$,且其水平或垂直弯折段的长度不宜小于 $20d$ 和 150 mm;钢筋的搭接长度不应小于 $55d$。 (4)填充墙砌体留置的拉结钢筋或网片的位置应与块体皮数相符合。拉结钢筋或网片应置于灰缝中,其规格、数量、间距、埋置长度应符合设计要求,竖向位置偏差不应超过一皮高度。 (5)转角及交接处同时砌筑,不得留直槎,斜槎高不大于 1.2 m。拉通线砌筑时,随砌、随吊、随靠,保证墙体垂直、平整,不允许砸砖修墙。 (6)填充墙砌至接近梁、板底时,应留一定空隙,待填充墙砌筑完并应至少间隔7 d后,将缝隙填实。并且墙顶与梁或楼板用钢胀螺栓焊拉接筋或预埋筋拉结,如图 3-9 和图 3-10 所示。 (7)混凝土小型空心砌块砌筑的隔墙顶接触梁板底的部位应采用实心小砌块斜砌楔紧;房屋顶层的内隔墙应离该处屋面板板底15 mm,缝内采用1:3 石灰砂浆或弹性腻子嵌塞。 (8)钢筋混凝土结构中的砌体填充墙,宜与框架柱脱开或采用柔性连接,如图3-11所示。 (9)蒸压加气混凝土和轻骨料混凝土小型砌块除底部、顶部和门窗洞口处,不得与其他块材混砌。 (10)加气混凝土砌块的孔洞宜用砌块碎沫以水泥、石膏及胶修补

项　目	内　容
填充墙在门窗口两侧的处理	（1）空心砖墙在门框两侧，应用实心砖砌筑，每边不小于 240 mm，用以埋设木砖及铁件固定门窗框、安放混凝土过梁。 （2）空心砖、轻骨料混凝土小型空心砌块砌筑填充墙，窗洞口两侧砌块，面向洞口者应是无槽一端，窗框固定在预制混凝土锚固块上。 （3）轻骨料混凝土小型空心砌块砌体每日砌筑高度不宜超过 1.8 m
冬期施工	（1）冬期使用的砖或砌块，要求在砌筑前清除冰霜。砖或砌块可以不浇水，但应增大砂浆的稠度。 （2）现场拌制砂浆：水泥宜用普通硅酸盐水泥，石灰膏应防冻，掺和料应有防冻措施，如已受冻要融化后方可使用。砂中不得含有大于 10 mm 的冻结块。拌和砌筑砂浆宜采用两步投料法。材料加热时，水加热不超过 80 ℃，砂加热不超过 40 ℃。冬期施工可适当增大砂浆稠度。 （3）使用干拌砂浆：当气温或施工基面的温度低于 5 ℃时，无有效的保温、防冻措施不得施工
雨期施工	雨期施工应根据砂含水率及时调整砂浆配合比

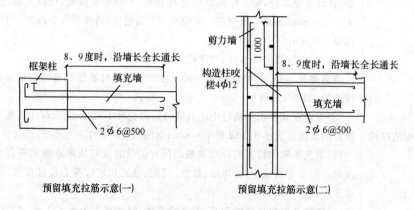

图 3-6　预留拉筋大样（单位：mm）

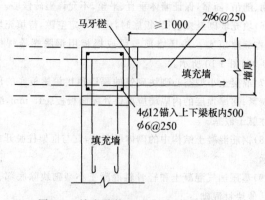

图 3-7　填充墙构造柱大样（单位：mm）

（构造柱截面不小于墙厚 24 mm×24 mm）

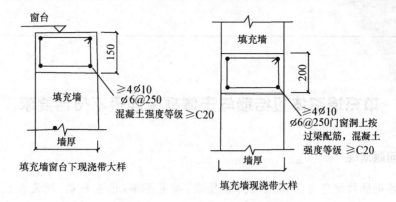

图 3-8　现浇带大样（单位：mm）

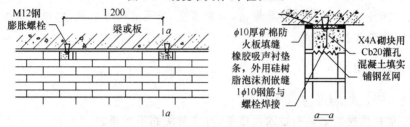

图 3-9　钢胀螺栓拉接筋拉结（单位：mm）

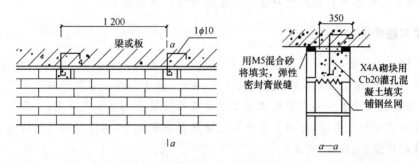

图 3-10　预埋筋拉结（单位：mm）

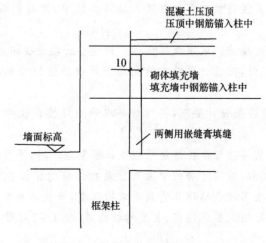

图 3-11　框架柱与非结构砌体填充墙连接做法（单位：mm）

填充墙砌体拉结筋与主体框架连接不符合要求

质量问题表现

填充墙砌体拉结筋与主体框架随意埋设,锚固不牢,出现松动,埋设位置、规格、数量、间距、长度以及埋设方法等不符合设计和规范要求。严重影响框架柱与填充墙体的牢固可靠的连接,埋设的拉结筋质量差,东倒西歪,采用直筋方法随意,破坏原有结构,降低砌体的整体性和抗震强度。

质量问题原因

(1)施工不认真、埋设方法不合理。

(2)随意在柱模板上钻孔插入拉结筋,与主筋绑扎不牢固。

(3)不按设计与规范要求埋设,遗漏拉结筋,损伤柱主筋。

(4)植筋时大面积打去柱混凝土保护层将拉结筋焊在柱主筋上。

质量问题预防

填充墙砌体施工时,对拉结筋的埋设必须采取可靠有效的方法,以确保拉接筋与主体框架牢固连接,埋设位置、规格、数量、间距、长度,形状正确。常用的有以下几种方法。

(1)预留或预埋法。采用预留或预埋法埋设拉结筋应注意如下事项:

1)在主体框架施工时,按施工图中填充墙平面布置尺寸,制订好填充墙的施工方案,确定拉结筋的位置、数量、长度;

2)施工时将拉结筋一端伸入主体框架与框架柱的主钢筋绑扎固定,必要时可采取焊接方式,另端通过框架模板预留孔伸出或进行弯折预埋在主体框架柱的表面,浇筑混凝土后,待砌筑填充墙时直接将拉结筋拉直压入砌体灰缝中,使起到填充墙与主体框架牢固连接的作用。

(2)预埋铁件后期连接法。采用预埋铁件后期连接法埋设拉结筋应注意如下事项:

1)在主体框架施工时,按设计要求在填充墙设置拉结筋的位置,预埋铁件在框架柱的混凝土表面;

2)在填充墙施工前再按设计要求,将拉结筋准确地焊接在铁件上,然后进行填充墙砌体的施工。

(3)植筋法。采用植筋法埋设拉结筋系在主体框架施工时,不预埋拉结筋,待框架浇筑完成并达到一定强度后,按填充墙的平面布置及拉结筋的设计位置,用墨线将拉结筋标出,然后按照植筋要求用冲击钻钻孔达到要求的深度,清孔后再喷入 AC 或 JGN 结构黏合剂(胶)到孔内,然后植入要求规格、长度的拉结筋,经 1~2 d 硬化后,即可进行填充端施工。

填充墙墙片整体性差

质量问题表现

填充墙墙体沿灰缝产生裂缝或在外力作用下造成墙片损坏、变形,影响墙面的整体性,严重时会使墙片变形失稳。

质量问题原因

(1)砌块含水率大,砌墙后,砌块逐渐干燥收缩,产生裂缝。

(2)砌块排列混乱,搭接长度及灰缝厚度等不符合要求。

(3)砌块强度过低,不能承受剧烈碰撞,使墙体底部发生毁坏。

(4)外界因素的影响,如温差、干缩等。

质量问题预防

(1)填充墙砌筑前应进行皮树杆设计,并绘制砌块排列图,砌筑时应上下错缝搭接。砌筑前,应提前 2 d 将块材浇水湿润,使砌块与砌筑砂浆有良好的黏结,并应根据不同的材料性能控制含水率;且将保证砌筑时砌块的龄期应达到 28 d 以上;加气混凝土砌块砌筑,应避免不同干密度和强度的加气混凝土砌块混砌。

(2)填充墙砌筑灰缝应横平竖直,不得有透明缝。轻骨料混凝土小砌块保证砂浆饱满度的措施同普通混凝土小砌块。加气混凝土砌块高度较大,竖缝砂浆不易饱满,影响砌体的整体性,竖缝宜支临时夹板灌缝;水平灰缝和垂直灰缝的厚度和宽度应均匀,轻骨料混凝土小砌块灰缝厚度和宽度应为 8~12 mm,加气混凝土砌块灰缝厚度和宽度应为 15~20 mm。

(3)填充墙底部应砌筑多孔砖、预制混凝土或现浇混凝土等,其高度不小于200 mm;在抗震设防地区应采取相应加强措施,砌筑砂浆的强度等级不应低于 M5;当填充墙长度大于 5 m 时,墙顶部与梁应有拉接措施,如在梁上预留短钢筋,以后砌入墙的竖缝内;当墙高超过 4 m 时,宜在墙高的中部设置与柱连接的通长钢筋混凝土水平墙梁;填充墙不得随意凿孔洞、沟槽;墙洞过梁支撑处的轻骨料混凝土小砌块孔洞,应用 C15 级混凝土灌实一皮,以增强整体性。

(4)如果抹灰前发现灰缝中有细裂缝,可将灰缝砂浆表面清理干净后,重新用水泥砂浆嵌缝;对于裂缝、变形严重的墙片要拆除重砌。

参 考 文 献

[1] 中华人民共和国建设部. GB 50204—2002 混凝土结构工程施工质量验收规范 [S]. 北京：中国建筑工业出版社,2002.

[2] 中华人民共和国建设部. GB 50205—2001 钢结构工程施工质量验收规范 [S]. 北京：中国计划出版社,2002.

[3] 中华人民共和国住房和城乡建设部. GB 50011—2010 建筑抗震设计规范 [S]. 北京：中国建筑工业出版社,2010.

[4] 中华人民共和国住房和城乡建设部. GB 50666—2011 混凝土结构工程施工规范 [S]. 北京：中国建筑工业出版社,2011.

[5] 中华人民共和国建设部. GB 50203—2011 砌体结构工程施工质量验收规范 [S]. 北京：中国建筑工业出版社,2012.

[6] 中国国家标准化管理委员会. GB/T 14685—2011 建设用卵石、碎石 [S]. 北京：中国标准出版社,2012.

[7] 中华人民共和国住房和城乡建设部. JGJ/T 14—2011 混凝土小型空心砌块建筑技术规程 [S]. 北京：中国建筑工业出版社,2012.

[8] 中华人民共和国建设部. GB 50010—2010 混凝土结构设计规范[S]. 北京：中国建筑工业出版社,2011.

[9] 中华人民共和国建设部. JGJ 80−1991 建筑施工高处作业安全技术规范[S]. 北京：中国计划出版社,2004.

[10] 中国国家标准化管理委员会. GB/T 9978—2008 建筑构件耐火试验方法[S]. 北京：中国标准出版社,2009.

[11] 中华人民共和国国家质量监督检验检疫总局. GB/T 196−2003 普通螺纹 基本尺寸[S]. 北京：中国标准出版社,2004.

[12] 中华人民共和国国家质量监督检验检疫总局. GB/T 197−2003 普通螺纹 公差[S]. 北京：中国标准出版社,2004.

[13] 沈祖炎. 钢结构学[M]. 北京：中国建筑工业出版社,2004.

[14] 中国建筑第八工程局. 建筑施工技术标准[S]. 北京：中国建筑工业出版社,2005.

[15] 北京建工集团有限公司. 建筑分项工程施工工艺标准[S]. 北京：中国建筑工业出版社,2008.